环境规划与管理

王飞儿　主编

ENVIRONMENTAL PLANNING
AND MANAGEMENT

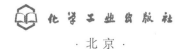

化学工业出版社

北京 ·

内容简介

本书以社会经济与生态环境的可持续发展为目标，聚焦现代生态环境管理体系，系统阐述了环境规划与管理的理论体系、方法路径与实践模式。全书采用"三位一体"的编撰架构，由基础篇、管理篇与规划篇三大篇章有机组成，层层递进，逻辑严密，兼具理论深度与实践指导性。

基础篇系统阐述了环境规划与管理的基础理论框架、技术方法体系与政策制度体系，为后续内容奠定坚实的根基；管理篇从"要素-组织-区域"三个维度全面剖析了生态环境管理的实践模式、政策工具以及政府-企业-公众协同治理机制，展现了多维度、多层次的管理创新路径；规划篇则在生态环境规划的基本原理基础上，深入阐述了生态环境保护五年规划、空间管控规划、专项规划以及区域生态建设规划等技术路径与实践应用，为生态环境规划编制提供了系统性指导。

本书既可作为高等学校环境工程、环境科学等相关专业的核心教材，也可为生态环境管理、自然资源管理及城乡规划设计领域的从业者提供专业参考。

图书在版编目（CIP）数据

环境规划与管理 / 王飞儿主编. -- 北京：化学工业出版社，2025.6. --（浙江省普通本科高校"十四五"重点立项建设教材）. -- ISBN 978-7-122-48222-8

Ⅰ．X32

中国国家版本馆 CIP 数据核字第 20252P27T4 号

责任编辑：满悦芝　　　　　　　　文字编辑：张　琳
责任校对：宋　玮　　　　　　　　装帧设计：张　辉

出版发行：化学工业出版社
　　　　　（北京市东城区青年湖南街 13 号　邮政编码 100011）
印　　装：高教社（天津）印务有限公司
787mm×1092mm　1/16　印张 15½　字数 380 千字
2025 年 6 月北京第 1 版第 1 次印刷

购书咨询：010-64518888　　　　　售后服务：010-64518899
网　　址：http://www.cip.com.cn
凡购买本书，如有缺损质量问题，本社销售中心负责调换。

定　　价：56.00 元

前言
PREFACE

　　环境规划与管理是我国环境科学与工程专业的核心课程之一，它融合了环境科学、环境工程、生态学、社会学、景观学、经济学、法学以及行政管理学等多个学科的知识和技术方法，展现出极强的综合性与跨学科特性。在环境治理领域，环境规划与管理是基石，具有不可替代的重要性。随着环境问题日趋多元化、环境过程愈发复杂化，传统的环境规划与管理正面临着一系列的挑战。新时期美丽中国愿景、生态文明建设、打造人与自然和谐共生的现代化等战略部署，以及信息化技术、模型技术和人工智能等前沿技术的融入，不仅拓宽了环境规划与管理的范畴，还促进了环境领域管理理念、政策机制和技术方法等的深层次变革，环境规划与管理正在经历一场由新理念和技术革新引领的转型。

　　本教材基于浙江大学环境工程专业多年教学实践，立足于当下及未来生态环境管理发展新需求，在全面总结生态环境规划与管理领域基本理论、技术方法的基础上，引入了当代生态环境规划与管理新理念、新技术、新方法、新模式，拓展了生态环境管理领域，丰富了环境规划与管理研究内容。本书以现代生态环境管理技术方法体系为主体，注重学科交叉，分为基础篇、管理篇和规划篇，共 12 章。基础篇（1~4 章）介绍环境规划与管理基础知识，包括基础理论、技术方法、政策制度等，其中基础理论与技术方法融合了当前国家环境规划与管理新理论和新方法，政策制度体系突出了环境管理制度改革创新及生态环境法制建设；管理篇（5~7 章）全方位介绍了生态环境要素层面、组织层面、区域层面的管理模式与政策手段；规划篇（8~12 章）在介绍生态环境规划基本原理基础上，围绕着"五年规划为统领、空间规划为基础、专项规划和区域规划为支撑"的生态环境规划体系，阐述了各类规划编制程序和规划内容。

　　本教材是浙江省普通本科高校"十四五"重点教材建设项目。全书由浙江大学王飞儿老师主编，其中浙江工业大学马云老师参与了第 1 章与第 6 章编写，中山大学王成老师参与了第 7 章编写，浙江大学教学助理姚灿参与了书稿的校稿工作。生态环境部环境规划院王金南院士对本书的编写提出了宝贵意见，特此表示感谢。本书编写中引用了多位专家、学者的研究成果，在此一并致以衷心的感谢。

　　由于环境规划与管理涉及领域广泛以及编者水平限制，本教材难免存在疏漏、不足之处，敬请广大读者批评指正。

编者

2025 年 4 月

目录
CONTENTS

10 生态环境空间管控规划 **184**

11 生态环境专项规划 **202**

12　区域生态建设规划　　226

参考文献　　237

1

绪　论

环境规划与管理是生态环境保护工作的核心。通过科学规划和管理，可以有效预防和控制环境污染和生态破坏，确保生态系统的稳定性和可持续性，从而保障生态环境安全。本章概述了环境规划与管理基本概念、对象与任务、职能与手段，以及我国环境规划与管理发展历程和发展趋势。

1.1　环境规划与管理概述

1.1.1　环境规划与管理概念与特征

（1）环境规划的概念与特征

环境规划是国民经济和社会发展规划的有机组成部分，是指为使环境与社会经济协调发展，把"社会—经济—环境"作为一个复合生态系统，依据社会经济发展规律、生态学原理和地学原理，对其发展变化趋势进行控制并对人类自身活动和环境所作出的时间和空间上的合理安排。

环境规划通常包括确定环境目标、分析问题和机遇、制定策略和行动计划，以及监测和评估规划的实施效果。作为调控社会经济环境复合系统的重要手段，环境规划具有以下基本特征。

① 整体性与关联性。整体性反映在规划对象环境要素和各个组成部分之间具有相对确定的分布结构和作用关系，从而构成一个整体性强、关联度高的有机整体；环境规划的关联性反映在规划过程各技术环节之间紧密关联。

② 综合性与交叉性。规划综合性体现在其涉及领域广泛、影响因素众多、对策措施综合、部门协调复杂。规划所依据的技术方法和支撑软件环境具有多学科特性，规划内容体现了综合性、交叉性。

③ 区域性与类别性。生态环境问题呈地域特异性，因此环境规划必须注重"因地制宜"。同时，空间布局和结构理论及环境问题种类繁多的特点也要求在环境规划方案中体现出分区分类特征，满足我国生态环境管理差异化要求。

④ 动态性与不确定性。环境规划是对一定时期内环境保护目标和措施所作出的规定，具有较强的时效性，但外部影响因素不断变化往往带来了较多的不确定性。因此必须建立起一套滚动的环境规划管理系统，以适应环境规划不断更新调整、修订的需求，减少随机性影响。

⑤ 政策性与约束性。环境规划作为我国各项生态环境保护工作开展的重要依据,具有明确的指导性,从而带有很强的政策性特征。同时规划一经制定并经权力机关通过颁布,就具备了法律性质,具有较强的约束性。

(2)环境管理的概念与特征

管理是指在组织中协调和监督他人工作的过程。管理无处不在,无时不在,是人类的一项基本活动。它涉及规划、组织、指导、控制和决策,以实现组织目标。

环境管理作为国家管理的重要组成部分,是指依据国家的环境政策、法律、法规和标准,通过宏观综合决策与微观执法监督,运用各种法律、经济、行政、技术、宣传教育等有效管理手段,调控人类的行为,协调经济社会发展与环境保护之间的关系,限制损害环境质量的活动,以维护环境秩序和安全,实现区域社会可持续发展的行为总体。

区别于一般的行政管理,环境管理具有区域性、系统性、社会性和环境决策的非程序化等特征。

① 环境管理的区域性。环境管理的目的就是通过管理人的各种行为以及协调人与环境的关系来解决环境问题。环境问题因区域经济社会发展程度、资源利用配置、产业结构和消费结构等不同而不同。环境问题这种区域性特点使得环境管理在方法和模式上具有区域差异性。

② 环境管理的系统性。环境管理对象是自然环境和人类社会构成的复杂系统,具有成分多样、功能结构复杂和动态性等特点。环境管理是为确保系统的正常运行而实施的干预措施和过程。因此环境管理中运用系统论观点,将环境看作一个系统,从整体或者全链条角度来分析问题、解决问题。

③ 环境管理的社会性。环境管理的核心是通过对人的行为管理来实现人与环境的和谐共处。环境管理除了专业力量和专门职能机构外,还需社会公众的广泛参与。通过改变全社会的生产观念、消费观念和发展观念,发挥社会支持和参与管理的强大动力,才能从根本上解决环境问题,实现管理目标。

1.1.2　环境规划与环境管理关系

环境规划与环境管理是两个密切相关但又各有侧重的概念。它们在目标、理论基础和实践操作上是相互依赖、相互支持的。环境规划提供了实现环境管理目标的战略和方法,而环境管理则确保这些规划得以有效实施,两者共同推动了环境保护和可持续发展进程。

① 共同的理论基础:环境规划与环境管理都建立在可持续发展理论基础上,强调经济、社会和环境协调发展,追求人与自然和谐。

② 互为重要内容和方法:环境规划是环境管理的重要内容和首要职能,包括规划编制管理、规划目标管理、规划方案及规划实施管理等。环境管理的措施和手段是环境规划的重要实施手段,环境管理能力建设也是环境规划的重要内容。

③ 具有目标一致性:环境规划目的是指导人们进行各项环境保护活动,约束排污者行为,改善生态环境,防止资源破坏,保障环境保护活动纳入国民经济和社会发展计划,促进环境、经济和社会的可持续发展。环境管理是运用经济、法律、技术、行政、教育等手段,限制人类损害环境质量的活动,通过全面规划使经济发展与环境相协调。

④ 互为保障和依据:环境规划是环境管理的先导、依据和手段。只有科学的规划才能有科学的管理。环境管理核心是环境规划制定的环境目标,主线是环境规划的编制、调整和

实施过程。科学且强有力的管理是规划得以顺利实施的根本保证。

无论是环境规划还是环境管理，共同核心都是保护和改善环境质量，实现资源的可持续利用。同时规划职能是环境管理的首要职能，在实际工作中，环境规划为环境管理提供战略指导和具体任务措施，而环境管理则确保这些任务措施得以实施，并在实施过程中进行监督、评估和调整。

1.2 环境规划与管理对象及任务

1.2.1 环境规划与管理对象

环境管理是管理人类社会作用于环境的行为，主体包括政府、企业和公众，它们开展自身管理的同时又是参与者或相关方。

（1）政府

政府是社会公共事务的管理主体，依法对整个社会进行公共管理。环境管理是政府公共管理的一个分支。政府作为环境管理主体的具体工作包括制定适当的环境发展战略，设置必要的专门环境保护机构，制定环境管理的法律法规、制度标准，开展规划决策，提供公共环境信息和服务，开展环境教育，等等。此外，还包括代表国家参与国际社会环境管理，如国际环境合作、全球环境条约协议的签署和执行等。

政府作为社会行为的主体，掌握国有资产和自然资源的所有权及相应的经营管理权；对国民经济实行宏观调控，对市场进行政策干预。因此政府行为对环境的影响具有极强的特殊性，它涉及面广、影响深远又不易察觉，这种影响可以是直接的也可以是间接的；有可能是重大的正面影响，也有可能是巨大的难以估计的负面影响。要防止和减轻政府行为造成或引发环境问题，关键是要促进政府决策的科学化、民主化和法治化。

（2）企业

企业作为社会经济活动的主体，其主要目标是通过向社会提供物质性产品或服务来获得利润。它们是各种产品的主要生产和供应者，是资源、能源的主要消耗者，同时也是社会物质财富积累的主要贡献者。因此，企业作为环境管理的主体，其行为对环境保护和管理有着重大影响。

企业自身环境管理内容包括制定企业环境目标和规划，开展清洁生产和循环经济，建立环境管理体系标准，实行绿色设计、绿色制造、绿色营销等。另外，企业作为人类社会产业活动的主体，其环境管理行为对政府和公众的环境行为有很大影响。如企业设计和生产绿色产品和服务，公众通过购买和消费引导企业生产方式转变；企业不断开发绿色环保的先进技术和经营方式，推动政府在完善环保法律、严格环保标准等方面加强环境管理，从而推动整个社会的进步。从这个意义上讲，企业环境管理既能与政府、公众的环境管理行为互动，又发挥着重要的推动作用。

企业行为对资源环境的影响表现为企业是资源、能源的主要消耗者，污染物的产生者、排放者，也是主要的治理者、环保工作的参与者与承担者。要防止或减轻企业行为造成和引发环境问题，从企业角度要加强企业环境管理和环境经营；从政府角度要加强宏观引导和监督；从公众角度，可以通过消费绿色产品和服务引导企业生产方式转变，也可以对企业的各种破坏环境的行为进行监督。

（3）公众

公众包括个人与各种社会群体，是环境管理的推动者和直接受益者。公众作为环境管理主体，其作用和影响是以分散在社会各行各业、各种岗位上的公众个体以及以某个具体目标组织的社会群体行为来体现的。参与是公众作为环境管理主体的主要"管理"形式。

作为环境管理对象的公众和社会组织，要解决公众行为可能造成和引发的环境问题，从公众角度应提高环境意识，积极参与有利于环境保护的活动，如购买和消费绿色产品和服务，担任环保志愿者、参加环保社团等社会组织的活动；从政府角度应当加强对公众环境意识的培育，通过制定法律、法规规范公众的生活和消费行为，规范和引导公众和非政府组织的环境保护工作；从企业角度提供时尚的绿色产品引导公众的消费潮流，约束和控制企业员工不利于环境保护的行为，通过与非政府组织合作影响和引导公众行为。

1.2.2 环境规划与管理任务

在人类社会发展进程中，人类从来没有停止过对自己行为的管理，特别是没有停止过对自己作用于自然环境行为的"管理"，即环境管理。20 世纪中叶以后，环境问题日益严重，人们不得不从单纯迷恋治理技术的局限中跳出来，转而向"管理"寻求出路，即进行环境规划与管理。通过采取有效的规划和管理措施，改善生态环境质量，合理利用自然资源，防范环境风险，应对全球环境问题，促进区域可持续发展。环境规划与管理的任务是提高人类的环境意识，调整人类的环境行为，控制"环境-社会"系统中的物质流动，进而实现人类与自然环境的和谐，满足人类可持续发展的环境需求。其本质就是转变人类环境观念及行为，最终目标是创建人与自然和谐共生的生存方式。

（1）提高环境意识，转变环境观念

环境意识是指人们对环境问题的认识程度、关注度和敏感性。它体现了人们对自然环境及其与人类活动相互作用的理解以及对环境保护重要性的认识。相对于环境意识，环境观念则是更深层次影响人们长期行为和决策的核心价值观和信念。环境观念影响着人们如何评价环境问题，如何制定和执行环境政策，以及如何在日常生活中做出环境友好的选择。环境观念的转变将从根本上扭转人类既成的思想观念，进而形成绿色发展观、人与自然和谐伦理道德观、绿色消费观等。为此政府需通过多种途径引导公众环境意识提升，最终实现环境观念转变。如广泛开展环境教育，培养人们的环保意识，提升环境技能；制定和执行环保法规，提供政策激励；鼓励企业采取清洁生产、绿色营销等可持续商业实践，引导消费者绿色消费，减轻对环境的负面影响；等等。

（2）调整环境行为

相对于环境意识的提高，环境行为的调整更具体直接，效果能够立刻得到体现。人类社会行为分为政府行为、企业行为和公众行为三大类。政府行为是国家的管理行为，如制定政策、法律、法令、发展计划并组织实施等；企业行为是指各种市场主体包括企业和生产者个人在市场规律的支配下进行的商品生产和交换行为；公众行为是指公众在日常生活中消费、休闲和旅游等方面的行为。人类的这三种社会行为相辅相成，政府可以通过法令、规章等在一定程度上约束和引导企业行为和公众行为，在三种行为中起着主导作用。

环境规划和管理的任务就是将政府、企业和公众的一些不良环境行为调整为保护环境的理想行为。如政府从环境保护投入不足调整为充足的环境预算，企业从高污染高能耗生产调整为发展清洁生产和循环经济，公众从随意丢弃生活垃圾和浪费水电煤气调整为生活垃圾分类收集和节约能源、资源等。

（3）控制"环境-社会"系统中的物质流

人类社会行为大多会体现在对应的物质流，以及基于物质流的能量流和信息流上。因此，环境管理在管理人的行为的同时，一定还要着眼于这些行为在物质流动过程中的反映。以塑料袋管理为例，环境管理的对象涉及塑料袋的丢弃行为、分拣行为、收集行为、运输行为、处理处置行为，而所有这些行为都是以实物（塑料袋）的流动为物质基础的，因此对这些行为的管理就是对塑料袋物质流的管理。

从物质流角度看，工业文明的一大特点是人类的行为越来越多地使物质退出了它在"环境-社会"系统中固有的循环，成为污染物，也就是以破坏物质循环为代价和手段来创造物质财富。而环境管理就是要探寻一条既不破坏大自然固有的物质循环，又能创造物质财富的新发展道路。

1.3 环境规划与管理职能及手段

1.3.1 环境规划与管理职能

管理程序派的代表人物之一法国工业家亨利·法约尔（Henri Fayol）在 20 世纪初提出了著名的管理五大职能，即计划（planning）、组织（organizing）、指挥（commanding）、协调（coordinating）、控制（controlling）。这五大职能被广泛接受，也是环境管理活动的基本组成部分。

（1）计划职能

计划一般指根据实际情况，通过科学准确的预测，提出在未来一定时期内的目标以及实现目标的方法。首先，计划具有目标性，任何组织或个人制定计划都是为了有效地达到某种目标，没有计划，组织或个人就不可能实现它的目标。其次，计划具有首要性，计划是管理的首要职能，因为从管理过程看，其他职能都是为了保障目标的实现，计划影响和贯穿其他管理职能。此外，计划还具有普遍性，任何管理者都具有制定某些计划的权利和责任。因此，计划不仅仅是领导的责任，也是组织成员的普遍职责。

环境管理中的计划职能是指环境规划、计划，包括确定环境目标、制定环境保护战略以及必要的治理活动。为了保证计划实现，需要进行有效的计划管理。计划管理是指在一定时期内激励各级管理人员积极参加计划制定和实施，以保证总目标的实现。

（2）组织职能

所谓组织是指为了达到某些特定目标，经由分工和合作及不同层次的权利和责任制度而构成的人的集合。组织职能就是通过建立、维护并不断改进组织结构以实现有效的分工合作过程。它是管理活动的基本职能，是其他一切管理活动的保证和依托。组织职能解决的是如何实现资源和活动最佳配置的问题。任何组织都是在一定环境下生存和发展的，组织环境包括许多要素，其中最重要的是人力、物质、资金、市场、文化、政府政策和法律。

环境管理中的组织职能是指在环境管理体系中，有效地安排职责和流程，配置资源，以确保环境管理目标的实现，包括建立组织结构、明确职责和权限、实施资源优化配置、构建环境管理体系、组织应急管理和系统持续改进等。通过这些组织职能，环境管理能够更加系统化和科学化，确保组织在环境保护方面的责任得到有效履行，并且在资源利用和环境影响方面实现可持续发展。

（3）指挥职能

指挥职能又称为领导职能，是指通过指导和监督组织成员的工作，确保计划得以顺利有效执行。具体来说，指挥职能包含领导、沟通和激励等方面：领导者一方面需要为每个岗位和员工明确职责和权限，确保团队中每个成员的能力与职位要求相匹配；另一方面需要通过有效的沟通方式，传达明确的指令和期望，并在计划实施遇到困难和问题时，及时提供解决方案或指导对策，确保工作的顺利进行；此外，领导者通过奖励、晋升等方式，激发员工的积极性和创造力。

指挥职能在环境管理中至关重要，因为它涉及领导层对环境保护的承诺和行动，这些行动将直接影响组织的环境绩效和可持续性。通过有效的指挥，领导者可以确保环境管理措施得到妥善实施，并在组织内部形成一种积极应对环境挑战的氛围。

（4）协调职能

协调职能指协调组织内部的各种活动和工作，以确保它们之间和谐与同步。具体包括：①统一目标，确保各部门和员工了解并认同组织的目标，形成共同努力的方向；②沟通协作，加强部门之间和员工之间的沟通协作，消除信息壁垒和误解；③资源调配，根据工作需要，灵活调配或整合各部门之间的资源，确保资源的有效利用；④解决冲突，及时发现和解决各部门之间的冲突和问题，维护组织的和谐稳定。

环境管理中的协调职能是指在环境保护和资源管理过程中，确保各种活动和利益相关者之间能够有效协同开展环境保护工作的过程。因为环境问题往往涉及多个部门、组织和社区，需要跨学科和跨领域的合作来解决，因此协调职能在环境管理中尤为重要。具体包括政策和规划协调、跨部门职能协调、跨区域协作、应急响应协调、信息共享和沟通等。

（5）控制职能

控制职能是确保组织活动能够有效地朝着既定目标前进的重要保障。通过有效的控制，管理者可以及时发现和解决问题，从而提高组织的整体绩效。首先，控制职能要求管理者监督组织的运行状况，确保各项工作按照既定的计划和标准进行，包括对工作进度、质量、效率等方面的监控；另外还需监督组织遵守相关法律法规和内部政策，确保所有的操作都符合规定标准和道德准则。其次，管理者需要通过比较实际结果与预定目标来衡量绩效，以评估工作是否达到了预期标准；当发现实际工作与计划之间存在偏差时，控制职能要求管理者采取适当的措施来纠正这些偏差，包括调整计划、改进流程、重新分配资源或提供额外的培训等。此外，控制职能不仅仅是发现和纠正错误，还包括持续改进，通过控制活动来识别改进机会，提高组织的效率和效果。控制职能还涉及将控制过程中的信息反馈给组织其他成员，特别是那些负责规划和决策的高层管理者，这样可以确保组织能够从过去的经验中学习，并在未来的决策中考虑到这些经验。

环境管理中的控制职能主要涉及监控和评估组织的环境绩效，确保环境管理措施得到有效执行，并与组织的环境目标和政策保持一致。通过有效的控制职能，组织可以确保其环境活动不仅符合法律法规要求，而且能够持续改进。

1.3.2　环境规划与管理手段

（1）法律手段

法律手段是指管理者代表国家和政府，依据国家环境法律法规所赋予的、受国家强制力保证的，对人们的行为进行管理以保护环境的手段。法律手段是环境管理的最基本手段，是其他手段的保障和支持，通常被称为"最终手段"。

依法管理环境是控制并消除污染、保障自然资源合理利用并维护生态平衡的重要措施。环境管理的法律手段是以法律的形式规定人们对于环境事务所应遵守的准则和调整人们在防治公害和污染破坏中的社会关系。法律手段主要体现在立法和执法两个方面。我国现行的环境法律体系主要由宪法、环境保护基本法、环境资源保护单行法、国务院行政法规、地方性法规、部门规章及地方政府规章等组成，是我国环境管理的重要依据。

（2）行政手段

行政手段是指国家和地方政府，根据法律法规赋予的权力，以命令、指示、规定等形式作用于直接管理对象，对生态环境保护实施管理的一种手段，具有权威性、强制性和规范性等特点。环境管理的行政手段主要包括环境管理部门定期或不定期地向同级政府机关报告本地区的环境保护工作概况，对贯彻国家有关环境保护的方针、政策提出具体意见和建议；组织制定国家和地方的环境保护政策和环境规划，并把这些计划和规划报请政府审批，使之具有行政法规效力；运用行政权力对某些区域采取特定措施，如划分自然保护区、重点污染防治区、环境保护特区等；对环境污染严重的工业、企业，要求限期治理，甚至勒令停产、转产或搬迁；采取行政制约手段，如审批开发建设项目的环境影响报告书，审批新建、扩建、改建项目的"三同时"设计方案，发放与环境保护有关的各种许可证，审批有毒有害化学品的生产、进口和使用；管理珍稀动植物物种及其产品的出口、贸易事宜；对重点城市、地区、水域等的防治工作给予必要的资金或技术支持。

（3）经济手段

经济手段是指在价值规律指导下，运用价格、税收、补贴、押金、补偿费等相关金融手段，引导和激励社会经济活动主体采取有利于保护环境的措施，限制生产者在资源开发利用过程中损害环境的社会经济活动。

经济手段在环境管理中应用非常普遍，通常分为税费征收、财政补贴、市场交易、绿色金融等多种类型。其中税费征收运用最广泛、最为有效，包括排污收费、环境税收、使用者收费、产品收费和管理收费等形式。财政补贴是指政府及其纳税者为实际或潜在的污染者提供财务刺激，目的是促使污染者改变损害环境的行为，或者帮助执行特殊环境要求有困难的企业，主要有补助金制度、长期低息（贴息）贷款、税收减免和环保专项资金等。市场交易则是以产权制度为基础的环境资源交易，包括排污权交易、碳排放交易、碳汇交易，以及用水权、用林权、用海权等资源交易。绿色金融包括绿色贷款、环境保险、绿色债券等。此外，为推进资源回收利用，通常也采用押金或保证金等制度。为打击一些环境违法行为，常采用罚款、缴纳赔偿金或罚金等手段，对破坏环境、给他人造成损害的违法行为追究经济赔偿责任。

（4）技术手段

环境管理中的技术手段是指运用科学技术、工程实践和现代管理方法来控制和解决环境问题，以实现环境的可持续管理和保护。技术手段具有定量性和规范性特征，主要包括环境监测技术、环境信息技术、环境评价技术、环境治理技术、环境模拟技术、生态修复技术、环境工程技术等。运用技术手段，实现环境管理的科学化，如制定环境质量标准、污染物排放标准，组织环境评价；通过环境监测、环境统计方法，进行环境调查；运用环境信息技术、环境模拟技术，开展环境预测；交流推广无污染、少污染的清洁生产工艺、先进治理技术、修复技术等，推进环境治理。

（5）宣传教育手段

环境宣传教育是指通过基础、专业的环境宣传和教育，提高环保人员的专业技能水平和公民的生态环境保护意识，实现全社会广泛参与生态环境保护的目的。主要内容包括：利用书报、期刊、电影、广播、电视、展览会、报告会、专题讲座等多种形式，向公众传播环境科学知识，宣传环境保护的意义以及国家有关环境保护和防治污染的方针、政策、法令等；把环境教育纳入国家教育体系，加强基础教育和社会教育，在高等院校、科学研究单位培养环境管理人才和环境保护专门人才，在中、小学进行环境科学知识教育，对各级环境管理部门在职干部进行轮训。

1.4 环境规划与管理发展历程及发展趋势

1.4.1 环境规划与管理的形成及发展

环境规划与管理思想来源于人类对环境问题的认识和社会实践。人类对环境问题的认识经历四次认识高潮，树立了四个路标，大大促进了环境规划与管理思想的变革和发展。

（1）第一个路标（1972 年斯德哥尔摩联合国人类环境会议）

20 世纪 60 年代末到 70 年代初，八大环境公害事件的发生和《增长的极限》一书的出版唤起了世人的环境意识，引发了人类对环境问题的第一次认识高潮。联合国人类环境会议于 1972 年 6 月 5 日至 16 日在瑞典斯德哥尔摩召开，这是世界各国政府共同讨论当代环境问题，探讨保护全球环境战略的第一次国际会议，共有 113 个国家和国际机构的 1300 多名代表参加。会议提出《只有一个地球》的报告，通过了《人类环境宣言》，阐明了与会国和国际组织所取得的七点共同看法和二十六项原则，以鼓舞和指导世界各国人民保护和改善人类环境，在全球环境保护发展史上树立起第一个路标。

（2）第二个路标（1992 年里约热内卢联合国环境与发展大会）

20 世纪 80 年代末到 90 年代初，日趋严重的全球环境问题和《我们共同的未来》一书的出版引发了人类对环境问题的第二次认识高潮。1992 年 6 月 3 日至 14 日联合国环境与发展大会在巴西里约热内卢召开，183 个国家代表团和 70 个国际组织共 102 位政府首脑和国家元首参加了会议，这次大会讨论了人类生存面临的环境与发展问题，通过了《里约环境与发展宣言》和《21 世纪议程》两个纲领性文件，提出了可持续发展理念，并得到了世界最广泛和最高级别的政府承诺，在全球环境保护发展史上树立起第二个路标。

（3）第三个路标（2002 年约翰内斯堡联合国可持续发展世界首脑会议）

21 世纪初，人类在可持续发展道路上的障碍日益明显以及《联合国千年宣言》的发布，引发了人类对环境问题的第三次认识高潮。2002 年 8 月 26 日至 9 月 4 日，联合国可持续发展世界首脑会议在南非约翰内斯堡召开，包括 104 位国家元首和政府首脑在内的 192 个国家和地区代表以及国际组织、非政府团体代表共 2 万余人出席了会议，以人类、地球及繁荣为主题，产生了《执行计划》和《政治宣言》两项最终成果，在全球环境保护发展史上树立起第三个路标。

（4）第四个路标（2012 年里约热内卢联合国可持续发展会议）

2012 年 6 月 20 日至 22 日，联合国可持续发展会议（又称"里约＋20"峰会）在巴西里约热内卢召开，是国际可持续发展领域举行的又一次大规模高级别会议，近130位国家元首和政府首脑出席了会议，与会代表超过5万人。会议围绕绿色经济在可持续发展和消除贫困方面的作用和促进可持续发展体制框架两大主题，就20年以来国际可持续发展各领域取得的进展和存在的差距进行了深入讨论，达成新的可持续发展政治承诺，发布了《我们憧憬的未来》，在全球环境保护发展史上树立起第四个路标。

1.4.2 我国环境规划与管理发展历程

我国环境规划与管理伴随着整个环境保护工作的产生和开展，经历了从无到有、从简单到复杂、从局部进行到全面开展的发展历程。以环境保护战略政策历史演进为主线，我国环境规划与管理的发展可以划分为五个阶段。

(1) 非理性战略认识阶段（1949—1971年）

从1949年中华人民共和国成立至1971年，我国工业发展突飞猛进的同时环境污染问题不断出现。但是当时人口相对较少，生产规模不大，环境容量较大，整体上经济建设与环境保护之间的矛盾尚不突出，所产生的环境问题大多属于局部性的可控问题，并没有引起足够的重视，没有形成对环境问题的理性认识，也没有提出环境战略和政策目标。该阶段仅在水土保持、森林和野生生物保护等一些相关法规中提出了有关环境保护的职责和内容，如《稀有生物保护办法》（1950年）、《中华人民共和国矿业暂行条例》（1951年）、《工业企业设计暂行卫生标准》（1956年）、《中华人民共和国水土保持暂行纲要》（1957年）、《国务院关于积极保护和合理利用野生动物资源的指示》（1962年）、《国务院关于黄河中游地区水土保持工作的决定》（1963年）、《森林保护条例》（1963年）和《城市工业废水、生活污水管理暂行规定（草案）》（1964年）等。

这一时期国民经济建设中开始出现一些环境保护萌芽，但总体上是一个非理性的战略探索阶段，如林垦部（现自然资源部林业和草原局）提出普遍护林，大规模造林，开发大兴安岭林区；工业建设布局将工业区和生活区分离，建设以树林为屏障的隔离带，减轻工业污染物对居民的直接危害等。

(2) 环境保护基本国策阶段（1972—1992年）

该阶段是我国环境保护意识从启蒙期逐步进入初步发展的阶段，在环境保护政策、环境管理制度、体制建设和法治建设等方面取得了极大进展。

1972年，我国政府代表团参加了联合国人类环境会议，1973年国务院召开第一次全国环境保护会议，审议通过了《关于保护和改善环境的若干规定（试行草案）》，这是我国第一部环境保护综合性法规，从此我国的环境保护事业开始起步。随后我国又召开了多次环境保护会议，明确提出了要开拓有中国特色的环境保护道路。1979年9月我国第一部环境法律《中华人民共和国环境保护法（试行）》颁布，随即环境保护相关专项立法起步，全国人大常委会分别在1982年、1984年和1987年审议通过了《中华人民共和国海洋环境保护法》《中华人民共和国水污染防治法》和《中华人民共和国大气污染防治法》等，为实现环境和经济社会协调发展提供了法律保障。

1983年第二次全国环境保护会议明确了环境保护为我国的一项基本国策，在大政方针上以环境与经济协调发展为宗旨。在1989年召开的第三次全国环境保护会议上，把在20世纪80年代初以来陆续提出的预防为主、谁污染谁治理和强化环境管理等政策思想确定为环境保护的三大政策，在具体制度措施上形成了一套以"八项制度"为主要内容的环境管理制度体系，这些政策和制度先以国务院政令颁发，后进入各项污染防治的法律法规，构成了一个较为完整的"三大政策八项管理制度"体系，促使环境规划管理工作由"一般号召"走上了"靠制度管理"的轨道，有效遏制了环境状况恶化的形势，一些政策时至今日仍在发挥作用。

我国的生态环境保护管理机构在这一阶段也实现了跃升，从 1974 年的临时性机构"国务院环境保护领导小组及其办公室"，到 1982 年国家城乡建设环境保护部内设的环境保护局，再到 1988 年国务院直属的国家环境保护局，环境管理机构作为国家一个独立工作部门开始运行。

（3）可持续发展战略阶段（1992—2000 年）

1992 年联合国环境与发展大会在巴西召开，对我国环境保护事业步入发展阶段起到了重要的推动作用。我国将可持续发展上升为国家战略，提出环境与发展十大对策，率先制定《中国 21 世纪议程——中国 21 世纪人口、环境与发展白皮书》，确定了实施可持续发展战略的行动目标、政策框架和实施方案，1998 年国家环境保护局由原副部级提升为正部级。

这一阶段我国工业化进程开始进入第一轮重化工时代，城镇化进程加快。伴随粗放型经济的高速发展，工业污染和生态破坏呈加剧趋势，开始出现流域性、区域性污染。为应对区域性环境污染，我国污染防治思路开始由末端治理向生产全过程控制转变、由浓度控制向浓度与总量控制相结合转变、由分散治理向分散与集中控制相结合转变。

"九五"期间我国开启了大规模流域区域污染防治。1995 年国务院签发了我国历史上第一部流域性法规《淮河流域水污染防治暂行条例》，明确了淮河流域水污染防治目标；1996 年，《中国跨世纪绿色工程规划》作为《国家环境保护"九五"计划和 2010 年远景目标》的一个重要组成部分，提出对流域性水污染、区域性大气污染实施分期综合治理，启动实施"33211"工程，即"三河"（淮河、辽河、海河）、"三湖"（太湖、滇池、巢湖）、"两控区"（二氧化硫控制区和酸雨控制区）、"一市"（北京市）、"一海"（渤海）。

随后重点城市环境治理也开始启动。1998 年我国政府批准划定了酸雨控制区和二氧化硫控制区（即"两控区"），推进大气污染防治。其间大部分城市开展了城市环境综合整治，城市环境质量得到大大改善。同时初步建立了以环境保护目标责任制、城市环境综合整治定量考核、环境保护模范城市创建为主要内容的一套具有中国特色的城市环境管理模式。

这一阶段，我国的环境规划与管理工作由传统发展方式转向可持续发展模式，环境污染治理进入自然生态恢复与建设阶段；从对局部地区的工业结构和布局调整进入对国民经济总体结构的战略性调整；在对城市和工业污染加大治理力度的基础上，开展了对重点地区和重点流域的治理，由传统的行政命令和计划转向依法行政和管理。

（4）环境友好型战略阶段（2001—2012 年）

党的十六大以来，中共中央、国务院提出树立和落实科学发展观、构建社会主义和谐社会、建设资源节约型和环境友好型社会等新思想、新战略、新举措。党的十六届五中全会指出"要加快建设资源节约型、环境友好型社会"，并首次把建设资源节约型和环境友好型社会确定为国民经济和社会发展中长期规划的一项战略任务。2006 年 4 月召开的第六次全国环境保护大会，提出了"三个转变"的战略思想。2011 年 12 月召开的第七次全国环境保护大会，提出了积极探索"在发展中保护、在保护中发展"的环境保护新道路。我国的环境规划与管理工作已全面进入综合决策阶段。此阶段我国环境管理的工作重点是着力实施污染物排放总量控制以及推动区域生态环境示范创建。

我国于 2001 年加入世界贸易组织，随后社会经济迅猛增长，能源、钢铁、化工等重工业比重不断提高，产能产量跃居世界前列，但同时资源能源消耗快速增长，主要污染物排放总量也大幅增加，给生态环境带来了前所未有的压力，国家开始着力实施污染物排放总量控制。1996 年印发的《国务院关于环境保护若干问题的决定》首次提出了总量控制制度，明确要求"要实施污染物排放总量控制，抓紧建立全国主要污染物排放总量指标体系和定期公布的制度"。"九五"期间颁布的《全国主要污染物排放总量控制计划》明确提出了"一控双达标"的环保工作思路。"十一五"期间总量控制被提升到国家环境保护战略高度，环境规划实现了由软约束向硬约束的转变，其中将二氧化硫和化学需氧量作为两项"刚性约束"指标，在制度设计、管理模式和落实方式上进行了创新，化学需氧量和二氧化硫双双超额完成减排任务。"十二五"期间，总量控制进一步拓展优化，氨氮和氮氧化物也被纳入约束性控制指标，农业源和机动车被纳入控制领域。在总量减排推进过程中，环保投入大大增加，有效提升了环境基础设施能力建设。

生态环境保护示范创建工作蓬勃开展。2003 年 5 月，国家环境保护总局（现生态环境部）发布《生态县、生态市、生态省建设指标（试行）》，推进在全国形成生态省（市、县）、环境优美乡镇、生态村的生态示范系列创建体系。这一时期，海南、浙江、福建等 14 个省（自治区、直辖市）开展了生态省（区）建设，近 500 个县（市）开展了生态县（市）创建工作；全国有 389 个县（市）被命名为国家级生态示范区，629 个镇（乡）被命名为全国环境优美乡镇。各地在生态示范创建过程中，大力发展生态产业，加强生态环境保护和建设，推进生态人居建设，培育生态文化，促进了所辖区域社会、经济与环境的协调发展。围绕环境保护重点城市，我国启动了大规模城市环境综合整治，相继评选出 70 多个"环境保护模范城市"。同时大力开展节约型机关创建、绿色学校创建、绿色社区创建等社会环保示范创建活动。

这一阶段我国环境监管和政策管理整体能力提升。在实行总量控制、定量考核、严肃问责的同时，重视多种政策综合调控，由主要采用行政办法保护环境转变为综合运用法律、经济、技术和必要的行政手段来解决环境问题，政策体系基本成型。在环境管理机构方面，为了解决环保执法难、地方行政干预的问题，2006 年国家环境保护总局（现生态环境部）设立了东北、华北、西北、西南、华东、华南六大区域环境保护督查中心，作为其派出机构。2008 年国家环境保护总局升格为环境保护部（正部级）。在生态环境保护立法和执法方面，再次修订《中华人民共和国大气污染防治法》《中华人民共和国水污染防治法》《中华人民共和国固体废物污染环境防治法》和《中华人民共和国海洋环境保护法》，制定了《中华人民共和国放射性污染防治法》《中华人民共和国环境影响评价法》《中华人民共和国清洁生产促进法》和《中华人民共和国循环经济促进法》等。在环境保护财政方面，中央财政预算账户于 2006 年设立"211 环境保护"科目，首次出现环境保护户头，为以后深化环境保护财政改革打下了基础。同时排污权交易、生态补偿、绿色信贷、绿色保险、绿色证券等环境经济政策试点启动并逐步落地实施。2008 年，国家卫星环境应用中心建设开始启动，环境与灾害监测小卫星成功发射，标志着环境监测预警体系进入了从"平面"向"立体"发展的新阶段。此外积极参加多边环境谈判，2005 年《联合国气候变化框架公约》缔约国签订的《京都议定书》正式生效，中国作为一个负责任的发展中国家，高度重视气候变化问题，积极履行《联合国气候变化框架公约》义务，制定了《中国应对气候变化国家方案》。

（5）生态文明战略阶段（2013 年至今）

自 2013 年党的十八届三中全会召开以来，中央把生态文明建设放在突出位置，融于政治建设、经济建设、社会建设、文化建设等各方面和全过程。生态环境保护工作成为生态文明建设的主阵地和主战场，环境质量改善逐渐成为环境保护的核心目标和主线任务，环境战略政策改革进入加速期。2015 年 5 月，《关于加快推进生态文明建设的意见》对生态文明建设进行全面部署；2015 年 9 月，国务院印发《生态文明体制改革总体方案》，提出到 2020 年构建由自然资源资产产权制度、国土空间开发保护制度、空间规划体系、资源总量管理和全面节约制度、资源有偿使用和生态补偿制度、环境治理体系、环境治理和生态保护市场体系、生态文明绩效评价考核和责任追究制度等组成的生态文明"四梁八柱"制度体系。

2018 年 3 月，十三届全国人大一次会议通过了《中华人民共和国宪法修正案》，把"生态文明"和建设美丽中国的要求写入宪法，为生态文明建设提供了国家根本大法支撑。2014 年修订的《中华人民共和国环境保护法》将推进生态文明建设作为重要的立法目的之一。2018 年 5 月召开的全国生态环境保护大会提出加大力度推进生态文明建设、解决生态环境问题，坚决打好污染防治攻坚战，推动中国生态文明建设迈上新台阶。2023 年 7 月召开的全国生态环境保护大会将建设美丽中国摆在强国建设、民族复兴的突出位置，推动城乡人居环境明显改善、美丽中国建设取得显著成效，以高品质生态环境支撑高质量发展，加快推进人与自然和谐共生的现代化。

这一阶段环境规划与管理的战略发展趋势是从物质生产方式向生态系统回归，把对生命的尊重和对自然生态系统的保护纳入政治、法律和道德体系，从个体主义和还原论转变为自然整体主义和有机论。虽然仍有一系列问题需要解决，但生态环境保护事业及生态环境管理体制改革已经站在了新的历史方位和起点。这一阶段环境管理主要成效总结如下。

① 环境法治体系向系统化和纵深化发展。2014 年 4 月我国修订完成了《中华人民共和国环境保护法》，随后《中华人民共和国大气污染防治法》《中华人民共和国水污染防治法》《中华人民共和国固体废物污染环境防治法》《中华人民共和国噪声污染防治法》《中华人民共和国海洋环境保护法》等相继完成修订，新出台的《中华人民共和国环境保护税法》和《中华人民共和国土壤污染防治法》等也开始实施。

② 环境监管体制改革取得重大突破。2015 年，中共十八届五中全会明确提出实行省以下环保机构监测监察执法垂直管理制度，我国生态环境监管能力大幅度提升。2018 年 3 月，第十三届全国人民代表大会第一次会议通过了国务院机构改革方案，组建生态环境部，整合了相关要素部门污染防治职能，基本实现了污染防治、生态保护、核与辐射防护三大领域统一监管的大部制安排，以及制度设计对执行与监管的分离要求，生态环境保护的统一性和权威性大大增强。

③ 推进建立最严格的环境保护制度。随着污染治理进入攻坚阶段，中央深入实施大气、水、土壤污染防治三大行动计划，部署污染防治攻坚战，建立并实施中央生态环境保护督察制度，以中央名义对地方党委政府进行督察。

④ 环境经济政策改革加速。明确了建立市场化、多元化生态补偿机制改革方向，补偿范围由单领域补偿延伸至综合补偿，跨界水质生态补偿机制基本建立。全国共有 28 个省（自治区、直辖市）及青岛市开展排污权有偿使用和交易试点。出台了国际上第一个专门以环境保护为主要政策目标的环境保护税，我国自 1982 年开始实施的排污收费政策退出历史舞台。加快推进建设绿色金融体系，由我国主导完成的《2018 年 G20 可持续金融综合报告》得到了世界各国的认同。

⑤ 多元有效的生态环境治理格局基本形成。随着人们生态环保意识的不断增强，生态

建设人人有责的理念已经在全社会形成共识。生态环境治理的动力开始发生转变，逐步形成了以政府治理为主导、社会各方积极参与的治理模式。

1.4.3 环境规划与管理发展趋势

生态环境作为一项基本公共服务已经成为我国民生体系中的重要组成部分。为应对新时期地球生态与环境治理面临的严峻挑战，如气候变化、生态危机、新污染物、环境健康等问题，2013 年，我国首次提出美丽中国建设，将其纳入国家发展目标之一。2017 年，党的十九大把"坚持人与自然和谐共生"作为国家发展基本方略之一，把建设美丽中国作为生态文明建设的核心。2022 年，党的二十大提出建设中国式现代化，对建设人与自然和谐共生的美丽中国作出战略部署。2023 年全国生态环境保护大会对全面推进美丽中国建设作出战略部署。2024 年 1 月发布的《中共中央 国务院关于全面推进美丽中国建设的意见》明确了全面推进美丽中国建设的时间表、路线图、任务书。

综上，建设美丽中国是全面建设社会主义现代化国家的重要目标，是生态文明建设的成效表达，是实现中华民族伟大复兴中国梦的重要内容。美丽中国建设对新时期环境规划与管理的内容、任务、技术手段等提出了新的要求。

（1）构建面向美丽中国建设的政策制度保障体系

新时期我国经济社会发展将面临更加复杂的外部环境和内部条件，不断加强政策制度创新和监测考核评价体系建设是全面实现美丽中国建设目标的重要保障。因此，一方面要基于当前环境政策工具箱，开展产业结构调整、污染治理、生态保护、气候变化应对等统筹推进制度体系和政策协同实施机制建设；另一方面要面向中国式现代化生态文明体制建设需求，深化包括流域生态保护监管体系、生态环境治理市场体系、生态环境治理法规政策体系、生态环境分区管控体系、能耗碳排放双控体系等制度体系建设。要聚焦美丽中国建设重点领域和"国家-省-市"层级，构建"横向到边、纵向到底"的美丽中国新时代特征的重大工程框架体系和规划制度，提升国家生态安全风险研判评估、监测预警、应急应对和处置能力。此外，加大美丽中国科技支撑体系建设，加快构建系统协调、多维联动、各具特色的美丽中国建设监测、进程评估和考核技术体系、生态环境保护规划技术等（图 1-1）。

图 1-1　美丽中国建设保障体系示意图
（资料来源：王金南等，2025）

（2）构建面向全面统筹的生态环境规划体系

生态环境保护的系统性决定了生态环境保护工作需要立足全局加以考量，要在经济社会发展的全方位、全地域、全过程中，统筹兼顾、整体施策、多措并举地开展。这就决定了在国家规划体系中，生态环境保护规划不是一般的专项规划，而要充分发挥规划在生态环境保护领域的战略引领和刚性控制的重要作用，以生态环境高水平保护推动经济高质量发展。为此，需建立健全一套"横向＋纵向＋时间"层次清晰、功能互补的生态环境规划体系。在横向上，统筹好污染治理、生态保护、气候变化应对等不同领域，覆盖陆地和海洋的空间范围，覆盖山水林田湖草沙冰等各类生态系统，覆盖城市治理与乡村建设等二元结构，覆盖水、大气、土壤等所有生态环境介质，覆盖从源头防控、过程监管、末端治理、后果严惩的环境管理工作等。在纵向上，进一步健全国家—省—市—县等不同层级之间的生态环境规划体系。在时间上，要统筹好长期战略、中期规划、短期行动等不同时间跨度的生态环境保护规划。同时要强化生态环境规划空间表达，有序衔接国土空间规划。

（3）构建面向高质量发展的新质生产力发展新格局

要从根本上解决经济社会发展与生态环境福祉的矛盾问题，就必须构建经济发展与生态环境保护的正向反馈机制。其中的关键在于以新质生产力推动高质量发展。为此，一是要通过加快绿色科技创新和先进绿色技术推广应用，加大力度攻关、破解生态环境民生建设涉及的资源、生态、环境、绿色发展等多领域科学和技术难题；二是要构建绿色低碳循环经济体系，促进新旧动能转换，把生态环境作为生产力要素融入现代经济化体系；三是要持续优化支持绿色低碳发展的经济政策工具箱，发挥绿色金融的资源配置、风险管理和市场定价功能，推进生态环境导向的开发模式和投融资模式创新；四是要在全社会大力倡导绿色健康生活方式，把全民生态文明素养和主观能动性作为"经济发展-民生福祉-环境质量"正反馈关系的纽带，为加快形成美丽中国建设的新质生产力提供有效需求牵引。

（4）构建以优质生态产品供给为导向的生态环境治理体系

"良好生态环境是最普惠的民生福祉"。生态环境治理领域面向中国式现代化的制度改革要求解决人民群众对于清新空气、清澈水质、清洁环境等生态产品的需求问题。随着我国经济社会发展形势的变化，我国生态环境治理主体和治理客体已发生诸多变化，生态环境治理重点已由关注环境质量改善转变为强调"双碳"目标、环境风险与健康、融入新发展格局等战略需求，治理方向由注重水、气、土等单一生态环境要素管控转变为统筹兼顾水气土固协同、减污降碳协同、生态系统管理等工作，治理手段也由以行政、监督考核为主转变为以法律、市场、技术、宣传等为主，必要的行政手段为辅。因此要从满足人们对健康美好生态环境追求的角度推进生态环境治理体系和治理能力现代化，完善精准治污、科学治污、依法治污制度机制，以更高标准深入打好蓝天、碧水、净土保卫战，持续改善生态环境质量。同时，重点关注生态保护制度、资源利用制度、生态修复制度以及相关责任制度，着力构建和完善治理领导责任体系、企业责任体系、全民行动体系，并在主抓以党政为主导的主体能力建设的基础上，综合运用法律、市场、技术、宣传等服务保障手段，为释放生态环境治理体系效能提供支撑。

（5）构建以应对全球变化为导向的生态环境治理新秩序

当前，全球面临环境污染、气候变化、生物多样性减少等严峻挑战。我国生态文明建设取得举世瞩目的成就，生态环境质量明显提升，人民群众对生态文明建设的获得感、幸福感、安全感不断增强。我国在全球绿色低碳竞争中努力打造核心竞争力的同时，积极参与全球生态文明建设与合作，推动构建公平合理、合作共赢的全球环境治理体系，实现由全球环境治理参与者到引领者的重大转变。为此，一方面要不断创新传播方式和途径，着力打造融通中外的新概念新范畴新表述，在培养方式、培养内容和培养模式方面构建科学、规范的国际传播人才培养体系和中国特色对外话语体系，提升我国生态文明国际话语权；另一方面要深度参与全球环境治理，在气候变化应对、生物多样性保护等全球环境治理过程中贡献中国智慧和中国方案。此外，要通过实践引领全球环境治理多边合作，高质量共建"一带一路"绿色发展，凝聚绿色发展共识与合力，共建全球环境治理新秩序。

思考题

1. 什么是环境规划与管理？如何理解其内涵？
2. 环境管理的主体和对象分别是什么？
3. 环境规划与管理的主要职能与基本手段有哪些？
4. 分析我国环境规划与管理的发展现状。
5. 结合我国美丽中国建设战略部署，分析环境规划与管理的发展趋势。

2

环境规划与管理基础理论

针对人地关系的复杂性、生态环境问题的广泛性，各类有关人地关系的理论为环境规划与管理奠定了坚实的基础，提供了理论和方法学上的支撑。本章重点介绍了与环境规划与管理密切相关的可持续发展理论、生态学理论、系统科学理论和环境经济学理论，分析了各种理论在环境规划与管理中的具体应用。

2.1 可持续发展理论

随着科技进步及社会生产力的极大提高，人类创造了前所未有的物质财富，人类文明快速推进。但与此同时，人口剧增、资源过度消耗、环境污染、生态破坏等问题日益突出，严重阻碍了经济发展和人们生活质量提高，继而威胁着全人类未来生存和发展。在这种形势下，人类不得不重新审视自己的行为，发现以资源、环境为代价的发展模式已不适应未来发展，必须探索新的发展模式。

可持续发展（sustainable development）作为一种新的发展模式，其概念明确提出最早可以追溯到 1980 年由世界自然保护联盟（IUCN）、联合国环境规划署（UNEP）、世界野生动物基金会（WWF，现称世界自然基金会）共同发表的《世界自然资源保护大纲》。1987年以布伦特兰夫人为首的世界环境与发展委员会（WCED）发表了《我们共同的未来》，这份报告正式使用了可持续发展概念，即"既满足当代人的需要，又不对后代人满足其需要的能力构成危害的发展"。虽然有关可持续发展有很多定义，但被广泛接受且影响最大的仍是《我们共同的未来》中的定义。

2.1.1 可持续发展内涵

《我们共同的未来》中对"可持续发展"的定义表明了发展与保护的统一，即既要达到发展经济的目的，又要保护好人类赖以生存的自然资源和环境，使子孙后代能够永续发展和安居乐业。可持续发展的核心是发展，是一种共同、协调、公平和多维度的高效发展。

（1）共同发展

地球是一个复杂的巨系统，每个国家或地区都是这个巨系统不可分割的子系统。系统的最根本特征是其整体性，只要一个系统发生问题，就会直接或间接导致其他系统的紊乱，甚至会诱发系统的整体突变，这在地球生态系统中表现最为突出。因此，可持续发展追求的是整体发展，即共同发展。

（2）协调发展

协调发展包括经济、社会、环境三大系统的整体协调，也包括世界、国家和地区三个空间层面的协调，还包括一个国家或地区经济与人口、资源、环境、社会以及内部各个阶层的协调，持续发展源于协调发展。

（3）公平发展

公平发展既包括时间纬度上的公平，即当代人的发展不能以损害后代人的发展能力为代价；也包括空间纬度上的公平，即一个国家或地区的发展不能以损害其他国家或地区的发展能力为代价。

（4）多维发展

人类社会的发展表现出全球化的趋势，但是不同国家与地区有着异质性的文化、体制、地理环境、国际环境等发展背景。可持续发展不但追求经济、社会、资源、环境、人口等协调下的高效率发展，而且要考虑到不同地域实体的差异性、多样性和可接受性。因此，可持续发展是多维度的发展，各国与各地区应该从国情或区情出发，走符合本国或本区实际的、多样性的、多模式的可持续发展道路。

根据可持续发展的定义和内涵可知，可持续发展是一种立足于环境和自然资源的人类长期发展战略和模式，其基本思想包括以下几方面。

① 可持续发展鼓励经济增长。经济增长可以提高当代人福利水平，增强国家实力和社会财富。可持续发展不仅重视经济增长的数量，更追求经济增长的质量。这就要求重新审视人们的生产生活行为，通过改变传统的"高投入、高消耗、高污染"为特征的生产模式和消费模式，实现清洁生产和绿色消费，减轻人们经济社会活动的资源环境成本与压力，促进经济增长的长久性、可持续性。

② 可持续发展追求资源永续利用和良好生态环境。可持续发展要求社会经济发展要在保护环境、资源永续利用的条件下进行，保证以可持续方式使用自然资源和环境，强调经济和社会发展不能超越资源和环境承载能力。为此，要求通过适当的经济手段、技术措施和政策干预转变发展模式，降低自然资源的耗竭速度，从根本上解决环境问题，为人类发展创造一个资源永续利用、生态环境良好的局面。

③ 可持续发展承认自然环境价值。自然环境价值不仅体现在环境对经济系统的支撑和服务价值上，也体现在环境对生命支持系统不可缺少的存在价值上。可持续发展要求在生产过程中，将资源开采或资源获取成本、与开采获取使用有关的环境成本等计入生产成本和产品价格之中，全面反映自然资源的价值，逐步修改和完善国民经济核算体系。

④ 可持续发展谋求社会全面进步。单纯追求产值的经济增长不能体现发展的内涵，发展还包括社会进步。在人类发展系统中，经济发展是基础，自然生态保护是条件，社会进步才是目的，这三者又是一个相互影响的综合体。因此改善人类生活质量，提高人类健康水平，创造一个保障人们平等、自由、教育和免受暴力的社会环境，是可持续发展的重要目标之一。

2.1.2 可持续发展基本目标

可持续发展是建立在社会、经济、人口、资源、环境相互协调和共同发展基础上的一种发展。宏观层次上可以理解为人和自然共同协调进化，即"天-人"关系；中观层次上理解为既满足当代人需求，又不危及后代人需求能力，既符合局部人口利益又符合全球人口利益的发展,即"人-地"关系;微观层次上理解为经济、环境、社会协调发展,是在资源、环境的合理持续利用及保护条件下取得最大经济效益和社会效益的关系,即"人-人"关系。

2015年9月各国领导人在联合国召开会议,通过了可持续发展目标,旨在为下一个15年世界发展提出目标。该目标共含17项,包括:在全世界消除一切形式的贫困;消除饥饿,实现粮食安全,改善营养状况和促进可持续农业;确保健康的生活方式,促进各年龄段人群的福祉;确保包容和公平的优质教育,让全民终身享有学习机会;实现性别平等,增强所有妇女和女童的权能;为所有人提供水和环境卫生并对其进行可持续管理;确保人人获得负担得起的、可靠和可持续的现代能源;促进持久、包容和可持续经济增长,促进充分的生产性就业和人人获得体面工作;建造具备抵御灾害能力的基础设施,促进具有包容性的可持续工业化,推动创新;减少国家内部和国家之间的不平等;建设包容、安全、有抵御灾害能力和可持续的城市和人类住区;采用可持续的消费和生产模式;采取紧急行动应对气候变化及其影响;保护和可持续利用海洋和海洋资源以促进可持续发展;保护、恢复和促进可持续利用陆地生态系统,可持续管理森林,防治荒漠化,制止和扭转土地退化,遏制生物多样性的丧失;创建和平、包容的社会以促进可持续发展,让所有人都能诉诸司法,在各级建立有效、负责和包容的机构;加强执行手段,重振可持续发展全球伙伴关系。

综上,可持续发展是着眼于未来的发展,不仅考虑经济的可持续能力、环境的承载能力、资源的永续利用以及社会的公平性,还强调人类社会与生态环境及人与自然界和谐共存前提下的延续。可持续发展目标为环境管理相关对策界定了范围,提出了要求,明确了矛盾的核心体。

2.1.3 可持续发展理论应用

可持续发展既是一种发展模式,又是人类发展目标。可持续发展要求在环境保护中把长远问题和近期问题结合起来考虑,把环境、经济与社会作为一个整体来谋划。为此面向可持续发展的环境规划与管理必须从区域社会、经济与环境效益的统一和协调出发,以区域复合生态系统良性循环、区域在空间上的协调发展及时间上的持续发展为目标,从宏观、中观和微观三个层次审视与处理区域复合生态系统中的各种问题及它们之间的关系。

(1)宏观层次制定生态环境保护方针政策

生态环境管理以区域经济和社会发展的要求为基础,针对当前生态环境现状及发展趋势,识别主要环境问题,弄清制约区域社会经济发展的主要环境资源要素;结合区域环境承载力分析,从经济社会发展的结构、规模与发展速度的角度协调与区域环境的关系,制定生态环境保护总体方针、政策措施及发展战略。

(2)中观层次制定区域生态环境保护策略

中观层次的生态环境规划与管理将着眼点放在探求区域社会经济发展与生态环境保护相协调的具体途径上,即在遵守复合生态系统运行规律基础上,根据不同功能的环境要求,从环境资源空间分布入手,合理进行资源配置,使环境资源开发、利用与保护并举;同时调整区域生产力布局、产业结构、投资方向、生产技术水平和污染控制水平,落实基于可持续发展的生态环境保护对策措施,使环境保护与社会经济发展在区域层面协调发展。

(3)微观层次落实生态环境规划与管理目标

微观层次生态环境规划与管理主要是落实宏观层次的生态环境保护方针政策与中观层次

的生态环境保护策略。采用法律、行政、经济、技术、教育等手段，落实生态环境保护规划中的相关指标与任务，并按时间、空间、行业和部门进行分解，将各项规划措施尽可能分解落实。同时将区域环境综合整治中存在的问题进一步反馈到中观层次、宏观层次的战略措施。

2.2 生态学理论

复合生态系统是环境规划与管理的重要对象，而生态系统基本原理是环境规划与管理的重要理论基础。不同生态学家从不同角度诠释了生态学规律，如我国著名生态学家马世骏提出了生态学五规律：相互制约和相互依赖的互生规律、相互补偿和相互协调的共生规律、物质循环转化的再生规律、相互适应与选择的协同规律和物质输入输出的平衡规律。

美国环境学家 George T. Miller 提出了生态学三定律：任何行动都不是孤立的，对自然界的任何侵犯都具有无数效应，其中许多效应是不可逆的，又称为多效应原理或极限性原理；每一种事物无不与其他事物相互联系和相互交融，被称为相互联系原理或生态链原理；人类生产的任何物质均不应对地球上自然地球化学循环有任何干扰，可称为勿干扰原理或生物多样性原理。

本节结合复合生态系统特点及 Miller 三定律，介绍其在环境规划与管理中的应用。

2.2.1 极限性原理

生态系统中的一切资源都是有限的，生态系统承载能力也是有一定限度的。如果超过这个限度，生态系统就会失去平衡引起质量上的衰退。因此，在资源与环境管理中，必须维持自然资源的再生能力和环境质量的恢复能力，不允许超过生物圈的承载能力或容许极限。

2.2.1.1 环境容量

环境容量是指在确保人类生存、发展不受危害，自然生态平衡不受破坏的前提下，某一环境所能容纳污染物的最大负荷值。环境容量是以污染物在自然环境中的迁移转化规律，以及生物与生态环境之间的物质能量交换规律为基础的综合性指标，由自然生态环境特征和污染物质特性共同确定，是自然生态环境的基本属性之一。

环境容量由两部分组成，即基本环境容量和动态环境容量。其中基本环境容量也被称为 K 容量或稀释容量，通过环境质量标准减去环境本底值求得；动态环境容量也被称为 R 容量或自净容量，主要是指该环境单元的自净能力。

在我国环境管理中，环境容量是污染物总量控制、产业布局以及环境质量改善的重要依据。当前我国已建立以环境质量为核心的生态环境管理体系，环境质量管理也从最初浓度控制转变为污染物总量控制。然而由于环境容量的不确定性、动态性等特点，我国污染物总量控制基本上是基于行政目标总量进行控制的，尚未完全建立总量控制与质量响应的关系，导致生态环境管理目标最终未能全部实现。因此基于环境容量的总量控制，将是今后生态环境管理中通过总量控制实现质量改善的重要抓手。

2.2.1.2 生态承载力

生态承载力被广泛认为是在生态系统结构和功能不受破坏的前提下，生态系统对外界干扰特别是人类活动影响的承受能力。生态承载力中资源承载力是基础条件，环境承载力是约束条件，生态弹性力是支持条件。

对于生态承载力的量化，国内外学者提出了许多简单直观、易于理解、易于操作的思路和方法。依据目前生态承载力评价思路的不同，将生态承载力评价方法分为三类：①指标评价法，如生态承载力综合指数、生态足迹、净初级生产力等；②产品周期综合评价法，包括能值分析法、生命周期评估法等；③结合不同学科的综合评价法，包括生态系统服务功能、氧平衡法、状态空间法等。其中指标评价法在生态环境规划与管理中应用较多，下面简要介绍生态承载力评价指标体系与生态足迹模型。

（1）生态承载力评价指标体系

生态承载力指标体系通过指标间一定组合来模拟生态系统的层次结构，通过确定不同指标对生态承载力的影响程度及相互之间的组合联系，对各个指标赋以不同的权重，并通过逐层加权求和，最终得到反映生态系统承载状况的某一绝对或相对的综合参数。具有代表性的评价指标体系有"压力-状态-响应"（P-S-R）评价指标体系，以及在此基础上发展形成的"压力-状态-影响-响应"（P-S-I-R）、"驱动力-压力-状态-影响-响应"（D-P-S-I-R）等模型框架。

在 P-S-R 框架内，一般将生态承载力分解为生态系统抵抗外界干扰能力、资源环境承载能力以及人类社会对生态系统的响应力三个目标层。其中生态系统抵抗外界干扰能力即为生态弹力，指生态系统可自我维持、自我调节及抵抗各种压力与干扰的能力大小；资源承载力与环境承载力，指资源与环境子系统的供容能力；人类社会响应力，指人类社会采取各类措施，形成对生态系统正面或负面影响的能力。也有指标体系将生态承载力分为环境纳污能力、资源供给能力和人类支持能力等。

综合评价指标体系一般过于庞大，所需数据量较大，在一些统计工作开展并不充分的国家和地区，获取有效数据可能存在困难，因此对其最终的结果也会有一定影响。另外不同指标因为对生态承载力贡献不同，通常在计算中采用权重方法来规避，但权重的设置又有一些人为因素在里面，其科学性仍有待进一步探索。

（2）生态足迹（ecological footprint）

生态足迹又称"生态占用"，通过对生态足迹需求与生态足迹供给比较，定量判断某一国家或地区的可持续发展状态，因此常被应用于生态承载力评价。生态足迹是指特定数量人群按照某一种生活方式所消费的，由自然生态系统提供的各种商品和服务功能，以及在这一过程中所产生的废弃物需要环境（生态系统）吸纳，并以生物生产性土地（或水域）面积来表示的一种可操作的定量方法。

生态足迹（需求量）的计算模型为：

$$\text{EF} = \sum_{i=1}^{6} r_i A_i = \sum_{i=1}^{6} r_i (C_i / P_i) \tag{2-1}$$

式中　　EF——生态足迹；

r_i——第 i 种生物生产性土地类型的均衡因子；

i——消费商品或生物生产的类型；

A_i——第 i 项消费项目人均占用实际生物生产性土地面积；

C_i——第 i 项消费项目的人均消费量；

P_i——第 i 项消费项目的世界平均生产力（即全球平均产量）。

根据世界环境与发展委员会报告，生态承载力（供给量）的计算时应扣除12％生态系统维持生物多样性的保护面积，计算模型为：

$$EC = (1 - 12\%) \sum_{j=1}^{6} a_j r_j y_j \tag{2-2}$$

式中　EC——区域生态承载力；

　　　a_j——人均生物生产性面积；

　　　r_j——均衡因子，为全球某一类土地潜在的平均生态生产力和全球土地的平均生态生产力的比值；

　　　y_j——产量因子，是一种生产空间类型的局地产量和全球平均产量之比。

生态足迹模型中的生物生产性面积是指具有生产能力的土地或水体，一般通过对各种资源和能源消费项目进行折算得到，包括化石能源地、可耕地、牧草地、森林、建成地、海洋等六种类型。生态足迹法衡量的六种生物生产面积较全面地反映了自然资源内容，通过均衡因子对这些直观的生物生产面积进行测算，将经济发展与生态系统有效地联结起来，体现了人类的经济活动，即生态经济活动的理念。生态足迹法将人类的行为比喻为留在地球上的"脚印"，形象地反映了人类活动所消耗的资源对环境的影响，当土地面积不足以承载人类活动的"巨脚"时，将产生生态赤字，导致不可持续发展。

2.2.1.3　资源承载力

自然资源耗竭和环境恶化等问题的日益突出推动了资源与环境承载力的相关研究。1972年罗马俱乐部发表的《增长的极限》报告指出，全球的增长将会因为粮食短缺和生态环境破坏在某个时段内达到极限。随着可持续发展理论的提出，资源承载力定义不断丰富，如联合国教科文组织提出的"某一国家或地区的资源承载力是指在可预见的时期内，利用该国家或地区的能源和其他自然资源以及智力、技术等条件，在保证符合其社会文化准则的物质生活水平下所能持续供养的人口数量"。

尽管定义多种多样，资源承载力仍是评价资源环境与社会经济协调度的重要标准，通常是以要素承载力表示，具体见表2-1。

表2-1　主要资源承载力要素及内涵

承载力要素	承载力内涵	细化方向
土地资源	一定时期内，一定区域的社会、经济、生态环境条件下，土地资源所能承载人类各种活动的规模和强度的阈值	城市土地承载力、耕地承载力、森林承载力
水资源	在一定经济社会和科技发展水平条件下，以生态、环境健康发展和社会经济可持续发展协调为前提，区域水资源系统能够支撑社会经济可持续发展的合理规模	湿地承载力、渔业资源承载力、地下水承载力
矿产资源	在一个可预见的时期内，在当时的科学技术、自然环境和社会经济条件下，矿产资源的经济可采储量（或其生产能力）对社会经济发展的承载能力	煤炭资源承载力、矿产资源安全承载力
旅游资源	一定时期内，保障生态旅游目的地可持续发展前提下自然环境、社会经济和生态旅游资源对于旅游活动的容纳或支持能力	海滩资源承载力、自然保护区生态承载力、旅游资源空间承载力

随着可持续发展理念的深入，资源环境承载力评价对象已由单一资源要素承载力向多要素或综合要素承载力发展，并在实践中得到广泛应用。资源环境承载力评价成果在人口、国

土空间开发、灾后重建、区域可持续发展、自然资源、环境规划与管理以及生态系统管理等领域得到广泛应用，且单要素资源承载力研究较为深入，特别是以土地开发强度为特征的承载力研究作为资源承载力的重要内容受到更多的关注。

2.2.2 生态链原理

生态链是指系统内事物之间相互联系、相互交融的关系，这种关系通过物质循环和能量流动维持着生态系统健康平稳发展。

由生态链原理衍生出了生态产业思想。一般认为，生态产业思想源于 1989 年美国通用汽车公司的 Robert Frosch 和 Nicolas Gallopoulos 在《科学美国人》杂志上发表的《可持续工业发展战略》的文章，他们认为工业系统可以仿照生态系统的物质循环过程，在企业之间建立共生关系，从而促使工业系统转化为生态工业系统。1991 年 10 月，联合国工业发展组织提出了"生态可持续性工业发展"（ecological sustainable industrial development）的概念，认为生态工业是指"在不破坏基本生态进程的前提下，促进工业在长期内给社会和经济利益作出贡献的工业化模式。"1995 年，美国耶鲁大学的 Graedel 和 Allenby 合著《工业生态学》，全面勾画了工业生态学的总体框架和重点内容，认为生态工业是仿照自然界生态过程物质循环的方式来规划工业生产系统的一种工业模式。在生态工业系统中，各生产过程不是孤立的，而是通过物料流、能量流和信息流互相关联，一个过程的废物可以作为另一过程的原料而加以利用。生态工业追求的是系统内各生产过程从原料、中间产物、废物到产品的物质循环，达到资源、能源、投资的最优利用。

尽管产业生态学（或生态工业）的定义颇多，但本质上就是根据生态学和经济学原理，遵照生态系统物质循环利用和能源梯级利用的法则，结合本地环境条件和资源限制，建立和发展一种"资源利用—清洁生产—资源再生"的现代产业模式，实现经济与环境的双赢。它和传统产业的区别主要在于力求把产业生产过程纳入生态化的轨道中来，把生态环境的优化作为衡量产业发展质量的标志。

（1）生态产业设计原理

生态学的"关键种"、食物链及食物网、生态位等理论在生态产业链建设中具有综合指导作用。运用这些理论指导构筑企业共生体，集成物质流、能量流、信息流等高效生产链，提高企业竞争力和工业生态系统的稳定性，合理规划生态工业园，发展循环经济。

"关键种"理论应用于生态产业链，就是指导设计人员为生态工业园选定"关键种企业"。"关键种企业"是指在企业群落中使用和传输物质最多、能量流动规模最为庞大、带动和牵制着其他企业或行业发展的企业。"关键种企业"居于中心地位，是园区内的链核，对构筑企业共生体和生态工业园的稳定起着关键、不可替代的作用。

食物链及食物网理论指导人们模仿天然生态系统、按照自然规律来规划工业系统。从生态系统的角度看，工业群落中企业存在着上下游关系，它们相互依存、相互作用。根据它们的作用和位置不同将其分为生产者企业、消费者企业和分解者企业。一个企业产生的废物（或副产品）作为下一个企业的"物料"（原料），形成企业"群落"（工业链），从而可形成类似自然生态系统食物链的生态产业链。在生态产业链规划与设计中，依据食物链（网）理论对区域内现存企业物质流、能量流、水流、"废物"流、信息流进行重新集成，依据物质、能量、信息流动的规律和各成员之间在类别、规模、方位上是否相匹配，在各企业之间构筑生态产业链，横向进行产品供应、副产品交换，纵向连接第二、第三产业，形成工业"食物网"，从而实现物质、能量和信息的交换，以及资源、物质的利用和循环。

生态工业园区的生态位是指其可被利用的自然因素（气候、资源、能源等）和社会因素（劳动条件、生活条件、技术条件、社会关系等）在区域竞争和全球竞争中的地位。生态工业园的生态位确定后就意味着建立了园区与园区、园区与区域、园区与自然界相互之间的地域生态位势、空间生态位势、功能生态位势，形成了生态工业园的比较优势。这样的生态工业园有利于构筑生态产业链，有利于系统的稳定，有利于吸纳、驻留可盈利的企业，并使这些企业在全球、国家或地区等同层面扩大潜在的或已有的市场份额，避免由于园区定位雷同而造成的恶性竞争。

（2）生态产业设计方法

生态工业区一般分为产业链主导型和产业共生型两种，无论是哪一种类型，其构建都离不开生态产业链设计。生态产业链设计是生态工业区建设的重要内容，一般经历主导产业链优选、引入补链企业、构建横向共生和纵向耦合的产业关系三个过程。

主导产业链优选是指优选出具有地方产业优势或能反映园区产业建设主题的主导产业链。一般根据关键种原理，优选出"关键种企业"，分析其工业代谢链，并对其进行生态产业链的设计和优化。

在对"关键种企业"产业链进行分析的基础上，从其副产品和废物入手，有针对性地引入补链企业，把主导产业链产生的副产品和废物作为补链企业的原材料，延伸主导产业链。引入的补链企业是构建生态产业链的一个重要节点，其生产规模应匹配产业对接的企业，并建立长期合作伙伴关系。此外生态产业补链还可以通过发展关键补链项目和创建资源回收型企业来丰富产业链的完整性，增强工业生态系统的稳定性，从而提高区域产业整体竞争能力与实力。

生态产业园区建设的核心是依据食物链原理构建起园区内物质能量循环体系。为此，依据生态系统结构原理，结合分解者和再生者的定位，鼓励各企业从产品交换、企业合作、区域协调等多层次上进行物质、信息、能量的交换。生态产业链设计要本着促进企业内部或企业间横向共生、纵向耦合的原则，利用不同企业之间的共生与耦合以及与自然生态系统之间的协调来实现资源的共享，物质、能量的多级利用以及整个园区高效产出，从而达到包括自然生态系统、工业生态系统、人工生态系统在内的区域生态系统整体优化，实现区域社会效益、经济效益、环境效益的最大化。

2.2.3　勿干扰原理

勿干扰原理要求我们生产的任何物质均不应该对地球上生物地球化学循环有任何干扰，实质就是要协调人地关系，维持系统稳定。勿干扰原理反映了人与地之间的关系，是人地系统平衡与稳定的基础。

（1）人地系统结构与功能

吴传钧于1991年提出"人地关系地域系统"理论，指出"人地关系地域系统是以地球表层一定地域为基础的人地关系系统，人与地在特定的地域中相互联系、相互作用而形成的一种动态结构"。人地系统中的"地"是指地理环境，包括自然地理环境和社会环境两方面。前者是由岩石圈、大气圈、生物圈和水圈等组成的复杂系统，是人类物质和能量的供应地。后者是指人类同自然环境进行索取与返还过程中建立的人与人之间的关系。

人地系统的结构可以理解成三个关系圈的集合：其核心圈是人，包括组织、文化和技术，可称为"人地核"，是人地系统的调控、管理与决策中心；第二圈是人地系统的内部环境圈，包括人口、资源、环境、社会经济发展（简称为PRED），称为"人地基"，是人地系统的内部介质；第三圈是外部环境，称为"人地库"，是人地系统的基础支持系统。具体见图2-1。

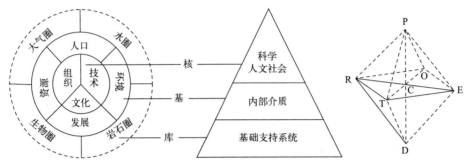

图 2-1　人地系统结构与功能

人地系统是一个开放的、复杂的、远离平衡态的、具有耗散结构的自组织系统，具有时空性、开放性、反馈性和协同性等特征。人地系统的功能可用图2-1的八面体简单表示，其顶点用人口（P）、资源（R）、环境（E）、发展（D）、文化（C）、组织（O）、技术（T）分别表示人地系统的调控、生产、生活、转化、供给、接纳和还原功能。这些功能之间的作用构成了人地系统复杂的关系，包括人与资源、环境之间的促进、抑制、适应、改造关系，人对资源的开发利用与加工关系以及人类生产和生活中的竞争、共生、隶属关系。人地系统的总目标是协调系统内各要素的相互作用及系统的整体行为。

（2）人地系统协调共生

人地系统的核心目标是从空间结构、时间过程、组织序变、整体效应、协同互补等方面去认识和寻求系统整体优化，为有效地进行区域开发和区域管理提供了理论依据。因此，人地关系理论要点就是人地相互作用形成的功能、结构、过程和效应，以及人地作用的区域分异特征、系统性和可调控性。

关于人地关系优化的理论及方法研究较多，如从制度层面提出生态环境补偿、资源价格等人地系统政策调控机制；从人口生产、物质生产、生态生产和社会文化生产等四个方面提出协调机制；基于人口、资源、环境和发展问题构建人地关系系统模型与方法；基于人的视角从制度、技术和文化三个方面提出优化人地系统的主要路径。也有学者在人地系统各组成要素之间、区际之间进行动态协调和优化，以实现人地系统中人的经济社会行为对地的空间区位的有序占据。此外，还有以环境管理的视角制定法律制度、经济政策、管理体制、环境监控、公众参与、科技信息等六位一体的区域环境管理体系等等。

人地系统的协调共生一方面要顺应自然规律，充分合理地利用地理环境；另一方面要对已经破坏了的不协调的人地关系进行调整。具体表现在以下几个方面。

第一，建立人地协调的、多元化的、综合性的战略目标体系。社会经济必须发展，但要把改善生态条件、合理利用自然资源、提高环境质量都纳入社会经济发展的目标指标体系中，从而构成一个由多元指标组合而成的综合性发展战略目标。

第二，构建经济发展与生态环境建设协调发展模式。人们要正确处理经济发展和生态环境建设之间的辩证关系。经济发展是主导，因为只有经济得到快速、健康、稳步发展，才可能为环境的改善和治理提供必要的资金、技术，从而提高人类保护环境的能力。环境是基础，只有良好的环境，才能为经济有序健康发展提供支撑。只有这两个方面的优化都同时同等同步同效地满足特定发展阶段的要求，才能实现可持续发展。

第三，推动区域自然资源的合理开发，使其达到充分和永续利用。现代人地关系协调论认为，保护资源就是保护生产力，在经济发展中必须采取有利于维护自然资源总体使用价值的开发、利用方式，并创造有益于自然资源再生产的条件，合理利用可更新资源，实现资源永续利用。

第四，保护与整治生态环境，使生态系统实现良性循环。人类在社会经济活动中所需要的物质和能量，都是直接或间接地来自生态环境系统。人类对生态环境的干预和影响，不能超越生态环境系统自我调节机制所允许的限度，必须采取积极措施，保持人类活动的行为在生态系统承载能力之内，引导生态系统实现良性循环。

2.3 系统科学理论

人地系统是以人为中心的复杂巨系统，用系统论原理指导环境管理实践，解决管理中的复杂问题，有其特殊的优越性。目前系统科学原理已越来越广泛地应用于环境规划与管理中。

2.3.1 系统科学基本知识

系统科学包括一般系统论、控制论、信息论、耗散结构理论、协同论、突变论等，它们从不同的角度对系统问题进行研究，从系统的角度揭示客观事物和现象之间相互联系、相互作用的本质和规律。

（1）系统概念及特征

系统是由两个以上要素构成的集合体，各要素之间存在着一定的联系和相互作用，形成特定结构和功能，具有整体性、层次性、结构性、动态平衡性、时序性等特征。

① 系统的整体性：整体性是系统科学的基本原理。它强调了系统虽然是由不同要素组成的，但绝不是要素的简单拼凑，而是各要素之间彼此因内在、必然的联系而组成的一个整体，具有各要素所不具有的新特征。

② 系统的结构性：结构是系统中各要素之间相互联系、相互作用的方式。系统的整体性取决于系统构成要素的性质、数量及联结方式。

③ 系统的层次性：一个系统由若干子系统组成，该系统本身又可看作更大系统的一个子系统，这就构成了系统的层次性。不同层次上的系统运动有其特殊性。在研究复杂系统时要从较大系统出发，考虑到系统所处的上下左右关系。

④ 系统的动态性：受内外各类复杂联系相互作用，系统总是处于无序与有序、平衡与非平衡的相互转化中。任何系统都要经历一个系统发生、维持、消亡的不可逆演化过程，因此系统本质上是一个动态过程。

（2）系统工程及方法论

系统工程是以系统为研究对象，从系统的整体性观点出发，运用各种组织管理技术，对系统进行最优规划、最优管理、最优控制，使系统的整体与局部之间的关系协调，实现总体的最优运行。日本工业标准调查会（JISC）规定：系统工程是为了更好地达到系统目标而对系统的构成要素、组织结构、信息流动和控制机构等进行分析与设计的技术。钱学森先生指出，系统工程是组织管理系统的规划、研究、设计、制造、试验和使用的科学方法，是一种对所有系统都具有普遍意义的科学方法。

系统工程一般把研究对象作为一个整体来分析，综合运用各种科学管理的技术和方法，分析系统各个部分之间的相互联系和相互制约关系，使各个部分相互协调配合，服从整体优化要求。美国学者 Arthur D. Hall 在 1969 年提出了系统工程的逻辑维、时间维和知识维等三维结构分析法，比较准确地反映了系统工程方法论的实质。

逻辑维给出了解决系统工程问题的逻辑关系和顺序。逻辑思维过程一般分为七个步骤：①系统规划准备，收集资料和数据，阐明系统现状、问题及趋势；②系统目标设计，提出系统需要达到的目标体系，并拟定评价系统功能的标准；③系统方案拟定，按照系统的目标和问题的特性，拟定出各种可供选择的方案；④系统方案分析，按照系统评价标准，对各备选方案进行分析和比较，综合研究方案的功能和特征；⑤系统方案优化，选定和调整系统中有关参数，选择有利于达到系统目标优化的可行性方案；⑥系统方案决策，根据最优化分析选出最优方案；⑦系统方案实施，制订出实现选定方案的计划并付诸实施。

时间维给出了系统工程活动从规划到使用、更新的时间顺序。一般对应逻辑维，把整个活动过程按时间先后顺序对应分成七个阶段：①规划阶段，在广泛调查研究基础上，按系统要求拟定规划目标和战略对策；②拟订方案阶段，根据规范和标准对策提出具体计划方案；③方案分析阶段，采用数学模拟方法，分析方案实现的条件、结果和要求；④方案运筹阶段，对各方案进行技术经济评价与比较，选择优化方案；⑤方案实施阶段，启动入选方案，使其开始运转；⑥系统运行阶段，系统正常运行工作；⑦系统更新阶段，根据系统环境的变化，按照新的目标要求不断改进原设计，使系统功能更完善有效。

知识维给出了制定方案、评价方案和实施方案各阶段、各步骤所需要的知识和专业技术，包括工程技术、环境科学、数学工具、计算机技术、现代管理理论、法律、医学、社会学等。

2.3.2 系统科学在环境管理中的应用

环境规划与管理针对的对象是自然经济社会复合系统，该系统具有整体性、层次性、开放性、关联性、反馈性、动态性等特点。环境规划与管理从系统的整体优化和整体协调出发，按照系统本身所特有的性质与功能，研究环境系统与经济系统之间、环境系统与各子系统之间、各子系统与子系统之间、子系统与各要素之间、各要素之间的相互作用、相互依赖和相互协调的关系。这种从全局或整体出发考虑问题的方式称为环境规划与管理的系统论原则。

（1）系统整分合原则

所谓整分合原则，是指为了实现高效率管理，要求从整体上把握系统的整体性质和功能，确定总体目标，然后围绕总体目标进行合理分解和分工，在此基础上再对各要素、环节及其活动进行系统综合、协调管理，以实现总体目标。在这个原则中，整体是前提，分工是关键，综合是保证。通过"整体把握、科学分解、组织综合"，实现系统目标高效实现，这就是整分合原则的核心。

在环境规划与管理中，整分合原则的应用可以理解为将环境系统视为一个复杂的系统，首先需要从整体上把握环境系统的特性、功能以及与环境相关的各种因素，确定出环境管理的总体目标。然后，围绕这个总体目标进行科学的分解和分工，比如将环境管理任务分配给不同的部门或个人，形成合理的组织结构和管理体系。在分工之后，需要对各环节和部分的活动进行系统综合，协调管理，确保各项措施的有效实施，以实现环境管理的总体目标。

整分合原则在环境管理中最重要的实践是责任机制的建立。科学的系统分解实质上就是把管理职能划分为各个部分并确定各部分之间的联系。对于组织成员及部门活动而言，表现为分工；而对目标、计划等，则表现为分解。整分合原则也应用于其他具体环境管理活动。如我国污染物总量控制和水资源总量控制等政策实施，首先从整体高度确定国家环境目标，提出实现该目标应控制的污染物总量或水资源消耗总量；其次将全国污染物总量指标、水资源用量指标分解到省（自治区、直辖市），再由省（自治区、直辖市）逐级分解到市、县、区，形成逐级实施总量控制计划的管理体系；最后在各级实施总量控制计划过程，实行目标责任制、许可证制度，确保全国总量控制整体目标的实现。

（2）系统动态相关原则

构成系统的各个要素是运动和发展的，而且是相互关联又相互制约的。动态相关性强调系统中各要素之间、系统与外部环境之间以及整个系统的动态变化过程之间的相互影响和相互制约。

动态相关性原则在环境管理中具有广泛的应用。如在环境系统中，空气、水、土壤、生物等要素之间存在密切的相互关联和动态变化，这就要求在具体管理过程中须关注这些要素之间的动态相关性，采取综合性的管理措施，确保它们之间的平衡和协调。此外，环境系统受到自然因素、人类活动等多种外部因素影响，这些因素的变化导致环境系统状态发生变化。因此，在环境管理中要结合外部环境变化及时调整管理对策，以适应新的挑战。

在环境管理具体实践中，动态相关性原则也作为重要原则被广泛关注。如在制定环境政策时，需考虑政策对环境系统内部各要素以及外部环境的影响，确保政策目标的实现不会对其他要素或环境系统整体造成负面影响。同时还需关注政策实施过程中的动态变化，及时调整政策方向和措施，以适应新的环境形势。此外，在环境模拟与评估方面，通过对环境系统内部各要素及系统与外部环境相互作用、相互影响关系解析，采用数学模型等方式对这种相互作用、相互影响进行模拟，预测环境问题的动态变化。如通常采用系统动力学模型模拟系统各要素之间的相互关系，采用统计方法或机器学习算法模拟系统中某一要素受内部或外部其他要素的影响。

综上，关注环境系统内部各要素以及系统与外部环境的相互作用与相互影响，可以更全面地理解环境问题的本质和规律，制定更有效的环境管理策略，实现环境可持续发展。

（3）系统反馈原则

信息反馈是控制论中一个极其重要的概念。通俗地说，信息反馈就是指由控制系统把信息输送出去，又把其作用结果返送回来，并对信息的再输出产生影响，起到制约的作用，以达到预定目标。反馈原则能够使系统在运行过程中不断进行自我调节和改进，提高系统的性能和效益。

系统反馈原则是一种重要的管理理论，通过对信息的不断收集、分析和反馈，实现对系统运行的监控和调整。在环境管理中，系统反馈原则能够帮助管理者及时发现环境问题，制定有效的管理策略，进而实现管理目标。如通过建立完善的监测网络体系，对环境质量、污染源排放、生态状况等方面进行监测和数据收集，对收集到的数据进行分析和评估，识别出环境问题的根源和影响，并将评估结果反馈给相关部门和人员，有助于及时发现问题，明确管理目标和重点，制定针对性的应对措施，包括制定政策法规、实施治理项目、加强监管执法等。

系统反馈原则强调动态调整管理策略。随着环境问题的演变以及管理效果的反馈，环境管理需要不断调整和优化管理策略，以提高管理效率。环境管理中"PDCA 循环"就是系统反馈原则的最直接体现。PDCA 循环将环境管理活动分为四个阶段，即 Plan（计划）、Do（执行）、Check（检查）和 Action（处理）。在具体环境管理活动中，要求根据目标制定计划，然后实施计划，在实施过程中进行检查，再根据检查结果反馈，对计划（行动）进行改进，然后推动新一轮的 PDCA 循环，以实现持续改进。这种管理模式体现在不断发现问题、解决问题、优化管理策略的过程中，使环境管理水平不断提升，环境质量得到持续改善，同时也提高了环境管理的适应性和灵活性，以应对不断变化的环境挑战。

（4）管理的弹性原则

弹性管理是通过一定的管理手段，使管理对象在一定约束条件下，具有自我调整、自我选择、自我管理的余地和适应环境变化的余地，以实现动态管理的目的。弹性管理是基于系统的动态性及与外界关系的复杂多变性提出的管理原则。在具体管理中，管理者在对系统及与外界联系进行深入研究的基础上，在决策中对制定的目标和计划留有充分余地，以增强管理系统的应变能力。弹性管理主要作用是使组织系统内的各环节能在一定余地内自我调整、自我管理以加强整体配合，也可以使组织系统整体能随外界环境改变而自我调整以具有适应性。

人地系统是一个由多种因素构成的复杂巨系统，随着科学技术发展、社会生产力提高、经济规模不断扩大，环境管理势必要应对该系统中人口、资源、发展、环境等重大要素的急剧变化。此外，外界环境的动态性和不确定性给环境管理系统带来了风险，也增大了管理者对系统未来变化把握的风险。因此，环境管理要"刚柔并济"，即采用弹性管理、精准治理原则，在管理决策和方案制定时按照一定的科学程序，使用一定的科学方法，使其制定的方案能适应未来的变化，具有一定的弹性和应变能力。如在生态空间保护过程中，建立生态红线或各类自然保护区制度，对关键的自然生态空间进行严格保护，具有刚性约束特点。但在管控强度上也实行弹性管控，如针对不同生态系统类型采取多样化管控路径，既有针对重要生态区的严格保护，也有针对半自然生境的生态建设，通过高自然价值农田、绿色基础设施网络建设，保持生态系统完整性以及提升生态系统服务。

2.4 环境经济学理论

环境规划与管理的主要任务是协调经济与环境保护同步发展，实现经济效益、社会效益和环境效益的统一。环境问题实质是一个经济问题。因此运用经济学原理来调控环境保护与经济发展的矛盾，是环境管理通常采用的手段，由此也形成了一门新的交叉学科，即环境经济学。

2.4.1 环境经济学基本理论

（1）外部性理论

外部性是经济活动中的一种溢出效应，指经济活动的私人收益与社会收益、私人成本与社会成本不一致的现象。这种"不一致"是由于一个经济当事人的行为影响他人的福利，而这种影响并没有通过货币形式或市场机制反映出来。它包括正、负两个方面的影响，即外部经济性和外部不经济性。就环境问题而言，一般表现为外部不经济性。

环境外部不经济性主要指生产者或消费者行为对环境资源造成危害，并通过受破坏的环境资源对其他生产者或消费者的福利产生负面影响，但这种影响并没有在货币或市场交易中反映出来。环境外部不经济性主要根源是环境资源的公共物品属性。作为公共物品，环境资源既没有产权，也没有价格，一些生产者为了追求利润最大化而过度使用环境资源，把本应由自己支付的环境成本（私人成本）转移到社会，但未对周围环境造成的不良影响进行任何补偿。这种外部不经济性导致市场对这些资源配置效率较低。

环境外部不经济性揭示了实际经济活动中，生产者和消费者的行为如何对其他人或环境产生不利影响，并且这种影响在现有市场机制下并未得到充分反映和纠正。为此政府需要采取有效的政策和市场机制，促使环境外部不经济性内部化。外部性理论在环境管理中的具体应用主要是建立绿色财政制度，包括环境税制、环保奖励机制、补贴等，同时也需要制定严格排放标准，强化环境监管。

（2）经济效益理论

经济学理论认为，在一个自由选择的体制中，社会的各类人群在不断追求自身利益最大化的过程中，可以使整个社会的经济资源得到最合理的配置。如果经济活动中任何一个人可以在不使他人境况变坏的同时使自己的情况变得更好，那么这种状态就达到了资源配置的最优化。这种资源配置效率被称为帕累托最优效率。换句话说，如果一个人可以在不损害他人利益的同时能改善自己的处境，他就在资源配置方面实现了帕累托改进。

环境管理活动的主要目的是充分利用有限的人力、物力、财力，优化环境资源配置，争取实现以最小的成本创造最大的效率和效益，实际上就是追求"帕累托最优"过程。帕累托最优在环境管理领域具有广泛的应用，为环境管理者提供优化资源分配、减少环境影响并同时确保经济可持续性的指导原则。在平衡社会经济发展与环境保护之间的关系时，有助于促进经济增长同时减少对环境的不良影响。如在制定环境政策时，管理者可以通过分析不同政策选项的成本和效益，选择那些能在不损害环境的前提下使经济效益最大化的方案，从而实现帕累托改进；又如帕累托最优原则可以指导管理者在保护生物多样性和推动环境科技创新之间找到平衡。

（3）环境价值理论

环境价值是指自然环境所具有的对于人类和其他生物的保障、养育和支持等方面所产生的积极效益。具体来说，环境价值包括使用价值（直接使用价值、间接使用价值）和非使用价值（存在价值和馈赠价值）等多个层面。直接使用价值体现在环境资源为人类提供的物质产品和服务上，如水资源提供了人们饮用水的需求，森林资源供应了木材等建筑材料。这些产品和服务都是人类主动从环境中获取的，具有明确的市场价格。间接使用价值则指环境资源在维护生态平衡、调节气候等方面的功能，为人类和其他生物提供间接支持和保障。如森林能够涵养水源、维持生态平衡、防止土壤侵蚀等，这些服务虽然没有明确的市场价格，但对人类生存和生活质量具有重要影响。馈赠价值指环境资源本身及其提供的生态服务、景观美学等非物质利益，在无须通过直接消费或市场交易方式下对人类社会长期、间接的益处。一方面反映了人类对未来环境资源利用的潜在需求，另一方面也体现了人们期望将美好的自然环境作为遗产留给子孙后代。如保护珍稀物种可以为后代人提供生物资源，保护自然景观可以作为旅游资源带动当地经济发展等。存在价值是环境价值的核心内容之一，指环境资源本身固有的、不依赖于人类利用的价值，这种价值源于环境资源的自然属性，如独特的地貌景观、珍稀的动植物种群等，体现了人类对自然环境的尊重和敬畏，也是可持续发展的基础。

随着自然资源核算、生态系统服务评估、生态产品产值等理念被广泛接受，环境价值理论在环境管理中应用也越发普遍。如通过对环境价值的深入理解，可以更全面评估生态系统的各种服务，为政策制定者提供科学依据，促进生态系统的可持续利用。在资源定价和优化配置方面，环境价值理论为环境资源纳入市场经济体系提供了思路和方法，通过合理的资源定价，实现资源的优化配置。此外，在政策制定中，基于对环境价值的认识，政策制定者可以制定出更符合环保需求的措施，如生态补偿、产业结构优化升级、绿色低碳循环发展模式等。

（4）环境产权理论

环境作为一种公共物品，具有消费的非竞争性与非排他性特点。环境资源滥用和环境质量退化的根源之一是环境公共物品属性。环境产权的提出，明确了环境资源的产权主体和权责关系，并通过法律手段对环境资源使用和管理的权利归属关系进行确立，以实现对环境资源的优化配置、合理利用和保护。

环境产权的权能涵盖了环境资源的占有权、使用权、收益权和处置权等。这些权能相互关联、相互影响，共同构成了环境产权的全部内容。其中占有权是环境产权的基础，使用权是实现环境资源价值的关系，收益权是环境产权的经济体现，而处置权是对环境资源进行配置和调整的重要手段。环境产权明确了环境资源产权归属和权责关系，使得环境资源具有了排他性特征，可以避免环境资源的滥用和破坏。同时环境产权具有可分性、可转让性和有限性等特性，这些特性使得环境产权通过产权交易，实现环境资源的流转和再配置，提高环境资源的使用效率。

2.4.2 环境费用效益分析

费用效益分析从整个社会角度出发，分析项目对整个社会福利水平的影响，通过评估各种项目方案或政策所消耗的社会成本和产生的社会效益而起到权衡利弊、指导决策的作用，因而广泛应用于公共领域投资决策中。环境费用效益分析作为重要的决策工具，广泛应用于生态环境管理决策中。

（1）环境费用效益分析基本原理

环境费用效益分析作为经济学分析方法，是以资源环境供给的社会净效益原理、经济有效性原理以及资源供给的帕累托效率为基础，即资源环境供给的福利水平可以用人们消费资源环境而愿意支付的价格来衡量；资源配置追求帕累托最佳准则；当社会净效益最大时，社会资源的使用在经济上才是最有效的。

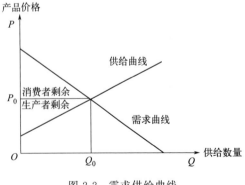

图 2-2　需求供给曲线

当把环境资源或环境质量作为一种稀缺资源并赋予市场价值时，环境资源就像是一般商品一样具有供求曲线并存在均衡，这时该环境资源在市场上配置所产生的社会净效益便是该环境产品的生产者剩余与消费者剩余之和（图 2-2）。

在一定区域和时间范围内，环境质量或服务的供给很大程度上与污染物削减量有关。以污染物去除量为横坐标，以去除一定量污染物所需的费用或效益为纵坐标，便可以得到去除一定量污染物的总费用和总效益曲线 [图 2-3(a)]。由总费用和总效益曲线可以得到去除一定量污染物的边际费用和边际效益曲线 [图 2-3(b)]。在环境质量与服务需求供给曲线图中，去除污染物的费用随着污染物去除量的增加而增加，污染物去除的量越多，费用增加得越快；去除污染物得到的效益随着污染物去除量的增加而增加，但污染物去除的量越多，效益却增加得越慢。

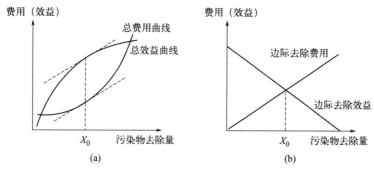

图 2-3　环境质量与服务需求供给曲线

环境费用效益曲线表明，污染物去除量为 X_0 时，其社会净效益为 X_0 对应的总效益减去总费用，即边际去除效益等于边际去除费用对应的污染物去除量。由于该污染物去除量对应的社会净效益最大，因此该去除量即污染物最优去除水平。由此可以看出，提供环境质量或服务要做到经济上可行，并不是数量越多越好，而是以社会净效益最大为准则来决定环境质量或服务的供给数量。因此，经济有效性原理是指当某项环境质量或服务的社会净效益即社会总效益与社会总费用之差最大时，该项环境质量或服务的提供水平或污染控制水平在经济上最有效。

帕累托效率是经济学中关于资源配置效率的理论。该理论认为在资源配置过程中，一个人得到好处而不使其他人受到损失时的分配是最有效率的分配。资源环境产品在配置过程中也存在帕累托最优，通常认为环境产品或服务资源分配过程中的社会净效益最大时，资源环境产品的配置最有效。当一部分人受益的同时有人受损，通过对其进行补偿来改进该项资源的配置，从而提高社会资源利用效率。资源环境损失的补偿可以是实际补偿，也可以是虚拟补偿。

（2）环境费用效益分析方法

无论是对项目投资、环境规划决策，还是对环境政策进行费用效益分析，通过对比不同方案的费用和效益，应以净效益最大化为原则对项目进行抉择。环境费用效益分析的一般流程如下：确定影响分析范围，识别主要环境影响，判断环境影响属性，定量化环境影响，将环境影响货币化，确定费用效益现值，合理评估各项方案。

对各项影响进行分析量化需要通过一定方法将这些影响以货币形式表示出来，以便对项目方案进行对比和决策。首先要确定费用指标和效益指标，根据影响属性判断结果，从生产力、人体健康、生态资源、人类福利和其他间接损失或收益等方面，筛选出合适的、有代表性的费用指标和效益指标。这部分费用指标或效益指标一般不直接表现为货币，但能够通过"剂量-反应"关系来量化和货币化。指标货币化是环境影响经济损益分析的关键步骤，需要选取合适方法进行核算。常用的货币化方法包括直接市场评价法、揭示偏好法和陈述偏好法等。各方法具体分类、特点和适用范围见表2-2。

表 2-2　常见的货币化方法

方法		特点	适用范围
直接市场评价法	人力资本法	是对人体健康损失的一种简单估算	适用于由于环境变化引起人体健康的损失，主要包括造成过早死亡、疾病或误工等情况
	市场价值法	将环境看成生产要素，环境质量变化会导致生产率和生产成本的变化，从而引起产量和利润的变化	适用于土地、农田、林业、渔业等可由环境变化计算产值利润变化的环境要素
	机会成本法	将环境污染造成的机会成本作为损失费用	适用于水、土地等环境要素
揭示偏好法	恢复费用法	环境影响造成的费用可以等同于为了消除或减少有害环境影响所需要的经济成本或费用	适用于计算大多数环境要素
	影子工程法	用人工建造另一个环境来替代原环境的作用，将所需费用视为其经济损失	是恢复费用法的一种特殊形式
陈述偏好法	调查评价法	是一种主观定性评估的方法。通过向专家或环境资源使用者进行调查来拟定环境资源的价格，如采用支付意愿来确定价格或损益	适用于景观、生态环境等要素

2.4.3　环境经济理论政策应用

（1）基于庇古税的绿色财政制度

庇古税是根据污染所造成的危害程度对排污者征税，用税收来弥补排污者生产的私人成本和社会成本之间的差距，使两者相等，将社会行为产生的外部不经济性成本予以内部化。庇古税是控制环境污染外部不经济性行为的一种经济手段，旨在化解因私人成本和社会成本存在差距所导致的社会不公，进而实现社会资源财富的最优分配。

庇古税是绿色税收的理论基础。世界各国基于庇古税理论制定了环境税、排污收费等制度并将庇古税的思想融入资源税种制度中，如能耗税、水资源税等。随着降碳减排成为我国绿色发展的重要方向，实施渐进式碳税改革成为完善绿色税制体系的重要内容。开征碳税不仅可以弥补碳交易市场不足，使碳排放监管范围扩至小微企业和个人，而且可以调节碳价格预期，引导企业有序降碳。

除绿色税收制度外，庇古税理论也综合应用于环保专项支出、财政转移支付、财政补贴、投资和政府采购等绿色财政支出体系。如为协同推进生态环境质量提升，政府持续加大节能环保支出，为绿色转型发展提供资金保障；通过政府绿色采购，引导全社会绿色产品生产和消费；建立健全生态补偿机制，加大对生态功能区的转移支付力度，消除生态环境保护"搭便车"现象；设立环保投资基金，撬动社会资金参与生态建设和环境保护；推出鼓励绿色生产和绿色消费的财政补贴政策，实现社会资源环境的公平利用。

（2）基于科斯定律的绿色产权制度

科斯定理（Coase Theorem）是现代产权经济学中的一项重要理论，该定理主要探讨了在产权明确界定且交易成本为零或很小的条件下，外部性问题可以通过市场参与者的自由交易得到有效解决。其中科斯第一定理指出，如果市场交易费用为零，不管权利初始安排如何，市场机制会自动地驱使人们谈判，使资源配置实现帕累托最优。科斯第二定理则表明在交易费用不为零的世界里，不同的权利界定和分配，会带来不同效率的资源配置，即由于交易是有成本的，不同的产权制度下，交易成本不同，资源配置的效率也不同。因此，科斯定理的核心在于对产权的明确界定和交易成本的考量。

　　科斯定理在实际应用中有着广泛的指导意义。如在环境保护领域，政府可以通过明确排污权等产权归属，引导企业之间进行排污交易，以降低污染治理成本，提高环境保护效率。此外，科斯定理还对土地资源、水资源管理等资源保护具有重要的启示作用，由此开发了一系列资源产权交易制度，如用水权、用林权、用海权交易，以及基于气候资源的碳排放交易和碳汇交易等。

思考题

　　1. 可持续发展思想如何在环境管理中贯彻应用？

　　2. 如何利用生态链原理构建生态产业？

　　3. 人地系统协调如何在环境管理中体现？

　　4. 系统论原则在环境管理中有哪些应用？

　　5. 环境保护中主要有哪些经济手段？

3

环境规划与管理技术方法

环境规划与管理技术方法是一系列旨在实现环境保护与经济社会协调发展的策略与手段。本章重点介绍了环境规划与管理过程中调查与评价、模拟与预测、环境信息决策与分析等方法。通过各类方法与技术的综合运用，识别区域生态环境基本特征及主要问题，研判区域生态环境发展趋势，制定环境管理决策。

3.1 生态环境调查与评价

3.1.1 生态环境调查

生态环境调查是生态环境评价、影响预测的基础，也是系统掌握区域生态环境特征、识别主要生态环境问题的前提。生态环境调查内容一般包括自然环境调查和社会经济状况调查。自然环境调查主要调查评价区域内地形地貌、气象水文、土壤植被等自然环境基本特征，以及生态环境质量及其演变趋势，生态系统类型结构、功能和过程等。社会经济状况调查主要调查社会结构、产业结构及布局、城乡建设及资源能源利用状况等。

生态环境调查方法包括资料收集、现场勘查、社会调查、生态环境监测和遥感调查等。

① 资料收集法。主要通过收集能反映区域生态环境现状或背景的资料，用于了解区域生态环境现状及特征。收集的资料可以分为文字资料和图形资料，一般从农业、水利、生态环境、自然资源以及城乡建设等部门获取。从资料属性上看，通常会收集一些关于生态环境质量报告、自然资源调查报告，生态保护、土地利用、城乡发展等各类规划，以及涉及人口、产业、城乡建设等各类统计数据。使用资料收集法时，应保证资料的现时性，引用资料必须在现场校验的基础上。

② 现场勘查法。现场勘查是资料调查的补充，也是深入了解区域现状、发现存在问题的重要途径。按照整体与重点相结合原则，在综合考虑主导生态因子结构与功能完整性的同时，突出重点区域和关键时段的调查。通过对区域的实地踏勘，核实收集资料的准确性，同时也获取实际资料和数据。

③ 社会调查法。社会调查主要指专家咨询、管理部门意见征询以及公众参与调查。通过调查，了解区域内不同阶层对社会和环境发展的要求及其关注点，在环境管理决策中充分体现公众意见。社会调查法是对现场勘查的一种补充，通过收集评价范围内公众、社会团体和相关管理部门的意见，发现现场调查中遗漏的生态环境问题。通过专家咨询、管理部门座谈、公众参与，将专家的知识与经验、管理部门和公众意见融入管理决策中，是环境管理决

策的重要组成部分。

④ 生态环境监测法。生态环境监测是了解一个地区生态环境质量演变的重要手段，也是环境规划与管理的重要技术支撑。生态环境监测要根据监测因子的生态学特点和干扰活动特点确定监测点位和频次，具体测试方法要符合国家现行的有关生态环境监测规范和标准要求。

⑤ 遥感调查法。近年来，地理信息系统（GIS）和遥感技术发展迅速，为及时准确获取地形、地貌、土地利用、水系分布、植被覆盖等空间特征资料提供了十分有效的手段，已成为生态环境规划与管理的重要资料来源。当评价区域范围较大或主导生态因子空间等级尺度较大，通过人力踏勘较为困难时，可采用遥感调查法。一般遥感调查过程需与必要的现场勘查相结合。

3.1.2 生态环境统计

生态环境统计指按一定的指标体系和计算方法给出能概略描述生态环境资源和生态环境质量状况、生态环境管理水平和控制能力的计量信息，是评估和管理国家、地区或特定区域生态环境状况的基础性工作，也是生态环境规划、决策与实行科学管理的重要手段。其作用体现在四个方面：为社会、经济、环境保护发展以及综合决策提供数据支持；反映环境状况与发展趋势、环境保护工作的成效，满足公众的知情权；反映环境保护管理工作、环境政策方针实施进展情况；记录环境保护队伍建设情况，为提高环境保护专业队伍建设提供依据。

3.1.2.1 生态环境统计范围与类型

生态环境统计基本任务是对生态环境状况和生态环境保护工作情况进行统计调查、统计分析。统计内容包括生态环境质量、环境污染及其防治、生态保护、应对气候变化、核与辐射安全、生态环境管理及其他有关生态环境保护事项，因此我国生态环境统计涵盖了自然资源与能源、生态环境质量及各类污染源等多个主要领域，旨在全面、系统地反映生态环境状况和变化趋势。

针对不同的管理需求，我国生态环境统计报告类型主要分为年报、公报和专题报告等。

（1）环境统计年报

环境统计年报是环境统计工作人员根据上一年环境统计报表数据总结归纳形成的环境统计分析报告之一。大部分省级及部分地市生态环境行政主管部门都会编制环境统计年报。环境统计年报主要是为各级政府和社会公众提供环境统计信息，满足环境管理决策和公众信息需求。环境统计年报是以年为周期编写的，主要包括综述、各地区环境统计、重点城市环境统计、各工业行业环境统计、流域及入海陆源废水排放统计、环境管理统计、附录和主要统计指标解释等八方面内容。其中综述部分主要介绍调查对象及其废水、废气、工业固体废物、集中式污染治理设施等污染物排放与治理情况，以及全国辐射环境水平和环境治理投资状况。其他各章节分别从地区、行业和流域角度介绍污染物排放和治理状况。另外，环境统计年报中还包含了环境管理的内容，以反映环境保护各领域的建设情况。

（2）生态环境状况公报

生态环境状况公报是在环境统计年报基础上，对一年度区域生态环境质量概况进行描述的具有高度权威性的公文。其内容主要包括大气环境、水环境、海洋生态环境、土地生态环境、自然生态、声环境、辐射环境、气候变化与自然灾害以及其他等九方面内容，重点介绍了各环境要素的质量状况及其变化趋势，同时结合环境统计年报中的数据，介绍全国（区域）废水、废气及固体废物的排放情况。此外，生态环境状况公报中还设置一些专栏，重点介绍一年来的环境管理专项行动的成效。

（3）环境数据手册

为强化环境统计对环境和经济社会发展决策的服务功能，2013年环境保护部（现生态环境部）推动实施了"环境数据手册"的编制，该手册涵盖经济、社会、能源、环境等方面的基础数据，同时还收录了世界部分国家的相关数据，包含了我国以及世界其他国家的国内生产总值、人口、主要污染物排放情况、经济社会基本情况以及能源消费指标，各地区和各重点行业污染物排放情况，以及各主要城市环境质量状况等。

（4）专题型环境统计分析报告

专题型环境统计分析报告是对某项环境问题进行专项调研和深入研究后所编写的一种环境统计分析报告。专题型环境统计分析报告不受时间限制，形式灵活，有的放矢，如污染源普查报告、全国土壤污染调查报告等。

3.1.2.2 生态环境统计调查与分析

生态环境统计调查方法包括普查、抽样调查、重点调查和典型调查。各类方法各有特点（表3-1）。其中普查是对构成总体的所有个体无一例外地逐个进行调查；抽样调查是从所研究的总体中按一定规则抽取部分元素进行调查，以样本特征推断总体特征；重点调查是对总体具有决定性作用的对象进行调查，以反映总体特征；典型调查则是从调查对象中选择具有代表性的对象进行调查，以了解同类对象的本质及其发展规律。

表3-1 生态环境统计调查方法

调查方法	调查对象	调查目的	调查深度
普查	无选择，全部个体	获得全面的总体信息	一般
抽样调查	按一定规则选择样本	由样本推及总体	一般
重点调查	选择有决定性影响的个体	了解总体	一般
典型调查	有目的地选择有代表性的个体	探索规律、检验	深入

在环境调查、统计整理所掌握的数据及相关资料基础上，运用各类统计分析方法，揭示人类活动与环境动态演变的本质及规律。在生态环境统计分析中，常用的统计分析方法包括对比分析法、比例分析法、速度分析法、动态分析法、弹性分析法、因素分析法、相关分析法、模型分析法、综合评价分析法等，表3-2为几种常用分析方法解释。

表3-2 生态环境统计分析方法

分析方法	定义
对比分析法	通过实际数与基数的对比来确定实际数与基数之间差异的一种分析方法
比例分析法	用相对值(比例)分析数据间的关系和规律
速度分析法	基于事物发展趋势考察事物指标增长速度
动态分析法	通过时间序列数据计算出相应的动态分析指标而测定其动态发展趋势
弹性分析法	利用弹性系数考察某一变量对另一个变量变化的敏感程度
因素分析法	考察各个影响因素对目标事物的影响方向和程度高低
相关分析法	考察一个变量与另一变量数量依存关系,如Pearson相关法、Spearman相关法、Kendall相关法

分析方法	定义
模型分析法	利用数学模型对生态环境运行的内在规律、发展趋势进行分析和预测的一种方法,其中运用最多的是计量经济学模型
综合评价分析法	运用多个指标对多个参评单位进行评价的方法,或称为多变量综合评价法

随着统计数据信息量不断扩展以及对生态环境发展规律探索的现实需求,更多的统计分析方法在生态环境领域得到应用,如多元回归分析、主成分分析、因子分析、聚类分析、对应分析、典型相关分析、结构方程模型、预测与决策模型等。此外,随着数据分析技术的发展,机器学习、深度学习等人工智能方法在环境领域也不断得到应用,更直观快速揭示了事物本质、特点和内在发展变化规律。

3.1.3 生态环境评价

生态环境评价是在生态环境调查分析的基础上,运用数学方法,对区域内社会经济发展特征、生态环境质量、自然资源开发利用等进行定性和定量的评述。通过评价以了解区域生态环境特征、生态环境调节能力和承载能力,识别主要生态环境问题,确定主要污染物和污染源时空分布特征。

3.1.3.1 社会经济现状评价

社会经济现状评价主要包括经济发展现状评价和社会现状评价。

经济发展水平主要体现在工业化水平、经济结构和基础设施发展水平上,最终表现为经济结构和产出效率。因此,区域经济发展现状评价一般重点关注经济发展过程中总量与结构两大基本变量,包括区域经济规模、产业结构及布局。关于经济发展水平评价一般采用单一指标(如人均 GDP)来评价区域经济发展水平,或采用一系列指标对区域经济发展水平进行综合评价;产业结构通常采用三次产业占比来表征。在经济发展各产业内部及各部门之间的联系上,通常会采用投入产出法来评估其产出效率及影响。

社会现状评价一般包括人口评价与区域建设水平评价。人口评价主要是对人口规模、人口结构、人口空间分布等进行评估;基础设施建设水平反映出区域建设对区域人口、经济发展及环境保护的支撑能力,通常采用各类表征基础设施建设水平的指标进行描述。

社会经济现状评价一般采用相关指标,对照区域战略目标及国内外先进水平进行评估。评价内容与方法见表 3-3。

表 3-3 社会经济现状评价的主要内容与方法

项目	评价内容	评价方法
人口评价	人口总数、人口密度、人口分布、人口年龄结构、人口文化素质等	指标体系法
经济活动评价	产业结构、国内生产总值、人均可支配收入	
基础设施评价	城镇化水平、人均住宅面积、人均道路面积、自来水普及率、下水道普及率、人均公园绿地面积、污水集中处理率、互联网覆盖率等	

3.1.3.2 环境质量与污染源评价

环境质量评价是对环境质量优劣进行定量、半定量甚至是定性的描述,其目的在于较全面地揭示环境质量状况及其变化趋势,找出区域主要环境问题及主要控制污染物,识别出重大环境问题。

（1）环境质量评价

环境质量评价内容一般根据多年环境监测数据,对区域内大气、水、土壤、噪声等环境质量现状进行评估,分析其时空演变趋势及其特点,识别主要环境问题及制约区域发展的环境瓶颈。

环境质量评价一般采用指数评价方法,即根据污染物在环境中的监测值与标准值的比值（环境质量指数）,分析该污染物超过环境质量标准的倍数,反映环境污染水平。对单因子环境质量指数进行综合评价,得到单要素环境质量综合评价指数或区域环境质量综合评价指数。表 3-4 为一些常见的环境质量评价模型。

表 3-4　环境质量评价模型

类型	数学表达	符号注释
代数叠加型	$I = \sum_{i=1}^{n} \frac{C_i}{C_{is}} = \sum_{i=1}^{n} I_i$	C_i 为第 i 种污染物在环境中的浓度; C_{is} 为第 i 种污染物的评价标准; I_i 为第 i 种污染物的环境质量指数
均值型	$I = \frac{1}{n} \sum_{i=1}^{n} \frac{C_i}{C_{is}} = \frac{1}{n} \sum_{i=1}^{n} I_i$	I_i 为第 i 种污染物的环境质量指数
加权型	$I = \sum_{i=1}^{n} W_i I_i$	W_i 为第 i 种污染物的权重
加权平均型	$I = \frac{1}{n} \sum_{i=1}^{n} W_i I_i$	W_i 为第 i 种污染物的权重
突出极值型 1	$I = \sqrt{\max(I_i) \cdot \frac{1}{n} \sum_{i=1}^{n} W_i I_i}$	分指数中极大值与平均值的平方根
突出极值型 2	$I = \sqrt{\dfrac{[\max(I_i)]^2 + \left[\frac{1}{n} \sum_{i=1}^{n} W_i I_i\right]^2}{2}}$	分指数中极大值平方与平均值平方的平均值的平方根
幂指数	$I = \prod_{i=1}^{n} W_i I_i$	I_i 为第 i 种污染物的环境质量指数; W_i 为第 i 种污染物的权重
向量模型	$I = \left(\sum_{i=1}^{n} I_i^2\right)^{\frac{1}{2}}$	I_i 为第 i 种污染物的环境质量指数
均方根型	$I = \sqrt{\frac{1}{n} \sum_{i=1}^{n} I_i^2}$	I_i 为第 i 种污染物的环境质量指数

在环境管理中,较常用的综合指数有空气质量指数（AQI）、富营养化指数（TLI）、生态环境状况指数（EI）等。

空气质量指数（AQI）是定量描述空气质量状况的无量纲指数,其计算与评价过程大致可分为以下三个步骤。

第一步是对照各项污染物的分级浓度限值对应的空气质量分指数表（表 3-5）,以细颗粒物（PM$_{2.5}$）、可吸入颗粒物（PM$_{10}$）、二氧化硫（SO$_2$）、二氧化氮（NO$_2$）、臭氧（O$_3$）、一氧化碳（CO）等各项污染物的实测浓度值（其中 PM$_{2.5}$、PM$_{10}$ 为 24h 平均浓度）分别计算得出空气质量分指数（IAQI）:

$$IAQI_p = \frac{IAQI_{Hi} - IAQI_{Lo}}{BP_{Hi} - BP_{Lo}}(C_p - BP_{Lo}) + IAQI_{Lo} \tag{3-1}$$

式中　$IAQI_p$——污染物项目 p 的空气质量分指数；

　　　C_p——污染物项目 p 的质量浓度值；

　　　BP_{Hi}——表 3-5 中与 C_p 相近的污染物浓度限值的高位值；

　　　BP_{Lo}——表 3-5 中与 C_p 相近的污染物浓度限值的低位值；

　　　$IAQI_{Hi}$——表 3-5 中与 BP_{Hi} 对应的空气质量分指数；

　　　$IAQI_{Lo}$——表 3-5 中与 BP_{Lo} 对应的空气质量分指数。

表 3-5　空气质量分指数及对应的污染物项目浓度限值

空气质量分指数（IAQI）	污染物项目浓度限值					
	$PM_{2.5}$ 24 h 平均/ $(\mu g/m^3)$	PM_{10} 24 h 平均/ $(\mu g/m^3)$	二氧化氮(NO_2) 1 h 平均/ $(\mu g/m^3)$	一氧化碳(CO) 1h 平均/ (mg/m^3)	二氧化硫(SO_2) 1 h 平均/ $(\mu g/m^3)$	臭氧(O_3) 1 h 平均/ $(\mu g/m^3)$
0	0	0	0	0	0	0
50	35	50	100	5	150	160
100	75	150	200	10	500	200
150	115	250	700	35	650	300
200	150	350	1200	60	800	400
300	250	420	2340	90	1600	800
400	350	500	3090	120	2100	1000
500	500	600	3840	150	2620	1200

　　第二步是从各项污染物的 IAQI 中选择最大值确定为 AQI，当 AQI 大于 50 时，将 IAQI 最大的污染物确定为首要污染物；当 IAQI 最大的污染物为两项或两项以上时，并列为首要污染物。IAQI 大于 100 的污染物为超标污染物。

$$AQI = max(IAQI_1, IAQI_2, IAQI_3, \cdots, IAQI_n) \tag{3-2}$$

式中　AQI——空气质量指数；

　　　IAQI——空气质量分指数；

　　　n——污染物项目。

　　第三步是对照 AQI 分级标准，确定空气质量级别、类别。如表 3-6 所示。

表 3-6　空气质量指数分级

AQI	0～50	51～100	101～150	151～200	201～300	＞300
空气质量指数级别	一级	二级	三级	四级	五级	六级
空气质量指数类别	优	良	轻度污染	中度污染	重度污染	严重污染

（2）污染源评价

　　污染源评价主要根据各类污染源相关资料，统计分析区域内各类污染物总量及时空分布特点，根据污染排放强度识别主要控制区域，根据排放行业识别区域重点排放行业及排放源。污染源评价不仅是对工业污染源进行评价，还应将生活污染源、农业面源等纳入分析。

污染源评价主要有排毒指数法、污染能力潜在指数法、等标污染负荷法等。等标污染负荷法是最常用的方法，也是确定主要污染源、主要污染物最常用的方法，其计算过程如表3-7所示。

表 3-7 等标污染负荷计算过程

项目	计算公式	
某污染物的等标污染负荷	废水污染物等标污染负荷 P_i（10^6t）： $$P_i = \frac{C_i}{C_{0i}} \times G \times 10^{-6}$$ 式中， C_i 为污染物 i 的实测浓度，mg/L； C_{0i} 为污染物 i 的评价标准，mg/L； G 为含污染物 i 的废水排放量，t； 10^{-6} 为废水换算系数	废气污染物等标污染负荷 P_i（10^9m³）： $$P_i = \frac{C_i}{C_{0i}} \times G \times 10^{-5}$$ 式中， C_i 为污染物 i 的实测浓度，mg/m³； C_{0i} 为污染物 i 的评价标准，mg/m³； G 为废气排放量，10^6m³； 10^{-5} 为废气换算系数
某污染源 j 的等标污染负荷 P_j	$$P_j = \sum_{i=1}^{m} P_{ij}$$ 式中，$i=1,2,\cdots,m$，为污染源的不同污染物	
某区域污染物 i 的等标总污染负荷 P_i	$$P_i = \sum_{j=1}^{k} P_{ij}$$ 式中，$j=1,2,\cdots,k$，为该区域的不同污染源	
某区域所有污染源污染物的等标污染负荷 P	$$P = \sum_{j=1}^{k} P_j = \sum_{i=1}^{m} P_i$$	
污染物 i 的污染负荷比 K_i	$$K_i = \frac{P_i}{P} \times 100\%$$	
污染源 j 的污染负荷比 K_j	$$K_j = \frac{P_j}{P} \times 100\%$$	

将 K_i 和 K_j 从大到小排列，计算累计污染负荷比，当累计污染负荷比大于80%时，纳入统计的污染物则为区域主要污染物，纳入统计的污染源则为区域主要污染源。

为识别区域污染重点控制区，通常采用污染物排放强度进行评估，一般采用单位面源污染物排放量这一指标。污染排放强度统计既可以根据行政区域进行计算，也可以根据子流域或按划分网格进行计算。

3.2 生态环境模拟与预测

生态环境预测是在调查研究基础上对事物未来发展变化规律进行分析与判断。预测步骤一般包括确定预测目标、收集和分析资料、选择预测方法、建立预测模型、对预测结果进行评定和鉴别。目前，关于生态环境预测有较多方法与模型，在实际应用中选择哪种模型进行预测，需要考虑预测方法应用范围（对象、时限、条件等）、预测资料性质、模型类型、预测方法精确度、适用性、使用预测方法费用等。

3.2.1　生态环境一般预测方法

3.2.1.1　定性预测方法

定性预测方法是以预测者经验为基础，判断事物的发展趋势，探讨事物变化规律的方法。定性预测方法适用于在缺乏资料情况下对事物未来的预测。实践中，有时即使有足够数据与资料进行定量预测，也会采用定性预测方法。定性预测方法的优点是简便、灵活，缺点是主观性较强，缺乏数量概念。常用的定性预测方法有头脑风暴法、德尔菲法。

（1）头脑风暴法

头脑风暴法又称智力激励法、自由思考法（畅谈法、畅谈会）、集思广益法，是一种典型的群体决策方法。一般采用组织有关专家召开专题会议的形式进行决策。为使与会者畅所欲言，互相启发和激励，达到较高效率，头脑风暴法提倡自由发言、畅所欲言、任意思考，禁止批评和评论，也不要自谦。主持人要鼓励参与者从他人的设想中激励自己，从中得到启示，或补充他人设想，同时主张独立思考。

头脑风暴法中专家小组的选择是关键，一般由方法论学者、思想产生者、分析者、演绎者组成。但这类方法适合比较单纯的问题，而且预测目标比较明确。如果问题牵涉面太广、包含因素太多，就要对所研究的问题先进行分解，再采用此法。

（2）德尔菲法

德尔菲法也称专家调查法，是一种反馈匿名函询法，其大致流程是在对所要预测问题征得专家意见之后，进行整理、归纳、统计，再匿名反馈给各专家，再次征求意见，再集中，再反馈，直至得到一致的意见。

由此可见，德尔菲法是一种利用函询形式进行的集体匿名思想交流过程，通过依赖专家知识、经验、活跃的思维和分析判断能力，发挥集体的智慧，将少数人的意志对众多人的强制影响最小化。它有三个明显区别于其他专家预测方法的特点，具体如下。

一是匿名性。参与预测的专家组成员不直接见面，只是通过函件交流，这样就可以消除权威影响。匿名是德尔菲法极其重要的特点，从事预测的专家不知道其他有哪些人参加预测，他们在完全匿名的情况下交流思想。后来改进的德尔菲法允许专家开会进行专题讨论。

二是反馈性。该方法需要经过3～4轮信息反馈，在每次反馈中使调查组和专家组都可以进行深入研究，使最终结果基本能够反映专家基本想法和对信息的认识，结果较为客观、可信。小组成员交流是通过回答组织者问题来实现的，一般要经过若干轮反馈才能完成预测。

三是统计性。最典型的小组预测结果是反映多数人的观点，少数派观点至多概括地提及一下，但是采用统计回答，如它报告1个中位数和2个四分点，其中一半的观点落在2个四分点之内，一半落在2个四分点之外。这样，每种观点都包括在这样的统计中，避免了专家会议法只反映多数人观点的缺点。

应用德尔菲法选择的专家人数一般以10～50人为宜，尽量涵盖多个领域的专家。此外，预测问题不宜太多，而且要措辞准确，应是所有专家都能答复的问题，而且应尽可能保证所有专家都能从同一角度去理解，同时表内要留出足够的空白供专家充分阐明自己的意见和论点。

3.2.1.2　统计预测方法

统计预测是根据历史资料和数据，应用数理统计方法来预测事物的未来，或者利用事物发展的因果关系来预测事物的未来。如回归分析法、时间序列分析法、投入产出法等。

(1) 回归分析法

回归分析法是依据事物发展内部因素变化的因果关系来预测事物未来的发展趋势。回归分析预测法有多种类型。依据相关关系中自变量的个数不同，可分为一元回归分析预测法和多元回归分析预测法。在一元回归分析预测法中，自变量只有一个，而在多元回归分析预测法中，自变量有两个及以上。依据自变量和因变量之间的相关关系不同，可分为线性回归分析预测法和非线性回归分析预测法。

应用回归分析法时应首先确定变量之间是否存在相关关系。如果变量之间不存在相关关系，对这些变量应用回归分析法就会得出错误的结果。最基础的一元线性回归模型如下：

$$y = a + bx \tag{3-3}$$

式中　y——因变量；

　　　　x——自变量；

　　a、b——回归方程系数，采用最小二乘法估计得到。

一元线性回归模型两个变量形式相对简单，在散点图上趋势基本是直线。但是有一些看起来复杂的两个变量之间关系是非线性，往往可通过"变量变换"简化成线性模型。在实际环境预测中，环境预测目标通常受两个甚至更多因素影响。如水中某污染物浓度，不仅与源强有关，其他如水量、流速、温度等因素都会影响水体中某污染物浓度。此时必须探索在多种因素综合作用下的系统变化规律性，以预测系统的变化。解决此类问题的最简单方法是多元线性回归分析。多元线性回归分析原理与一元线性回归分析基本相同，其一般形式是：

$$y = b_0 + b_1 x_1 + b_2 x_2 + \cdots + b_n x_n \tag{3-4}$$

式中　b_0——常数项；

　　　b_j——对 x_1，x_2，…，x_n 的回归系数，其中 $j = 1, 2, \cdots, n$。

在实际使用过程中，如果在选择具体的方法和模型时能对数据进行较为详细的分析，对散点图的观察分析更加仔细，预测结果通常是比较令人满意的。回归分析最大的特点就是在偶然中发现必然，而实际情况却常常是千变万化的，有时偶然因素的影响也会超过必然，这时预测结果可能不尽如人意，这就要求在预测工作中要注意了解影响预测结果的偶然情况，以便对预测结果进行适当修正。

(2) 时间序列分析法

时间序列就是将历史统计资料按时间顺序排列起来的一组数据序列，如区域历年人口总量、污染物排放量、垃圾产生量、能源消耗量等。时间序列分析法就是根据所预测对象的这些数据，利用数理统计方法加以处理，来预测事物的发展趋势。

根据数据变化趋势，时间序列分析主要分为确定性变化分析和随机性变化分析。其中，确定性变化分析包括趋势变化分析、周期变化分析、循环变化分析，常用的方法有趋势拟合法和平滑法；随机性变化分析有自回归模型（AR）、移动平均模型（MA）、自回归移动平均模型（ARMA）、自回归差分移动平均模型（ARIMA）等。

趋势拟合法就是把时间作为自变量，相应的序列观察值作为因变量，建立序列值随时间变化的回归模型的方法，包括线性拟合和非线性拟合。此外，平滑法也是环境预测常用的方法之一，该方法利用修匀技术，削弱短期随机波动对序列的影响，使序列平滑化，从而显示出长期趋势变化的规律。常见的平滑法有滑动平均法、加权滑动平均法、指数平均法等。

滑动平均法是趋势外推技术的一种方法。在简单平均数法基础上，通过顺序逐期增减新旧数据求算移动平均值，借以消除偶然变动因素，找出事物发展趋势，并据此进行预测。实际上是对具有明显负荷变化趋势的数据序列进行曲线拟合，再用新曲线预报未来某点处的值。预测模型如下：

$$F_t = \frac{x_{t-1} + x_{t-2} + \cdots + x_{t-n}}{n} (t \geqslant n) \qquad (3-5)$$

式中　t——资料的时间期限（年、季、月）；

　　　F_t——t 时间的预测值；

　　　x_{t-i}——实际值，其中 $i = 1, 2, \cdots, n$；

　　　n——预测资料期（滑动平均的时间长）。

加权滑动平均就是利用不同的权重来反映数据的作用。一般加权滑动平均法按照"重近轻远"的原则，通过对数据加以不等权，近期数据给予较大权数，远期数据给予较小权数，目的在于强化近期数据的作用，弱化远期数据的影响。其预测模型为：

$$F_t = \sum_{i=t-n}^{t-1} w_i x_i \qquad (3-6)$$

式中　w_i——与 x_i 对应的权重，满足 $\sum w_i = 1$，且 $0 \leqslant w_i \leqslant 1$；

　　　F_t——t 时间的预测值；

　　　x_i——实测值。

指数平均法实际上是一种加权平均法，是以前的实际值和预测值为依据，经修改后得出本期的预测值。该法的权重和加权滑动法的权重不同，是由实际值与预测值的误差来确定的，且它在整个时间序列中是有规律排列的。指数平均法的数学模型为：

$$F_t = F_{t-1} + a(x_{t-1} - F_{t-1}) \qquad (3-7)$$

式中，a 为平滑系数（$0 \leqslant a \leqslant 1$）；其他符号意义同前。

3.2.2　生态环境关系预测模型

由于环境要素之间相互作用的关系是复杂的，要素之间的变动通常也是联动的。近几年来随着对数据精度要求的提高，出现了一些新的方法理论，如投影寻踪法、灰色系统理论模型、机器学习模型（人工神经网络模型、随机森林、支持向量机等）、系统动力学模型等等。这些模型的构建大部分是基于预测对象及其关联因子的非线性关系，通过不同角度构建环境要素关系，或梳理各类环境要素的演变规律，对环境要素进行预测。下面简单介绍几种此类模型。

3.2.2.1　灰色预测模型

在大数据时代，现实世界中仍然存在大量"小数据""贫信息"不确定性系统，而在生态环境管理中，也存在着大量"小数据""贫信息"的现象。灰色预测模型是一种通过对少量或不完全的信息进行挖掘，提取有价值信息，建立数学模型描述系统运行行为、演化规律，并做出预测的方法。该模型特点是：用灰色系统理论处理不确定量，使之量化；充分利用已知信息寻求系统的运动规律。

灰色预测模型建模思路是通过对原始数据的整理来寻求其变化规律。一般通过某种数据生成，如累加生成、累减生成和加权累加生成，弱化数据序列的随机性，显现其规律性，生成灰色序列。用于预测的灰色模型一般为 GM（n，1）模型，表示含有 n 个变量、一阶方程的预测模型，其中 GM（1，1）模型是最常用的灰色模型。

GM（1，1）模型为单序列一阶线性动态模型，其离散时间响应函数近似呈指数分布，具体建模过程如下。

① 选取等时距连续一组原始时间序列，设

$$X(0)=\left[X^{(0)}(1),X^{(0)}(2),\cdots,X^{(0)}(n)\right] \tag{3-8}$$

② 对原始序列进行一次累加，得到生成时间序列

$$\begin{aligned}X^{(1)}&=\left[X^{(1)}(1),X^{(1)}(2),\cdots,X^{(1)}(n)\right]\\&=\left[X^{(1)}(1),X^{(1)}(1)+X^{(0)}(2),\cdots,X^{(1)}(n-1)+X^{(0)}(n)\right]\end{aligned} \tag{3-9}$$

③ 采用一阶变量微分方法进行拟合，得到白化的 GM（1，1）模型

$$\frac{dX^{(1)}}{dt}+aX^{(1)}=u \tag{3-10}$$

式中　a——发展灰数；

　　　u——内生控制灰数。

④ 设 $\hat{\alpha}=(a,u)^{T}$，用最小二乘法求解方程中的参数向量，得到

$$\hat{\alpha}=(\boldsymbol{B}^{T}\boldsymbol{B})^{-1}\boldsymbol{B}^{T}\boldsymbol{Y}_1 \tag{3-11}$$

其中

$$\boldsymbol{B}=\begin{pmatrix}-\frac{1}{2}\left[X^{(1)}(1)+X^{(1)}(2)\right] & 1\\ -\frac{1}{2}\left[X^{(1)}(2)+X^{(1)}(3)\right] & 1\\ \vdots & \vdots\\ -\frac{1}{2}\left[X^{(1)}(n-1)+X^{(1)}(n)\right] & 1\end{pmatrix}$$

$$\boldsymbol{Y}_1=\begin{pmatrix}X^{(0)}(2)\\ X^{(0)}(3)\\ \vdots\\ X^{(0)}(n)\end{pmatrix}$$

⑤ 求解白化的 GM（1,1）模型，得到时间响应函数

$$\hat{X}^{(1)}(k+1)=\left[X^{(0)}(1)-\frac{u}{a}\right]e^{-ak}+\frac{u}{a} \tag{3-12}$$

近十多年来，灰色预测模型得到了广泛应用，并产生了一系列改进的模型。在生态环境预测中灰色预测模型也有较广泛应用，如用于水文过程预测、大气质量预测、人口增长预测、污染物排放预测等，均获得了较高的精度。

3.2.2.2　机器学习模型

在生态环境研究领域中，环境系统通常被看作黑箱或灰箱，其要素间关系及过程通常难

以进行精确的数学表达，同时生态环境一般涉及的数据体量大、类型多、结构复杂，而机器学习算法可以从海量环境数据中挖掘出有用信息，并加以模拟和演绎。因此，近年来机器学习算法在环境预测中得到广泛应用，如空气质量预测、湖泊蓝藻暴发预警预报、地表水水质预测和生物多样性评价等。下面简要介绍几种常见的机器学习算法及其在生态环境研究领域的应用。

（1）人工神经网络模型

人工神经网络算法（ANN）是模仿人脑神经元网络连接方式构建的，由大量处理单元互联组成的非线性、自适应信息处理系统。在一个神经网络模型中，神经元是最基本的组成单元。单元以层的方式组织，每层每个神经元都和前后层神经元具有特定连接方式，层被分为输入层、隐藏层和输出层，三层结构为最简单的 ANN（图 3-1）。输入层接收外部信息，该层神经元不进行计算，相当于自变量，其作用是为下一层传递信息。隐藏层位于输入层和输出层之间，用于数据分析，其分析结果传递至输出层，并由输出层输出单元向外部输出最终结果。

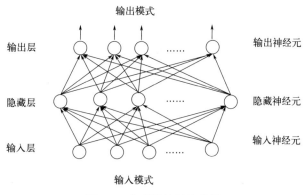

图 3-1　典型神经元结构图

除此之外，在模型训练过程中神经元之间的连接权重会被不断调整。当网络输出结果与实际结果相悖时，该输出的连接强度将会通过权重降低方式被削弱，以达到通过不断学习使其减少类似错误的目的。此种方法具有大规模并行处理、分布式信息存储、良好自组织自适应性，并且具有很强的泛化和非线性映射能力。

M-P 神经网络模型是最早的 ANN 模型，随着该理论不断发展，目前已出现了上百种神经网络模型。在生态环境领域实践中，ANN 较多应用在大尺度生态环境质量评估、长时间序列大气或水环境质量预测、环境监测布点优化等领域。这些研究的共同特点是分析数据量大，采用 ANN 模型可以有效解析数据之间的关联，并建立相应关系。ANN 模型的优点是可用于处理海量数据，但对于数据信息量较少的问题，ANN 模型应用就会受限。

（2）随机森林模型

随机森林（RF）是集群分类模型中的一种，是由若干决策树作为弱分类器组合而成的集成学习，也是目前应用广泛的机器学习模型之一。RF 模型对多元共线性不敏感，对缺失数据和非平衡的数据比较稳健，可以很好地预测多达几千个解释变量的作用，被誉为当前较好的算法之一。

随机森林，顾名思义，是用随机方式建立一个森林，森林由很多决策树组成，每棵决策树之间是没有关联的。在得到森林之后，当有一个新的输入样本进入时，就让森林中每棵决策树分别进行判断，看看这个样本应该属于哪一类（对于分类算法），然后看看哪一类被选择最多，就预测这个样本为那一类（具体过程如图 3-2 所示）。

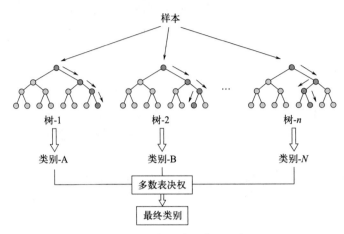

图 3-2　随机森林模型算法示意图

　　RF 通过采样与完全分裂来建立决策树。通过自助法重采样技术，RF 对输入的数据要进行行、列采样。对于行采样，采用有放回方式，也就是在采样得到的样本集合中，可能有重复的样本。假设输入样本为 N 个，那么采样的样本也为 N 个。这样在训练时每棵树的输入样本都不是全部样本，也就相对不容易出现过拟合。然后进行列采样，从 M 个 feature 中，选择 m 个（$m \leqslant M$）。RF 对采样之后的数据使用完全分裂的方式建立决策树，即对决策树每个节点进行分裂时，从全部属性中等概率地随机抽取一个属性子集，再由决策树算法从这个子集中选择一个最优属性来分裂节点。

　　随机森林主要应用于回归和分类。通常随机森林利用多个分类树对数据进行判别与分类，同时还可以给出各个变量重要性评分，评估各个变量在分类中所起的作用。因此，随机森林模型常用于环境质量预测评估及主要影响因子分析。在生态环境模拟与预测中，往往会涉及多重变量，但由于缺乏详细的机理研究，难以从经验知识角度判断变量的重要性。而RF 对于大量特征的处理方式，以及其自带的特征筛选机制，都非常适合解决这类问题。

　　（3）支持向量机

　　支持向量机（SVM）又称为支持向量网络，是一种监督学习模式下的数据分类、模式识别、回归分析的机器学习模型，能够执行线性或非线性的分类、回归，甚至异常值检测。

　　SVM 是一种二分类模型，基于统计学习理论和结构风险最小化准则，根据输入数据样本找到一个最优分类超平面。最优分类超平面的求解问题可转化为求数据样本分类间隔最大化的二次函数解，关键是求得分类间隔最大值的目标解。以两类线性可分数据为例，一类数据用圆形代表，另一类数据用菱形代表，通常存在多个决策边界（超平面）对数据进行划分，处于决策边界（H）两侧的数据点为待分类的样本（如图 3-3），选择最大间隔（margin）的决策边界为目标解。

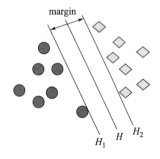

图 3-3　最优分类线示意图

　　对于线性可分的二分类样本集 $\{(x_i, y_i), i = 1, 2, \cdots, l\}$，若 $x_i \in \mathbf{R}^N$ 属于第 1 类，则标记为正（$y_i = 1$）；若属于第 2 类，则标记为负（$y_i = -1$）。SVM 的学习目标是构造判别函数，将样

本数据尽可能地正确分类。如果存在分类超平面：

$$w \cdot x + b = 0 \tag{3-13}$$

使得

$$\begin{cases} w \cdot x_i + b \geqslant 1, y_i = 1 \\ w \cdot x_i + b \leqslant -1, y_i = -1, i = 1,2,\cdots,l \end{cases} \tag{3-14}$$

则称样本集是线性可分的，其中 $w \cdot x$ 表示向量 $w \in \mathbf{R}^N$ 和 $x \in \mathbf{R}^N$ 的内积。若距超平面最近的样本数据与超平面之间的距离最大，则该超平面为最优超平面，由此可得到判别函数：

$$y(x) = \mathrm{sign}(w \cdot x + b) \tag{3-15}$$

最优超平面的求解问题就可被转化为二次规划问题：

$$\min_{w,b} \frac{1}{2} w^2 \tag{3-16}$$
$$s.t. \ y_i(w \cdot x_i + b \geqslant 1), i = 1,2,\cdots,l$$

求解得到参数 w 和 b 以及判别函数 $y(x)$，便可以应用于验证或测试样本的分类。

支持向量机常应用于时间序列分析、生物信息领域、回归分析、聚类分析、函数逼近、数据压缩、文本识别、信号处理、遥感图像分析、控制系统等诸多领域，近几年在生态环境中也开始进行应用。SVM 方法在生态环境研究领域多应用于分类，比如土地利用类型分类、水质等级分类评价、水质级别预测、污染事件或蓝藻爆发事件预警等。

3.2.2.3 系统动力学仿真

系统动力学仿真是通过建立系统动力学模型，利用计算机仿真实现对真实系统的仿真试验，进而研究系统的结果、功能和行为之间的动态关系。系统动力学建模过程如下。

① 明确系统建模目的。系统动力学是把社会经济环境复合系统作为非线性多重反馈系统来进行研究的，将系统问题模型化，通过仿真试验和计算对各类现象进行分析和预测，为制定发展战略及进行决策提供有用信息。

② 确定系统边界。系统动态行为模式是由系统边界内各部分相互作用要素所产生的，因此把与建模目的关系密切的要素都划入边界内。按照系统动力学观点，边界应是封闭的，因此要把系统中反馈回路考虑成闭合回路，而某一特定动态行为则由系统内部要素决定。

③ 因果关系分析。因果关系分析是要明确系统内部各要素间的因果关系，并用表示因果关系的反馈回路（因果回路图）来描述。一般因果回路图包含多个变量，变量之间用表示因果关系的箭头（因果链）连接，多条因果链闭合形成因果回路图。在社会-经济-环境复合系统中，各类要素通过生产-消费-还原等过程发生关联，任一要素行为的改变，必将直接或间接影响其他要素，产生联动效应。以水资源为例（图 3-4），人口规模和供水量代表了可由系统外部控制的社会经济变量，对这些可控变量调节通过系统内部反馈回路传递，使水资源供需约束空间张弛变化。

④ 绘制系统存量流量图。在因果回路图的基础上绘制存量流量图，用来描述系统各要素之间的因果关系和系统结构。存量流量图是因果回路图的细化和完善，能完整显示出系统中因果关系和各模块的衔接，同时能反映系统中诸要素的数学意义和数量关系，但不能显示各变量间的定量关系，需要通过结构方程进行定量描述。

⑤ 模型参数估计。系统动力学模型中有三类性质的变量，即存量、常量和辅助变量。

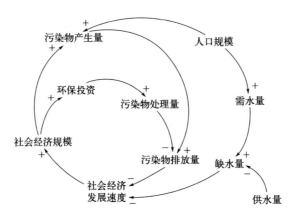

图 3-4　水-经济-社会-环境复合系统的因果关系回路图

基于存量流量图列出相应的系统动力学方程，包括状态方程、速率方程、辅助变量方程。结合系统实际，对模型参数进行估计，使模型更接近于实际系统。

⑥ 系统模型检验与修正。根据仿真结果分析，对系统模型进行检验与修正，包括系统结构、系统的运行参数、策略；或重新确定系统边界等，使模型能更加真实地反映实际系统的行为。

3.2.3　环境要素模拟与预测

3.2.3.1　水环境模拟与预测

（1）水污染负荷预测

污染负荷预测是水环境预测的前提，也是污染物总量控制的基础。关于污染负荷的预测方法较多，如统计预测、投入产出预测等。下面介绍环境规划与管理中常用的污染负荷预测方法。

① 废水量预测。废水量预测一般包括工业废水量预测与生活污水量预测。日常管理中采用系数法进行预测，即根据废水排放系数、规划水平年产业发展水平及人口规模预测废水量。

工业废水量预测公式如下：

$$W_t = W_0(1+r_w)^t \tag{3-17}$$

式中　W_t——某水平年工业废水排放量；

　　　W_0——基准年工业废水排放量；

　　　r_w——工业废水排放量年均增长量，可用回归分析法或经验判断法求得；

　　　t——基准年与某水平年的时间间隔。

生活污水量预测通常根据人口及人均污水排放量进行预测：

$$Q_t = 365A_tF = 365A_0(1+P)^tF \tag{3-18}$$

式中　Q_t——预测年生活污水产生量；

　　　A_t——预测年人口数；

　　　A_0——基准年人口数；

　　　P——人口增长率；

　　　F——预测年人均日生活污水量，可用人均日生活用水量转换。生活用水量可以参照国家标准《城市居民生活用水量标准》（GB/T 50331—2002）。

② 污染负荷预测。污染负荷预测按污染源类别核算，包括工业污染源、生活源、农业面源等。

工业污染源污染负荷随着产业结构变化及污水处理水平提升，存在较大的不确定性。因此依据各行业污染物排放与产值关系，建立起基于单位产值的排放模型，即可采用单位产值排放强度进行预测：

$$W_{it} = \alpha D^{\beta} \qquad (3\text{-}19)$$

式中　W_{it}——预测年份某污染物排放量；

　　　D——工业产值（分行业）；

　　α、β——系数，与行业特点有关，可以用统计回归等方法求得。

生活污染物排放可根据生活污水中各类污染物平均浓度、生活污水排放量进行预测。具体计算如下：

$$W_{dt} = A_0(1+P)^t K \qquad (3\text{-}20)$$

$$W_{dt} = A_0(1+P)^t FC \qquad (3\text{-}21)$$

式中　W_{dt}——预测年份生活污染源排放的某污染物量；

　　　A_0——基准年的人口数；

　　　P——人口增长率；

　　　K——人均某污染物（COD、BOD、氨氮等）排放量；

　　　F——人均生活污水量；

　　　C——生活污水中某污染物排放平均浓度，一般根据污水处理水平加权得到平均浓度进行计算。

面源污染来源复杂、机理模糊，具有随机性、滞后性、不易监测等特点，对其进行定量化核算和预测一直是环境管理中的难点。自 20 世纪 60 年代以来，研究者提出了多种面源污染负荷核算方法，包括经验统计方法和机理模型方法两大类。

经验统计方法包括输出系数法（ECM）、污染分割法、降雨量差值法等。经验统计方法简化了迁移、流失等复杂环境过程，因此对数据需求量较少，并能够快速简便地计算出流域或者区域总污染负荷量，表现出较强实用性和一定的准确性。在数据信息量比较少的条件下，通常采用经验统计模型估算区域面源负荷。输出系数法是较常用的一种面源污染经验统计法，针对不同类型面源分别计算面源污染负荷输出强度：

$$L_i = \alpha\beta\sum_{j=1}^{n} E_{ij}A_j \qquad (3\text{-}22)$$

式中　L_i——第 i 种污染物输出量；

　　　α——降雨影响系数，通过降水的年际分布差异与空间分布差异共同确定；

　　　β——地形影响因子，主要通过影响径流量来改变面源输出量，一般通过评价单元坡度与区域平均坡度的差异确定；

　　　E_{ij}——第 i 种污染物第 j 种污染源的输出系数；

　　　A_j——流域第 j 类土地利用类型的面积、畜禽数量或人口数量。

在考虑径流、降水、蒸发等多个环境要素影响的情况下，通过面源机理模型模拟面源污染物进入环境后迁移、转化、入河等一系列的复杂过程，定量描述在不同土地利用类型下农业面源污染物的流失特征，预测入河污染负荷量及其对水环境的影响。这类机理模型对于基础资料要求较高，运行参数众多，不利于资料缺乏的条件下应用。经过多年的发展，目前常用的机理模型有 GWLF 模型、PLOAD 模型等，另外结合水质模拟的还有分布式模型，如 SWAT 模型、AnnAGNPS 模型、SWMM 模型等。

（2）水环境质量模拟模型

在流域水环境管理中，一般需要对污染物进入水体后的水质影响进行模拟与预测，分析水质变化趋势及达标可行性，为水污染控制措施的制定提供依据。

水质预测模型按建模方法和变量特点，可分为确定性模型和随机性模型；按模型描述的系统是否具有时间稳定性，可分为稳态模型和非稳态模型；按反应动力学性质，可分为纯输移模型、纯反应模型、生化模型、生态模型等；从适用水体角度，可分为江河模型、河口模型、湖泊与水质模型、海洋模型等。此外根据水体特征以及系统内参数的空间分布特征，水质模型又可分为零维模型、一维模型、二维模型和三维模型。

① 零维水质模型。零维水质模型又称为河流混合稀释模型，适用于持久性污染物连续稳定排放且水体充分混合后的稳态河流中断面平均水质预测。一般河水流量与污水流量之比大于 10～20 或不需考虑污水进入水体的混合距离，均可采用零维模型。

零维模型的控制方程如下：

$$C = \frac{C_p Q_p + C_h Q_h}{Q_p + Q_h} \tag{3-23}$$

式中　C——断面污染物浓度，mg/L；

　　　C_p——污染物排放浓度，mg/L；

　　　Q_p——污水排放量，m³/s；

　　　C_h——河流上游污染物浓度，mg/L；

　　　Q_h——河流流量，m³/s。

② 一维水质模型。对于单向河流中符合一级反应动力学降解规律的一般污染物，如有机毒物、COD 和氨氮等水质指标，在离散作用可忽略不计时，可采用一维稳态水质模型：

$$C = C_0 e^{-Kx/u} \tag{3-24}$$

式中　C——断面污染物浓度，mg/L；

　　　C_0——上游污染物初始浓度，mg/L；

　　　K——污染物综合降解系数，s⁻¹；

　　　u——断面流速，m/s；

　　　x——河流纵向长度，m。

一维模型适用于以下条件：a. 宽浅河段；b. 污染物在较短的时间内基本能混合均匀；c. 污染物浓度在断面横向方向变化不大，横向和垂向的污染物浓度梯度可以忽略。除一维稳态水质模型外，其他一维水质模型还包括 Streeter-Phelps（S-P）模型和修正 Streeter-Phelps（S-P）模型（如欧康奈尔模型）等。

③ 二维水质模型。河流二维稳态混合衰减水质模型适用于流量较大、稀释扩散能力强、岸边水流相对平缓、横断面可概化为矩形且在排污口下游一定范围内形成污染带的河流。河流二维对流扩散水质模型通常假定污染物浓度在水深方向是均匀的，而在纵向、横向是变化的。

河流二维水质模型的控制方程如下：

$$C(x,y) = \frac{m}{hu\sqrt{\pi E_y \dfrac{x}{u}}} \exp\left(-\frac{z^2 u}{4E_y x} - K\frac{x}{u}\right) \tag{3-25}$$

式中　$C(x,y)$——纵向距离 x、横向距离 y 点的污染物浓度，mg/L；

　　　　m——污染物排放速率，g/s；

　　　　h——断面水深，m；

　　　　E_y——污染物横向扩散系数，m^2/s；

　　　　K——污染物综合降解系数，s^{-1}；

　　　　u——断面流速，m/s；

　　　　x——河流纵向长度，m；

　　　　z——河道横向距离，m。

基于零维、一维、二维等水质模型，目前有一些成熟的水质模型软件用于水质模拟及水环境容量估算。常用的水质模型软件包括 WASP 模型、MIKE 11 模型、CE-QUAL-W2 模型、EFDC 模型等。各类模型特点及适用性见表 3-8。

表 3-8　常用的流域水质模型比较

模型名称	适用范围	时间尺度	空间尺度	优点	不足
WASP	任何类型水体	任意时间尺度	一维至三维	可实现空间任意维度水质模拟；可同步进行水体富营养化、营养、溶解氧模拟及金属、有毒物质、沉积物输送	水动力学模块简单；长期模拟文件容量过大，泥沙计算过度简化
MIKE 11	河流、湖库及内陆水域系统	任意时间尺度	一维、二维	模型输入输出可在 GIS 环境中进行；同系列模型模块可相互耦合应用	模块独立，需分别购买；部分数据模块需自行建立
CE-QUAL-W2	河流、湖泊、河口及其支流	任意时间尺度	二维	可对水动力特征和水质特征进行同步模拟；包含一个降低数值扩散的高阶传输模式	无泥沙模块，无有毒有害模块
EFDC	河流、湖库、河口、湿地、沿海区域	动态	三维	完全集成三维水动力学、水质/富营养化、沉积物-污染物迁移过程	对水动力方面知识要求较高

3.2.3.2　大气环境模拟与预测

大气环境预测与模拟是大气污染防治中的重要一环，是大气污染物总量控制的基础，也是大气环境质量目标设定的重要依据。在环境管理中通常会根据区域社会经济发展及能耗结构变化预测区域大气污染物排放负荷，根据气象条件及排放负荷分布，预测空气环境质量变化，并提出针对性措施，达到预期目标。

（1）大气污染负荷预测

① 能耗量增长预测。化石燃料消耗时产生的污染物排放量大、种类多、危害严重，因此化石燃料增长预测是大气源强变化预测的主要内容之一。能耗量增长预测主要反映工业耗煤量预测、生活耗煤量预测及耗油量预测。

a. 工业耗煤量预测。可根据规划区内各个部门对未来工业产值设定的年均增长率进行计算，计算公式为：

$$M_t = M_0(1+\alpha)^{t-t_0} \tag{3-26}$$

式中　　M_t——t 年工业耗煤量；

　　　　M_0——基准年工业耗煤量；

　　　　α——耗煤年增长率；

　　　　t——预测年；

　　　　t_0——预测起始年。

工业耗煤年增长率通常采用弹性系数法进行预测，其计算公式如下：

$$C_e = \frac{\alpha}{\beta} \tag{3-27}$$

式中　　α——工业耗煤增长率；

　　　　β——工业增加值增长率；

　　　　C_e——能耗弹性系数，可采用经验判断或相关能耗目标来确定。

b. 生活耗煤量预测。一般采用系数法进行预测：

$$E_{生} = \varepsilon \times N \tag{3-28}$$

式中　　$E_{生}$——预测年生活耗煤量；

　　　　N——预测年人口总量；

　　　　ε——人均生活耗煤量。

c. 耗油量预测。包括两个方面：一方面是流动源耗油量，可根据规划区各处实际消耗量平均增长率及各种车辆总台数预测汽油和柴油消耗量；另一方面是各工厂企业燃油量，可将各耗油企业耗油量分别预测之后，求总量即可。

② 污染物排放量预测。污染物排放量预测一方面是燃料燃烧向大气排放的各种污染物，另一方面是工业生产过程中向大气排放的各种污染物。我国大气污染常规受控制污染物为烟尘、SO_2、NO_x 及 VOCs，有些城市有特殊污染物，如汞污染、氟污染等，需要根据实际情况进行确定。

二氧化硫排放量核算方法为：

$$W_{SO_2} = 2 \times M \times S \times \gamma(1-\delta) \tag{3-29}$$

式中　　W_{SO_2}——SO_2 排放量；

　　　　M——燃料消耗量；

　　　　S——燃料含硫量；

　　　　γ——SO_2 的转化率（取 85%～90%）；

　　　　δ——平均脱硫率。

假设燃烧 1kg 煤产生 $10m^3$ 烟气，则氮氧化物排放量为：

$$W_{NO_x} = 1.63 \times M \times (N \times \beta + 0.00938) \tag{3-30}$$

式中　　W_{NO_x}——NO_x 排放量，kg；

　　　　M——燃料消耗量，kg；

　　　　N——燃料含氮量，%；

　　　　β——燃料中氮的转化率，%。

按照相关统计数据，燃烧 1t 煤产生的氮氧化物，电站锅炉、工业锅炉、采暖家用炉 NO_x 排放系数分别为 9.08kg、9.08kg、3.62kg。

（2）大气环境质量模拟

环境影响预测大多数情况下是以数学模型为基础的。根据排放量变化，预测大气环境污染物浓度变化。其中最典型的是高斯点源模型。

高斯模型的坐标系如图 3-5 所示，其原点为排放点（无界点源或地面源）或高架源排放点在地面的投影点，x 轴正向为平均风向，y 轴在水平面上垂直于 x 轴，正向在 x 轴的左侧，z 轴垂直于水平面 xoy，向上为正向。

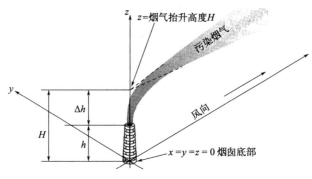

图 3-5 高斯点源预测坐标系

高斯模型假设污染物浓度在 y、z 轴上的分布符合高斯分布（正态分布）；在全部空间中风速是均匀且稳定的；源强是连续均匀的；在扩散过程中，污染物质量是守恒的（不考虑转化）。同时高斯连续点源模型考虑了地面对扩散的影响，认为地面像镜面一样对污染物起反射作用，因此可得到点源下风向 P 点污染物浓度计算公式为

$$\rho(x,y,z,H)=\frac{Q}{2\pi u\sigma_y\sigma_z}\exp\left(-\frac{y^2}{2\sigma_y^2}\right)\left\{\exp\left[-\frac{(z-H)^2}{2\sigma_z^2}\right]+\exp\left[-\frac{(z+H)^2}{2\sigma_z^2}\right]\right\} \quad (3\text{-}31)$$

式中　$\rho(x,y,z,H)$——污染源下风向任意点 P 处污染物浓度，mg/m^3；

　　　　σ_y、σ_z——污染物在 y、z 方向分布的标准偏差；

　　　　u——平均风速，m/s；

　　　　Q——源强，mg/s；

　　　　H——有效高度，m。

利用上式可以求出任意一点污染物浓度，但也可以进行几种特殊情况下污染物浓度预测。

① 地面污染物浓度。此时可令 $z=0$，得到地面污染物浓度计算式为：

$$\rho(x,y,0,H)=\frac{Q}{\pi u\sigma_y\sigma_z}\exp\left(-\frac{y^2}{2\sigma_y^2}\right)\exp\left(-\frac{H^2}{2\sigma_z^2}\right) \quad (3\text{-}32)$$

② 地面轴线浓度。此时地面浓度以 x 轴为对称轴，轴线 x 上具有最大值，令 $y=0$ 即可得到地面轴线浓度计算式为：

$$\rho(x,0,0,H)=\frac{Q}{\pi u\sigma_y\sigma_z}\exp\left(-\frac{H^2}{2\sigma_z^2}\right) \quad (3\text{-}33)$$

③ 地面最大浓度。在进行环境质量预测时，通常要明确地面最大浓度，以确定控制方法。通常情况下，假设 σ_y/σ_z 是不随距离 x 变化而变化的一个常数，通过对 σ_z 求导，令其为零，求得地面最大浓度为：

$$\rho_{\max}=\frac{2Q}{\pi ueH^2}\cdot\frac{\sigma_y}{\sigma_z} \tag{3-34}$$

④ 地面连续点源模型。有时在规划区域内,可能会遇到没有高架烟囱的污染源,这时只需要令高架连续点源模型中有效源高 $H=0$ 即可得:

$$\rho(x,y,z,0)=\frac{Q}{\pi u\sigma_y\sigma_z}\exp\left[-\left(\frac{y^2}{2\sigma_y^2}+\frac{z^2}{2\sigma_z^2}\right)\right] \tag{3-35}$$

一般预测区域空气质量时,采用空气质量模型。空气质量模型按空间尺度划分,可分为城市模型、区域模型和全球模型;按机理划分,可分为统计模型和数值模型,前者是以现有的大量数据为基础做统计分析的模型,后者则是对污染物在大气中发生物理化学过程进行数学抽象所建立的模型;按流体力学角度划分,可分为拉格朗日模型和欧拉模型;从模型研究对象划分,可分为惰性气体扩散模型、光化学氧模型、酸沉降模型、气溶胶细粒子模型和综合空气质量模型。表 3-9 为空气质量模型分类与特点比较。

表 3-9　空气质量模型分类与特点比较

扩散模型	模型机理	特点	局限性
统计模型	回归方程	根据历史空气质量和气象条件建立浓度和气象参数之间的回归方程,由气象条件推算浓度,计算非常简单,可以用于所有大气污染物	不能反映污染源排放与环境质量之间的输入-响应数量关系
高斯烟流模型	分布函数	以 AERMOD、ADMS 为代表,可用于模拟 SO_2、NO_2、PM_{10} 等。简化了物理和化学过程,只需要单点气象资料;计算简单,可逐时、逐日进行长期浓度模拟	属于稳态烟流模型,不能考虑流场的空间变化
拉格朗日轨迹模型	烟团模型	以 CALPUFF、CALGRID 为代表,分别用于模拟 SO_2、NO_2、PM_{10} 和 O_3 等。可使用客观分析法处理三维气象场;计算量适中,可逐时、逐日进行长期浓度模拟	与高斯模型相比,计算工作量较大;与网格模型相比较,考虑的化学机制相对简单
	经济动力学模型	以 EKMA 为代表,便于使用,考虑的化学反应较为详细,计算速度快	物理过程过于简单,可模拟的周期短,不能准确地模拟多天时间或长距离输送
欧拉网格模型	城市网格模型	以 UAM 为代表,物理过程详细,适用于城市多天污染事件模拟	计算工作量大,模拟长距离输送问题时对边界条件很敏感
	区域网格模型	以 RADM、ADOM、ROM 为代表,物理、化学过程详细,适用于区域臭氧及酸沉降污染模拟	计算工作量大,空间分辨率有限,不能很好地适用于研究城市污染物动态变化
	嵌套网格模型	以 CMAQ、CAM、WRF-CHEM、NAQPMS 为代表,基于"一个大气"理念设计,物理和化学过程详细,可同时模拟区域和城市尺度各种大气污染过程,在重点地区进行网格嵌套	模型机理复杂,数据需求高,计算工作量大,专业门槛高

3.3　生态环境决策与分析

环境决策是指为了实现环境目标,根据经济和社会持续发展的需要,对各类方案如产业结构调整、经济发展速度、产业发展布局、污染治理水平、污染总量削减等进行科学决策,从中选定一个切实可行的优化方案的过程,是环境管理的重要环节。

3.3.1 环境决策过程

不同类型的环境管理活动，其决策过程并不完全相同。根据系统工程原理，环境规划管理决策过程如图 3-6 所示。

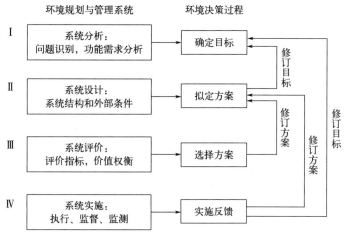

图 3-6 环境规划管理决策过程

（1）确定目标

目标是决策分析的基础。环境管理目标一般不是单一的，往往会有多个目标，涉及经济、环境、社会等方面，这就需要根据各目标在系统中所处的位置分为主要目标和次要目标。同时，还要考虑达到某种目标可能存在的潜在问题，即目标实现的约束条件。

（2）拟定备选可行方案

备选可行方案是实现决策目标的途径和手段。决策的核心就在于对各种可行性方案进行甄别、优选。方案可行性研究主要从社会、经济、环境、技术等方面对方案进行系统、综合研究分析，并对方案实施后的经济社会环境效益进行预测与评价。

（3）方案比选

根据目标建立决策模型，分析评价方案，求得最佳方案。方案比选一般可采用数学优化方案、决策矩阵、层次分析法、决策树等方法，通过详尽阐明各种可行方案的利弊，对各个可供选择的可行性方案进行权衡，从中选出一个方案，或者综合各方案优点组合出一个新方案。

（4）实施反馈

对方案实施有可能带来的各种影响进行评估、反馈，进而进一步优化方案。

图 3-6 描述的是环境决策的基本流程，环境决策是一个动态过程，通过不断改进提升形成多次反复循环反馈过程。

3.3.2 环境决策方法

环境决策方法可分为定性决策法和定量决策法。定性决策法又称为主观决策法，是指在决策中主要依靠决策者或有关专家的智慧来进行决策。定性决策法有很多种，如德尔菲法、头脑风暴法、公众参与法、哥顿法、电子会议法等，其中以德尔菲法和头脑风暴法最为常用。定量决策方法常用于数量化决策，主要通过数学工具建立反映各种因素及其关系的数学模型，并通过对这类数学模型进行计算和求解，选出最佳决策方案。由于对决策问题进行定量分析可以提高常规决策时效性和准确性，因此定量决策方法通常也被视为决策方法科学化的重要标志。

在环境管理中，越来越多地需要定量化指标和数据来支撑决策制定，如在达到环境质量目标下污染治理投入、经济发展速度、污染处理水平等多指标确定问题，通常通过量化指标选出最优方案和项目。下面主要介绍确定型决策（最优化决策）和不确定型决策、风险型决策。

3.3.2.1　确定型决策

在环境决策中，如果对不同方案的未来自然状态和信息完全已知，决策者可根据完全确定的情况进行比较选择，或建立数学模型进行运算模拟，并取得确定性结论。一般来说，确定性决策具备以下四个条件：①存在决策人希望达到的一个明确目标；②只存在一个确定的自然状态；③存在可供决策人选择的两个或两个以上的可行方案；④不同可行方案在确定状态下的损益值（损失或利益）可以定量化计算出来。

确定型决策分析方法主要指部分运筹学或数量经济模型方法，包括线性规划、非线性规划和动态规划等类型。

（1）线性规划

线性规划是一类最优化基础技术方法，其目标函数和约束条件中的变量均为线性。如果系统非线性特征很明显，可以将非线性特征不明显的非线性函数线性化后，将问题转化为线性规划求解。

线性规划问题一般具有以下特征：①每个问题都有一组未知数（x_1，x_2，…，x_n）表示，这一组未知数的一组定值就代表一个具体方案，通常这些未知数取值为非负；②存在一定的限制条件（称为约束条件），这些限制条件都可以用一组线性等式或线性不等式表达；③都有一个目标要求，并且这个目标可表示为一组未知数的线性函数（称为目标函数）。按所研究问题不同，要求目标函数实现最大化或最小化。

根据上述特征，线性规划数学模型的一般形式为：

$$\min(\max)Z = \sum_{j=1}^{n} a_j x_j$$

$$s.t. \begin{cases} \sum_{j=1}^{n} c_{ij}x_j \geqslant (\leqslant) b_i \\ x_j \geqslant 0 \\ i=1,2,\cdots,m \\ j=1,2,\cdots,m \end{cases} \tag{3-36}$$

式中　Z——目标函数；

　　x_j——决策变量，即规划问题的备选方案；

　　a_j——目标函数系数；

　　c_{ij}——约束方程系数矩阵；

　　b_i——限制常数或约束向量。

线性规划模型具有 n 个变量和 m 个约束条件。通常 $a_j,b_i,c_{ij}(i=1,2,\cdots,m;j=1,2,\cdots,n)$ 等为已知常数，其中 a_j 称为费用系数（或称价值系数）。

任何决策问题，当被构造为线性规划模型时，其约束条件反映了一个决策问题中对决策变量（方案）的客观限制要求，而目标函数代表了规划方案选择的评价准则，也集中体现了决策分析中最主要的决策要求或考虑。

一般线性规划问题求解，最常用的算法是单纯形法，已有大量标准的计算机软件可供选用（如 LINDO、LIN-GO、GINO、Mathematical 和 MATLAB 等）进行求解。此外，在一定条件下，也可采取对偶单纯形法、两阶段法进行线性规划求解。对于某些具有特殊结构的线性规划问题，如运输问题、系数矩阵具有分块结构等问题，还有一些专门的有效算法。

线性规划问题中，如果部分或全部决策变量的取值有整数限制要求，这类特殊线性规划称为整数规划。对于整数规划，如果其所有决策变量都限制为（非负）整数，就称为纯整数规划或全整数规划；如果仅要求部分决策变量取整数值，则称其为混合整数规划。此外，整数规划中的一种特殊情况是 0-1 规划，它的决策变量取值仅限于 0 或 1。对于实际中存在着整数解要求的问题，如污水处理设施数量或规划方案的取舍等污染控制系统规划的决策问题，整数规划是一种有效的支持技术。

（2）非线性规划

在环境管理中，不少决策问题存在着大量复杂的非线性关系，由于精确化需要，不宜直接通过线性关系模型来描述。例如，污水处理费用与污染物去除量（率）间的函数关系，污染物排放量与环境质量响应关系等。如果在规划决策模型中，目标函数和约束条件表达式中至少存在一个关于决策变量的非线性关系式，则这种数学规划问题就称为非线性规划问题，解决这类问题的决策，为非线性规划。

科学研究和工程技术中所遇到的大量问题是非线性的，其数学模型如下：

$$\text{opti} f(x_1, x_2, \cdots, x_n)$$

$$\text{s. t.} \begin{cases} g_i(x_1, x_2, \cdots, x_n) \geqslant (=, \leqslant) 0 \\ x_i \geqslant 0 \\ i = 1, 2, \cdots, m \\ j = 1, 2, \cdots, m \end{cases} \quad (3\text{-}37)$$

其中 f 与 $g_i(i=1,2,\cdots,m)$ 中至少有一个函数为非线性函数。

从决策分析角度看，非线性规划模型给出的是在非线性的目标函数和（或）约束关系式条件下进行规划方案选择的描述。非线性规划求解除了在特殊条件下可通过解析法求解外，绝大部分非线性规划采用数值求解。通常非线性规划求解方法大致可分为两类：一类是采用逐步线性逼近思想，把非线性问题化为线性问题来求解，如 Taylor 级数展开法（近似规划法）等，利用线性规划方法获得非线性规划的近似最优解；另一类是直接求解（搜索技术），即根据非线性规划的一些可行解或非线性函数在局部范围的某些特性，确定一个有规律的迭代程序，通过不断改进目标值的搜索计算，获得最优或满足需要的局部最优解，如罚函数法等。

（3）动态规划

在现实生活中，一类活动过程可以分成若干个互相联系的阶段，每个阶段都需要作出决策，从而使整个过程达到最好的活动效果。这种对前后关联具有链状结构的多阶段过程的决策，称为动态规划。动态规划的应用极其广泛，包括工程技术、经济、工业生产、军事及自动化控制等领域，并在背包问题、生产经营问题、资金管理问题、资源分配问题、最短路径问题和复杂系统可靠性问题等方面取得了显著效果。

根据时间变量是离散的还是连续的，决策过程是确定性的还是随机性的，动态规划可分为离散确定性、离散随机性、连续确定性、连续随机性四种决策过程模型。各类动态规划包含以下基本要素。

① 阶段：把求解问题过程恰当地分成若干个相互联系的阶段。描述阶段的变量称为阶段变量。在多数情况下，阶段变量是离散的，用 k 表示，也有阶段变量是连续的情形。

② 状态：状态表示每个阶段开始面临的自然状况或客观条件。一般第 k 阶段的状态就是某阶段出发位置，它既是该阶段某支路的起点，同时又是前一阶段某支路的终点。描述过程状态的变量称为状态变量，常用 s_k 来表示第 k 阶段的状态变量。

③ 无后效性：又称马尔科夫性质，指某一阶段状态以后过程的发展不受这阶段以前各阶段状态的影响。换句话说，历史的过程只能通过当前的状态去影响它未来的发展，当前的状态是以往历史的一个总结。状态变量要既能够描述过程的演变，又能够满足无后效性。

④ 决策：一个阶段的状态给定以后，从该状态演变到下一阶段某个状态的一种选择（行动）称为决策。描述决策的变量称为决策变量，通常用 $u_k(s_k)$ 表示当状态处于 s_k 时第 k 阶段的决策变量。决策变量的范围称为允许决策集合，某阶段允许决策的集合记为 $D_k(s_k)$。显然有 $u_k(s_k) \in D_k(s_k)$。

⑤ 策略：由每个阶段的决策组成的序列称为策略。对于每个实际的多阶段决策过程，可供选取的策略有一定的范围限制，这个范围称为允许策略集合，用 P 表示。从允许策略集合中达到最优效果的策略称为最优策略。

对于 n 个阶段的决策过程，由第一阶段的某一状态（如 s_1 出发，作出的决策序列 u_1，$u_2,\cdots,u_n$）而形成的策略（全过程策略）记为 $P_{1,n}$，即

$$P_{1,n}(s_1) = \{u_1(s_1), u_2(s_2), \cdots, u_n(s_n)\} \tag{3-38}$$

在 n 阶段决策过程中，从第 k 个阶段到系统终点的过程，称为 k 后部子过程，简称 k 子过程。对于 k 后部子过程相应的决策序列，称为 k 后部分过程策略，简称子策略，记为

$$P_{k,n}(s_1) = \{u_k(s_k), u_{k+1}(s_{k+1}), \cdots, u_n(s_n)\} \tag{3-39}$$

⑥ 状态转移方程：状态转移方程是由一个状态到另一个状态的演变过程，若给定第 k 阶段状态变量 s_k 的值后，如果这一阶段的决策变量一经确定，第 $k+1$ 阶段的状态变量 s_{k+1} 也就完全确定，即 s_{k+1} 的值随 s_k 和第 k 阶段的决策 u_k 的值变化而变化，那么可以把这确定的对应关系记为 $T_k(s_k, u_k)$，而且有

$$s_{k+1} = T_k[s_k, u_k(s_k)] \tag{3-40}$$

这是从 k 阶段到 $k+1$ 阶段的状态转移规律，称为状态转移方程。

⑦ 阶段效益：系统某阶段的状态一经确定，执行某一决策所得的效益称为阶段效益，它是整个系统效益的一部分，是阶段状态 s_k 和阶段决策 u_k 的函数，记为 $y_k(s_k, u_k)$。

⑧ 最优化原理：一个最优化策略具有这样的性质，无论过去状态和决策如何，对于前面的决策所形成的状态而言，余下的诸决策必须构成最优策略。简而言之，一个最优化策略的子策略总是最优的。最优性原理实际上是要求问题的最优策略的子策略也是最优。

根据上述要素，设在阶段 k 的状态 s_k，执行了选定的决策 u_k 之后，根据状态转移方程，状态 s_k 变为 $s_{k+1} = T_k[s_k, u_k(s_k)]$，这时 k 后部子过程变为 $k+1$ 后部子过程。根据最优性原理，对 $k+1$ 后部子过程采取最优化策略后，k 部子过程的最优指数函数如下：

$$f_k(s_k) = \mathop{\text{opt}}_{u_k \in D_k(s_k)} \{V_k(s_k, u_k) \, e \, f_{k+1}(s_{k+1})\}$$
$$= \mathop{\text{opt}}_{u_k \in D_k(s_k)} \{V_k(s_k, u_k) \, e \, f_{k+1}[T_k(s_k, u_k)]\} \tag{3-41}$$
$$k = n, n-1, \cdots, 1$$

另有下列条件成立：

$$f_{k+1}(s_{k+1}) = 0 (\text{或} 1) \tag{3-42}$$

上式称为边界条件，是指过程结束（或过程开始）的状态。当最优指数函数中的运算符号 e 取加法运算时，$f_{k+1}(s_{k+1}) = 0$；当运算符号 e 取乘法运算时，$f_{k+1}(s_{k+1}) = 1$。

一般动态规划模型建立后，对基本方程段 $f_k^*(s_k)$ 求解，不像线性规划或非线性规划那样有固定的解法，只能根据具体问题的特点，结合数学技巧灵活求解。如果问题的决策变量 u_k 和状态变量 s_k 都只能取离散值，则采用穷举法。如果 s_k、u_k 是连续变量，则可采用线性规划方法、非线性规划方法或其他数值计算方法的经典解法。

3.3.2.2　不确定性决策

在环境管理决策中往往涉及多方面关系复杂且状态不确定的要素，如由于产业发展和技术进步的不确定性，无法准确预测未来大气污染物发生量。这类决策问题通常是不确定型决策。

不确定型决策应满足：①存在着一个明确的决策目标；②存在着两个或两个以上随机的自然状态；③存在着可供决策者选择的两个或两个以上的行动方案；④可求得各方案在各状态下的决策矩阵。

在不确定型决策问题中，主要是确定衡量方案优劣的准则。准则一旦确定，问题将很容易得到解决。不同决策准则下的决策结果有所不同。常用的不确定型决策问题准则主要包括悲观决策准则、乐观决策准则、乐观系数（折中决策）准则、后悔值决策准则及等可能决策准则。

（1）悲观法

悲观法也称华尔德决策准则（Wald Decision Criterion）或小中取大（Max-Min）准则。其决策思路是：对于任何行动方案 a_i，都认为将是最坏的状态发生，即收益值最小（或损失值最大）的状态发生。然后再比较各行动方案实施后的结果，取具有最大收益值（或最小损失值）行动方案为最优方案：

$$Q(s, a_{\text{opt}}) = \max_i \min_j u_{ij}(a_i, s_j) \tag{3-43}$$

式中　$u_{ij}(a_i, s_j)$——方案 a_i 在状态 s_j 下的收益值；

$Q(s, a_{\text{opt}})$——最优方案 a_{opt} 在相应最坏状态 s 下的收益值，即最优值。

持悲观准则的决策者采取坏中取好的策略，以避免冒很大的风险。如在环境容量计算时，通常选择最不利的设计条件，以此保障污染物排放不突破环境容量。

（2）乐观法

乐观法又称大中取大（Max-Max）准则的决策方法。其基本思路是：对于任何行动方案 a_i，都认为将是最好的状态发生，即收益值最大（或损失值最小）的状态发生。然后再比较各行动方案实施后的结果，取具有最大收益值（或最小损失值）的行动方案为最优方案：

$$Q(s, a_{\text{opt}}) = \max_i \max_j u_{ij}(a_i, s_j) \tag{3-44}$$

（3）折中法

折中法又称赫威决策准则（Hurwicz Decision Criterion），它是介于乐观决策法和悲观决策法之间的一种决策准则，即对客观条件的估计既不乐观，也不悲观。这种方法通过乐观系数确定一个适当的值作为决策依据：

$$H(a_i)=\alpha \max_j u_{ij}(a_i,s_j)+(1-\alpha)\min_j u_{ij}(a_i,s_j) \quad (0\leqslant\alpha\leqslant1) \tag{3-45}$$

式中，α 为乐观系数，介于 0～1 之间。

然后比较各方案实施后的结果，取具有最大效益（或最小损失）加权平均值的方案为最优方案，即

$$Q(a_{opt})=\max_i H(a_i) \tag{3-46}$$

（4）后悔值法

后悔值法也称萨维奇（Savage）方法或遗憾法。通常在决策时，决策者应当选择收益最大或损失最小的方案为最优方案，但由于某种原因没有采用该方案而采用了其他方案，必将后悔。后悔值法将每种自然状态下的最优损益值作为该状态的理想目标，再将该状态下其余损益值与最优值之差称为未达到理想的后悔值，记为

$$R_{ij}(a_i,s_j)=\max_i u_{ij}(a_i,s_j)-u_{ij}(a_i,s_j) \tag{3-47}$$

后悔值法实际上是一种机会损失。对于任何行动方案 a_i，决策者都认为将是最大的后悔值所对应的状态发生。由于后悔值的大小反映了后悔的程度，因此要使作出的决策尽可能满意，应按照"大中取小"的原则进行择优，即在比较各行动方案实施后的结果，选取具有最小后悔值方案作为最优方案：

$$R(s,a_{opt})=\min_i\max_j R_{ij}(a_i,s_j) \tag{3-48}$$

（5）等可能法

等可能法是针对未来各种自然状态发生的概率不清楚时，假定各自然状态发生的概率相同，然后求解各行动方案的期望收益值，最大收益值所对应的方案即最优方案。等可能法基本步骤是：①求出每个行动方案 a_i 各状态下益损值的算术平均值；②比较各行动方案实施后的结果，取具有最大收益（或最小损失值）平均值的方案为最优方案，即

$$Q(s,a_{opt})=\max_i \frac{1}{n}\sum_{j=1}^{n} u_{ij}(a_i,s_j) \tag{3-49}$$

等可能法的优点是全面考虑了一个方案在不同自然状态下的可能结果，并把概率引入了决策问题。但是认为各状态发生的概率相同往往与实际情况不符。它适用于决策者对未来自然状态没有一点判断，甚至连事物发生的趋势都不能把握的情况。

3.3.2.3 风险型决策

风险型决策也称随机型决策，是决策者根据几种不同自然状态可能发生风险的概率作出抉择的决策方法。决策者所采取的任何一种行动方案都会产生一个以上的自然状态而引起不同结果，这些结果出现的机会是用各自然状态出现的概率来表示的，决策者根据概率来选择方案。

通常风险型决策问题又被认为是一种特殊的不确定型决策问题。与不确定型决策不同，风险型决策中各种自然状态发生的概率是可以获知或是已知的。一般来说，满足以下五个条件的决策称为风险型决策：①存在着一个明确的决策目标；②存在着两个及两个以上的随机

自然状态；③存在着可供决策选择的两个及两个以上的行动方案；④可求得各方案在各状态下的收益矩阵（函数）；⑤决策者可以确定每种自然状态出现的概率。

风险型决策常用的具体方法有三种：最大可能决策法、期望值决策法、树型决策法。

（1）最大可能决策法

根据概率理论，在随机决策问题中选择其中某一个概率最大的自然状态计算其损益值，然后对各备选方案在可能性最大的自然状态下的损益值进行比较，并据此作出决策。

最大可能决策法实质是在将大概率事件看成必然事件、小概率事件看成不可能事件的假设条件下，将风险型决策问题转化成确定型决策问题的一种决策方法。这类决策方法适用于某一状态的概率显著地高于其他状态所出现的概率，而期望值相差不大的情况。

（2）期望值决策法

期望值决策法就是把每个策略方案的损益值视为离散型随机变量，求出它的期望值，并作为方案比较优选依据。一个决策变量的期望值，就是它在不同自然状态下的损益值乘以相对应的发生概率之后的数值，即

$$E(d_i) = \sum_{i=1}^{n} p(\theta_j) d_{ij} \tag{3-50}$$

式中　$E(d_i)$ ——变量 d_i 的期望值；

　　　　d_{ij} ——变量 i 在自然状态 θ_j 下的损益值（或机会损益值）；

　　　　$p(\theta_j)$ ——自然状态 θ_j 的发生概率。

决策变量的期望值包括三类：收益期望值，如利润期望值、产值期望值等；损失期望值，如成本期望值、投资期望值等；机会期望值，如机会收益期望值、机会损失期望值。

（3）树型决策法

树型决策法是指利用决策树作为决策手段的决策方法，其决策依据是各个方案在不同自然状态下的期望值。其中决策树是对决策局面的一种图解。它是把各种备选方案或可能出现的自然状态及各种损益值简明地绘制在一张图表上，用决策树可以使决策问题形象化。决策树图的制作步骤如下：

① 根据实际决策问题，以初始决策点为树根出发，绘出决策点和方案枝，在方案枝上标出对应的备选方案；

② 绘出机会点和概率枝，在概率枝上标出对应的自然状态出现的概率值；

③ 在概率枝的末端标出对应的损益值，这样就得出一个完整的决策局面图（图 3-7）。

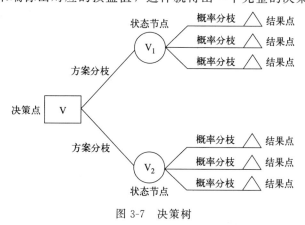

图 3-7　决策树

决策分析则从右至左逐步计算各个状态结点的期望收益值或期望损失值,并将其数值标在各点上方,然后在决策点将各状态结点上的期望值加以比较,选择期望收益最大(或损失值最小)的方案。对不予选取的方案进行"剪枝",最终留下效益最好的方案。

3.3.3 环境决策支持系统

3.3.3.1 环境数据及其获取

数据是事实或观察的结果,是对客观事物的逻辑归纳,是用于表示客观事物的未经加工的原始素材。数据可以是连续的值,如声音、图像;也可以是离散的值,如符号、文字。随着自动监测技术、计算机技术、信息技术等的不断发展,以及互联网、物联网和人工智能的普及,可以获取的数据量越来越大,种类也越来越多。在环境领域同样随着技术发展,越来越多的环境数据可以获取并应用于决策中。

在环境决策支持系统中,环境数据分为两大类:一类是关于事物空间位置和形状的数据,反映数据的空间特性,用图形或图像表示,称为空间数据;另一类是反映事物某些特性的数据,用数值或文字表示,称为属性数据。属性数据表现了空间实体的空间属性以外的其他属性特征,是对空间数据的说明。如某一区域土地利用图中各区块空间位置(坐标)属于空间数据,而它的属性数据有人口、土地利用类型、高程等描述指标。

数据是环境管理和决策的基础,数据质量和数量直接受数据获取方法制约。随着大数据技术、遥感技术应用越来越广泛,新型的环境数据获取方法不断涌现。

(1)常规环境数据获取方法

常规环境数据获取方法有录入、有线通信技术和无线通信技术。

录入是指在人的参与下,将获取到的各种一手环境数据导入系统中,变成计算机能识别的电子数据,包括利用键盘、扫描仪、地图数字化仪等设备将数据录入。这种录入方式简单、易操作,而且有人的参与在很大程度上提高输入数据的质量。目前录入仍是环境数据库中数据来源的主要渠道,如生态环境部门的各种报表数据的录入,但这种录入方式效率相对较低。

需要借助有形媒介(如电线、光缆)或无形介质(如电磁波等)进行信息传输的技术称为有线或无线通信技术。有线通信技术的缺点是建设成本高,优点是信号传输稳定和可靠。利用有线通信最常见的方式是获取环境监测数据,即通过传感器获得监测数据,这些数据通过有线通信方式可以传输到远处的中心控制站系统,方便对数据进行分析和管理。无线信息传输不受地域限制,使用非常便捷,但也容易造成信息泄露;而且信号也易受外界环境影响出现不稳定,直接影响其准确性和可靠性。

(2)遥感数据获取方法

遥感技术是一种获取大范围时空数据的有效方法。通过卫星接收地表物体发射的电磁波情况来探测和识别物体信息,已经成为一种重要的环境数据获取方式。如利用遥感影像数据来分析污染物排放情况和大气污染情况、湖泊藻类密度及空间分布等;监测湿地、森林及土地利用变化等。常用的遥感影像数据获取网站如下。

地理空间数据云:由中国科学院计算机网络信息中心科学数据中心建设并运行维护。以中国科学院及国家科学研究为主要需求,是一个比较全面的可获取多种卫星产品遥感数据的平台,遥感数据比较全面。

USGS EarthExplore(美国地质勘探局):数据源广泛,拥有全面的遥感数据,可免费提供卫星图像数据。在 EarthExplorer 首页可以进行检索并下载图像。

GEE（Google Earth Engine）：一个比较全面的遥感数据网址，可获取不同的卫星产品。通过 JavaScript 代码对遥感数据进行处理后下载，省去后续处理图像的烦琐步骤。

（3）其他网络资源获取方法

大数据时代，很多数据在网络上都是公开的，可以有效利用网络资源获取所需数据，如科研数据共享网站、数据算法竞赛网站、政府和企业公开数据网站等。

科研数据共享网站是专门用于分享或汇总科研论文中会使用到的一些数据的网站，如加州大学欧文分校建立的共享机器学习数据集网站（UCI），达特茅斯学院管理的科研数据网站 CRAWDAD，斯坦福大学提供的科研数据网站 SNAP 等。

数据算法竞赛网站会提供一些真实数据，可通过查询获取，如 Kaggle 每年举办大型的数据竞赛，包含了大量高质量数据。我国 DataCastle（数据科学学习社区）也会找到一些所需要的数据。

政府和企业公开数据网站是进行环境管理和决策常用的数据获取渠道。每个国家都有政府公开数据网站。近几年我国政府公开数据网站做得越来越好，可以通过查询和下载获取所需要的环境数据。此外，有些企业也开放了一些数据集供人们下载，如青悦开放环境数据中心网站，同时公布空气、天气、水质、污染源数据，为用户提供了极大的方便。当然还有一些个人分享网站，各种论坛和博客，也是重要的数据来源。

（4）网络爬虫获取环境数据

随着网络的迅速发展，图片、数据库、音频、视频多媒体等各类数据大量出现，万维网成为大量信息的载体。网络爬虫技术又称网络蜘蛛或网络机器人，是一种按照特定规则自动浏览互联网并提取信息的程序。这些程序被广泛用于搜索引擎、数据挖掘、信息监测等应用领域，是一种新兴数据获取方法。

网络爬虫是一个自动提取网页的程序。传统爬虫从一个或若干初始网页的 URL 开始，获得初始网页上的 URL，在抓取网页的过程中，不断从当前页面上抽取新的 URL 放入队列，直到满足系统的一定停止条件。另一种聚焦爬虫的工作流程较为复杂，需要根据一定的网页分析算法过滤与主题无关的链接，保留有用的链接并将其放入等待抓取的 URL 队列，然后它将根据一定的搜索策略从队列中选择下一步要抓取的网页 URL，并重复上述过程，直到达到系统的某一条件时停止。

网络爬虫技术也被应用于环境数据获取。如在大气污染监测方面，这项技术能够实时获取空气质量指数（AQI）、$PM_{2.5}$ 浓度等数据，并通过可视化展示帮助政府和公众了解空气质量情况。在水质监测方面，网络爬虫技术可以从各个水质监测站点获取水质监测数据，进行数据统计和预警分析，为生态环境部门和当地政府制定相关政策提供支持。此外，网络爬虫技术还可以用于监测和分析社交媒体上的环境舆情，了解公众对环境问题的关注和态度，有助于生态环境部门及时回应公众关切，加强与公众的沟通和互动。在智能环保领域，Python 网络爬虫技术为政府和企业提供了科学决策和环境治理的数据支持。通过抓取政府发布的环境政策、法规以及相关数据，可以提供决策所需的全面环境信息。

3.3.3.2 环境决策支持系统中的 3S 技术

（1）地理信息系统（GIS）

地理信息系统是在计算机硬、软件系统支持下，对整个或部分地球表层（包括大气层）

空间中的有关地理分布数据进行采集、存储、管理、运算、分析、显示和描述的技术系统。地理信息系统处理、管理的对象是多种地理空间实体数据及其关系，包括空间定位数据、图形数据、遥感图像数据、属性数据等，是环境规划、环境决策和管理中重要的分析工具。

GIS 主要由计算机硬件系统、软件系统、空间数据以及系统使用管理和维护人员四部分组成。其中空间数据是地理信息系统的重要组成部分，是系统分析加工的对象。空间数据来源于空间实体，具备空间特征、时间特征和属性特征。该类数据包括空间位置坐标数据、地理实体之间的空间拓扑关系以及相应于空间位置的属性数据。

空间数据类型包括矢量数据和栅格数据。其中矢量数据结构利用点、线、面的形式来表达现实世界，具有定位明显、属性隐含的特点。这种数据组织方式能够较好地逼近地理实体的空间分布特征，数据精度高，数据存储的冗余度低，便于进行地理实体的网络分析。栅格数据就是将空间分割成有规律的网格，每一个网格称为一个单元，并在各单元上赋予相应的属性值来表示实体的一种数据形式。栅格数据具有属性明显、位置隐含的特点，易于实现且操作简单，有利于基于栅格的空间信息模型运行分析，但它的数据表达精度不高，工作效率较低。两种类型的表示形式如图 3-8 所示。

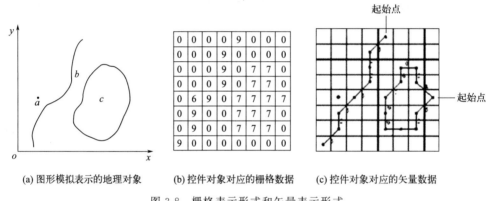

图 3-8 栅格表示形式和矢量表示形式

空间分析是地理信息系统的主要功能和核心部分。空间分析以地物空间位置和形态为基础，以地学原理为依托，以空间数据运算为手段，是提取和产生新的空间信息的技术和过程，并以此作为空间行为的决策依据。GIS 中常用的空间分析方法包括空间查询与量算、缓冲区分析、叠置分析、网络分析、空间统计与插值、三维分析与可视化等。

空间查询是 GIS 的基本功能之一，用户根据地理位置、属性等条件进行筛选和查询，以获取感兴趣的对象信息。空间量算则是对地理对象的空间属性进行测量，例如面积、长度、距离等，以了解地理要素的空间分布特征和关系。

缓冲区分析是用于确定地理要素的空间邻近关系，常用于确定设施的服务范围、确定土地利用的适宜性等。通过创建缓冲区，可以进一步进行空间查询、叠置分析和网络分析等操作，以深入挖掘地理数据中的有价值信息。

叠置分析是将两个或多个图层进行叠加，以找出它们的交集、并集等关系。这种分析方法常用于土地利用变化、资源评价等领域。通过叠置分析，可以发现不同地理要素之间的空间关系和相互影响，为决策提供科学依据。

网络分析是用于研究地理网络中的路径、流向等问题。例如，最短路径分析可以帮助我们找到两点之间的最短路径，这在交通规划、物流配送等领域具有广泛应用。流分析则可以模拟地理网络中的物流、人流等动态过程，帮助我们了解网络中的流量和流向特征。

空间统计方法可以通过计算地理数据的均值、众数、方差等统计指标，深入了解数据的分布特点和规律。插值方法则可以对离散的观测数据进行插值，得到连续的表面模型，以了解表面变化的趋势和规律。

三维分析可以让研究人员从三维空间的角度去研究地理问题，例如地形分析、三维表面建模等。通过三维可视化，可以直观地展示地理数据的三维形态和特征，更好地理解地理数据的空间结构和关系。三维分析在城市规划、环境监测、矿产资源评价等领域广泛应用，为相关决策提供科学依据。

（2）遥感（RS）

所有宏观的或区域性的环境问题都涉及空间数据，对大环境问题研究离不开大范围的时空数据。遥感技术是从远距离感知目标反射或自身辐射的电磁波、可见光、红外线，对目标进行探测和识别，是获取大范围时空数据的最佳工具。

现代遥感技术主要包括信息的获取、传输、存储和处理等环节。完成上述功能的全套系统称为遥感系统，其核心组成部分是获取信息的遥感器。遥感器的种类很多，主要有照相机、电视摄像机、多光谱扫描仪、成像光谱仪、微波辐射计、合成孔径雷达等。传输设备用于将遥感信息从远距离平台（如卫星）传回地面站。信息处理设备包括彩色合成仪、图像判读仪和数字图像处理机等。

随着计算机技术发展和软件水平的提高，遥感数字图像计算机处理已成为遥感图像应用分析处理的最主要手段。遥感数字图像处理涉及内容较多，目前最常用的有遥感图像校正、遥感图像增强处理和多源数据融合三方面。

遥感图像校正是一个多步骤、多方法的过程，涉及从简单的数据压缩到复杂的物理模型应用，旨在提高图像的质量和准确性，使其更适合于各种应用需求，主要包括辐射校正和几何校正两大类。其中辐射校正旨在消除或减少图像数据中由于传感器、大气条件等因素引起的辐射失真，包括由遥感器的灵敏度特性、太阳高度及地形等因素引起的畸变校正以及大气校正等内容。几何校正主要针对图像上各像元的位置坐标与地图坐标系中的目标地物坐标的差异。几何畸变可能由遥感器结构引起的内部畸变、由图像投影方式引起的外部畸变，以及由地图投影方式的不同所造成的投影几何学畸变等方面造成。此外遥感图像校正还包括地形校正，用于消除由于地形起伏而导致的地形阴影以及阴阳坡的差异，从而更好地反映地物光谱特征。

遥感图像增强处理是一种通过特定技术手段改善遥感图像视觉效果和信息提取能力的方法。它主要包括彩色增强、反差增强和边缘增强、密度分割、空间域和变换域增强、伪彩色处理、图像融合等技术。这些技术不仅改善了遥感图像的视觉质量，还增强了从图像中提取有用信息的能力，对于遥感应用如资源监测、环境评估、灾害响应等至关重要。

多源数据融合主要涉及将来自不同传感器或不同时间点的遥感数据进行综合处理，以提高数据的空间、时间、光谱分辨率及其可用性，从而获得比单一数据源更精确、更丰富的信息。这种方法不仅包括同质数据融合，还涉及异质数据融合以及面向应用的融合反演。具体包括基于像元的图像融合、基于特征的图像融合和基于决策层的图像融合。融合算法种类也非常多，大体可分为三类：①针对各个图像通道，利用一些替换、算术等简单的方法来实现，如线性加权法、HPF（高通滤波）法、IHS变换法、PCA（主成分分析法）等；②把原始图像在不同的分辨率下进行分解，然后在不同的分解水平上对图像进行融合，最后通过重构来获得融合图像，如塔式算法、小波变换法及小波变换融合算法；③多种算法相结合形成的各种改进的融合算法。

（3）全球定位系统（GPS）

全球定位系统（GPS）是指利用 GPS 卫星，向全球各地全天候、实时性地提供三维位置、三维速度等信息的一种无线电导航定位系统，也是一种获得时空数据的重要方式。在环境管理中通过与地理信息系统技术、遥感技术相结合发挥作用。

GPS 在环境管理中的应用主要体现在环境监测、环境事故应急处理、水下地形测量等方面。环境监测中的应用主要包括对大气、水文水质、城市环境噪声等监测站点布设及定位监测，也应用于保护区勘界定标。同时 GPS 技术通过提供实时、高精度的位置信息，迅速定位事故地点，为应急响应提供准确的地理坐标，从而加快应急响应速度，提高处理效率。GPS 在一些江河、湖库水下地形测量中也显示出其独特的应用价值，通过 GPS 实时动态定位技术和三维测量工具，能及时准确地提供水下地形地貌信息，对于水资源管理、海洋工程、水利工程建设等具有重要意义。

3.3.3.3 环境决策支持系统

决策支持系统（DSS）是一个由多种功能协调配合而成的，以支持决策过程为目标的系统。其内部结构由模型库系统、方法库系统、知识库系统、数据库系统以及人机交互系统组成（图 3-9）。

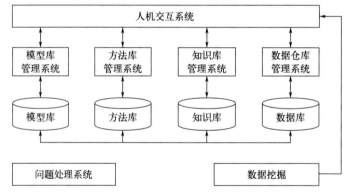

图 3-9 决策支持系统结构

（1）数据库系统

数据是环境决策支持系统研究的主要对象，数据存放在数据库系统中。数据库系统主要由数据库及数据库管理系统组成。其中数据库是长期存储在计算机内，有组织、可共享的数据集合。数据仓库管理系统是介于用户与操作系统之间的一层数据管理软件，为用户或应用程序提供访问数据库的方法，包括数据库的建立、查询、更新以及各种数据控制。

（2）模型库系统

模型库系统包括模型库和模型库管理系统，是决策支持系统的核心，也是系统开发的关键。其中模型库是按照一定组织结构将众多模型存储起来，并利用模型库管理系统对模型进行有效管理和调用的计算机系统。模型库管理系统是操纵和管理模型库的计算机软件系统。用户可以通过模型库管理系统灵活地访问、更新、生成和运行模型，并进行模型的维护，保证模型库的安全性和完整性。

（3）方法库系统

方法库系统存储、管理、调用及维护 DSS 各部件要用到的各种方法，如通用算法、标准函数等，它包括方法库和方法库管理系统。在 DSS 中，通常是把决策过程中的常用方法，如基本的数学方法、统计方法、优化方法等作为子程序存入方法库中。DSS 从数据库中选择数据，从方法库中选择算法，然后数据和算法结合进行计算，并以直观清晰的方式输出结果，供决策者使用。方法库管理系统对标准方法进行维护和调用。

（4）知识库系统

知识库系统是一个能提供各种知识的表示方式，能把知识存储于系统中并实现对知识方便灵活的调用和管理的程序。知识库系统具有知识获取和自动推理的功能。

（5）人机交互系统

人机交互系统是决策支持系统的人机接口界面，负责接受和检验用户的请求，协调数据库系统、模型库系统、方法库系统和知识库系统之间的通信，为决策者提供信息搜集、问题识别以及模型构造、使用、改进、分析和计算功能。人机交互系统友好性及功能强弱标志着 DSS 的使用水平。

（6）问题处理系统

通过人机交互系统对用户提出的问题进行描述，调用数据库系统、模型库系统、方法库系统和知识库系统，对用户提出的问题进行求解，并通过人机交互系统返回用户，提供辅助决策信息。

思考题

1. 生态环境调查方法有哪些？各自优缺点是什么？
2. 基于生态环境单要素评价，如何开展综合生态环境评价？
3. 针对环境预测中存在的不确定性，如何提高预测精度？
4. 选择一个案例，讨论如何开展水环境（或大气环境）模拟。
5. 从方法学上讨论最优化数学模型、不确定性决策在环境规划决策上的差异与内在联系。
6. 在大数据背景下，探讨如何运用人工智能技术开展环境预测与决策。
7. 讨论 3S 技术在环境规划与管理中的应用。

4

环境管理政策与制度

法律制度作为经济社会运行的基本规则和人们的行为规范，是调控人与自然关系的重要手段。自 1972 年我国开展环境保护工作以来，环境管理走过了一条艰难的道路，也取得了显著进展，在实践中确立了环境保护方针政策，形成了具有中国特色的环境保护法律法规体系。本章重点阐述了我国环境法律法规、管理制度以及环境法律责任的构成。

4.1　中国环境方针政策

4.1.1　环境公共政策概述

（1）公共政策

公共政策是公共权力机关经由政治过程所选择和制定的为解决公共问题、达成公共目标、以实现公共利益的方案。其性质是以政府为代表的决策主体运用被赋予的公共权力区分社会利益需求，协调社会利益矛盾与冲突，或规范和指导有关机构、团体或个人的行动。公共政策的表达形式包括法律法规、行政规定或命令、国家领导人口头或书面的指示、政府规划等。

公共政策作为对社会利益的权威性分配，集中反映了社会利益，从而决定了公共政策必须反映大多数人的利益才能使其具有合法性。因而，许多学者都将公共政策的目标导向定位于公共利益的实现，认为公共利益是公共政策的价值取向和逻辑起点，是公共政策的本质与归属、出发点和最终目的。

（2）环境公共政策

环境公共政策是政府等公共组织为解决环境问题、保护生态环境、实现可持续发展而制定的一系列行为准则和措施，是国家公共政策的一个重要组成部分，涉及宏观层面的环境思想体系，环境战略设计、实施和评估，环境法规体系等。其主要特征如下。

① 目标导向性：环境公共政策旨在解决具体的环境问题，如污染控制、生态保护、资源合理利用等，具有明确的目标导向。

② 公共性与公平性：环境公共政策关注公共利益，服务于社会整体福祉，尤其是环境质量的改善和生态系统的可持续性。同时政策应考虑到不同群体和区域之间的环境公平，避免资源环境的不公平分配。

③ 权威性与强制性：作为政府行为的体现，环境公共政策具有法律效力，相关政策和规定对公众和企业具有强制性。

④ 系统性和科学性：环境问题往往涉及多个方面和层面，因此环境公共政策需要综合考虑经济、社会、技术等因素，形成系统性的解决方案，确保政策的合理性和有效性。

⑤ 动态性与适应性：随着环境状况的变化和社会认知的深入，环境公共政策需要不断调整和更新，以适应新的情况和需求。

⑥ 多方参与性：环境公共政策的制定和实施过程中，通常需要政府、企业、公众以及非政府组织的共同参与和协作。

环境公共政策的制定和实施是一个复杂的过程，需要综合考虑多方面因素，确保政策的科学性、公平性和有效性。我国自 1972 年开展环境保护工作以来，制定了一系列的环境公共政策。按政策目标分，有污染控制政策、资源保护政策、生态修复政策、环境质量改善政策；按政策工具分，有命令与控制政策、经济激励政策、自愿性政策；按政策领域分，有工业环境政策、农业环境政策、城市环境政策等。

4.1.2　环境保护方针

环境保护方针是一个国家或地区在环境保护方面的基本政策和行动准则，它指导着环境保护工作的各个方面。我国环境保护方针随着环境保护工作的推进经历了"32 字"方针、"三同步三统一"方针以及可持续发展方针。

（1）"32 字"方针

32 字方针指"全面规划、合理布局、综合利用、化害为利、依靠群众、大家动手、保护环境、造福人民"。该方针在 1973 年第一次全国环境保护会议上得到确认，并最终写入 1979 年颁布的《中华人民共和国环境保护法（试行）》中。该方针强调了环境保护是国民经济发展的重要组成部分，必须纳入国家、地方和部门的发展规划中，实现经济与环境的协调发展。

（2）"三同步三统一"方针

"三同步三统一"方针是指"经济建设、城乡建设和环境建设要同步规划、同步实施、同步发展，实现经济效益、社会效益和环境效益的统一"。该方针是在总结中国环境保护初期工作的经验教训、中国现阶段环境问题的特点和环境保护"32 字"方针不足的基础上提出的。该方针的确立，为中国环境保护工作指明了方向，强调了环境保护与经济社会发展的协调统一，要求在推动经济发展的同时，注重社会进步和环境保护，实现可持续发展。

"三同步三统一"方针被广泛应用于环境管理与资源保护中，如在污染防治方面，实行"预防为主、防治结合、综合治理"原则；在自然资源保护方面，实行"自然资源开发、利用和保护，增殖并重"原则；在环境保护责任方面，实行"谁污染谁治理，谁开发谁保护"原则。

"三同步三统一"方针对于提高全民环境意识、推动环保法制建设、加强环境管理、促进环保产业发展等方面都具有重要意义，因此成为迄今为止一直指导着我国环境保护实践的基本方针。

新时期"三同步三统一"的方针被赋予了更多的内容。党的十九届五中全会提出："深入实施可持续发展战略，完善生态文明领域统筹协调机制，构建生态文明体系，促进经济社会发展全面绿色转型，建设人与自然和谐共生的现代化。要加快推动绿色低碳发展，持续改善环境质量，提升生态系统质量和稳定性，全面提高资源利用效率。"

4.1.3 环境保护政策

环境保护政策是一个社会中以生态环境保护为目标的一系列制度性安排，是环保工作的重要依据，也是协调经济发展与资源环境关系的重要手段。

环境政策的范畴十分宽泛。广义的环境政策包括有关环境与资源保护的法律法规，党中央、国务院制定的有关环境和资源保护的政策文件，国家机关制定的有关环境和资源保护的规划以及党和国家领导人在重大会议上的讲话、报告、指示等。狭义的环境政策主要指有关环境与资源保护的法律法规、部门规章和地方性法规等规范性文件。环境政策一般可以分为环境经济政策、环境技术政策、环境社会政策、环境行政政策、国际环境政策等。根据政策的实施手段，环境政策又可分为命令控制型环境政策、经济激励型环境政策和公众参与型环境政策。

伴随着经济发展、社会进步以及公众环境意识的提高，我国环境保护政策的指导思想经历了从基本国策、可持续发展战略、科学发展观到生态文明的发展历程，环境保护政策逐步完善成熟。当前中国生态环境保护涉及自然资源资产产权制度、国土空间开发保护制度、空间规划体系、资源总量管理和全面节约制度、资源有偿使用和生态补偿制度、环境治理体系、环境治理和生态保护市场体系、生态文明绩效评价考核和责任追究制度等各类政策，政策体系内容更加丰富，形成了以三大基本政策为基础，多种政策工具相组合的政策矩阵（图4-1）。

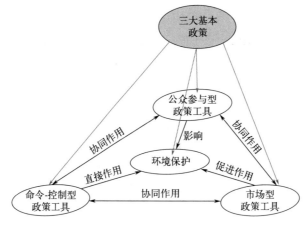

图 4-1　中国环境政策工具体系

（1）环境保护三大基本政策

1989年第三次全国环境保护会议上，我国系统地确定了环境保护三大政策，即"预防为主、防治结合""谁污染谁治理"和"强化环境管理"。

"预防为主，防治结合"政策强调在经济活动和社会发展中，优先考虑环境保护，采取预防措施，避免环境污染和生态破坏的发生。这意味着在规划和决策阶段就要充分考虑环境因素，确保发展与环境保护相协调。环境规划制度、环境影响评价制度和"三同时"制度等是这一政策的具体落实，要求在项目设计和建设之初就考虑环境影响，通过科学合理的规划和设计，从源头上减少污染物的产生和排放，实现资源节约和环境保护目标；在生产和运营过程中，实施严格的环境管理措施，包括污染物排放控制、废物循环利用、清洁生产等，确保污染物排放达到或优于国家和地方的环保标准。

"谁污染谁治理"政策核心是明确污染者应对其造成的环境污染问题负责，并承担相应的治理责任。该政策强调污染者作为环境治理的第一责任人，必须对自身行为产生的环境影响负责，同时通过污染者承担治理成本，形成经济上的正向激励，促使企业在生产过程中采取措施减少污染物排放，提高资源利用效率。相关的环境管理制度包括排污收费制度、目标责任制度、环境风险管控制度等。

"强化环境管理"政策着重于通过政府的作用来解决环境污染问题。通过建立健全环境保护法律法规，加强环境监管和执法力度，确保法律法规得到有效执行。同时推动环境管理信息化，利用大数据、物联网等技术提高环境监管效率。实施环境目标责任制和考核机制，将环境保护成效纳入政府和企业的评价体系。

这三大政策共同构成了中国环境保护政策框架的基础，指导其他政策的制定，最终实现经济发展与环境保护的协调，推动可持续发展。

（2）命令控制型环境政策

命令控制型环境政策是一种政府通过法规、标准、命令和禁令等直接手段来控制污染行为的环境管理方式。该政策目标明确，措施直接，具有强制性特点，我国命令控制型环境政策可以分为环境管理制度和环境标准两个维度。

环境保护目标责任制度、"三同时"制度、环境影响评价制度、污染集中控制制度、污染限期治理制度、排污申报登记与排污许可制度等属于命令控制型制度。如"三同时"制度、环境影响评价制度和污染集中控制制度通过对各类环境行为进行约束，体现了"源头预防""过程控制""集中治理"的理念；环境保护目标责任制度和污染限期治理制度则分别对各级人民政府环保目标的落实、重污染企业的污染治理产生了较强的约束力。另一种命令控制型政策就是实行严格的环境标准，如污染物总量减排政策、大气污染物和水污染物的排放标准等。2020年提出"2030年前实现碳达峰、2060年前实现碳中和"确立了碳减排目标，对各企业碳排放提出了限制要求。

命令控制型环境政策通过制定严格的环境管理制度和环境标准、坚持污染总量控制、实施区域重点治理，在环境污染治理方面取得较好的成效，成为我国环境保护中一类重要的政策工具，在生态治理和环境保护方面占据着非常重要的地位。

（3）市场激励型环境政策

利用市场、创建市场作为市场型政策工具，是中国特色社会主义生态文明建设的重要手段。

利用市场包括排污收费、环境税费、押金-退款制度和环保补贴等。排污收费，即按照相关规定对超出排放标准的污染排放物收取费用，本质上属于庇古税，旨在通过税费手段将污染负外部性内部化，达到控制污染排放的效果且同时减少对企业生产的负影响。环境税费是排污收费制度的延伸，2018年《中华人民共和国环境保护税法》实施，标志着中国从排污收费平移到环境税（"费改税"）。环境保护税通过改变涉税商品的相对价格，促使污染者考虑经济活动对环境造成的影响，采取体现环境正效应的方式回应市场信号的变化，从而纠正负外部性，减少资源配置的扭曲，改善环境质量。除环境保护税外，中国环境税收还涉及现行税制中的资源税、增值税、消费税、企业所得税等税种。如在自然资源的开采环节，设置征收资源税；针对废弃物、回收物等资源循环利用，规定了增值税即征即退的政策；对高污染、高能耗以及石油类等特殊消费品征税以限制消费。押金-退款制度通过增加消费前期费用，激励废弃物的回收，推动环保制品的推广使用。此外，中国各级政府还对环保企业以财政补助、贷款贴息等形式，扶持其提供环保产品和开展污染控制。

创建市场由明晰权利、界定产权的机制组成，通过理顺经济关系和生态环境资源关系，促进各方全面建立环境资源价值理念。推进生态环境权益交易。主要政策工具包括排污权交易、碳交易、生态补偿等。排污交易和碳交易是排污者（碳排放者）根据自身的排放需求在排污权、碳排放权交易市场上买入或卖出排污权、碳排放权的行为，进而实现污染排放、碳排放总量控制条件下企业间环境要素的最优配置。生态补偿政策通过财政转移支付、市场交易等方式，对因生态保护而产生额外成本或损失的个人或单位进行经济补偿，是生态产品效益溢出效应的一种反馈。2024 年颁布的《生态保护补偿条例》为建立自然资源有偿、生态环境补偿、自然资源和生态环境损害赔偿等制度以及形成多元化的生态补偿政策提供了法律保障。

此外，针对生态环境产品的市场化属性，我国也不断创新绿色金融政策，如设立绿色发展基金，推进绿色信贷、绿色债券、环境污染责任险等绿色金融产品，不断完善绿色金融体系，利用市场这只无形之手来达到调控生态环境保护的目的。

（4）公众参与型环境政策

环境资源配置和污染治理中，市场机制、行政机制均存在作用"盲区"。环境资源的公共物品属性会导致市场失灵，而由于信息不对称、有限理性或监管缺失，政府失灵也难以避免。社会机制作为自下而上的社会行动过程，可以弥补市场机制、行政机制的不足。经过近50 年的发展，我国环境治理体系已实现了从初始的政府直控型治理转向社会制衡型治理、从单维治理到多元共治的根本转变，逐步形成了党委领导、政府主导、市场推动、企业实施、社会组织和公众共同参与的环境治理体系。公众作为重要的治理主体，积极参与到政府政策制定与实施过程中，有助于提高政策的透明度、合法性和有效性，同时增强公民的责任感和参与感。

公众参与机制主要由公民社会、环境信息、公民环境权、环境保护组织、公众参与等要素构成，包括信息宣传、环保行动、参与决策和监督机制。我国《中华人民共和国环境保护法》强调"公民、法人和其他组织依法享有获取环境信息、参与和监督环境保护的权利"。随着环境影响评价、环境保护行政许可听证、环境信息公开等系列立法政策的实施以及《环境影响评价公众参与办法》的出台，环境保护公众参与制度的法制化、规范化程度不断提高。一方面政府通过多渠道、多方式公开环境信息，为公众参与提供包括专题听证、投诉电话、信访体系等多种形式的参与途径，同时政府和企业环境信息公开已成为社会各方参与和监督政府、企业环境行为的一种重要手段。此外民间环保团体在环境教育、倡议和利益表达上所发挥的作用日益凸显，为推进环境保护事业发挥了积极的作用。

4.2 环境保护法律法规

4.2.1 环境法体系

环境法体系，是指以宪法中关于环境保护的规定为依据，以环境保护基本法为基础，以单行环境法律、法规为主体，以国际环境法规、环境标准、环境保护部门规章、地方环境法规和其他部门法中关于环境保护的规定等为补充，所组成的内容和谐一致、形式完整统一的环境法律规范的有机整体（图 4-2）。

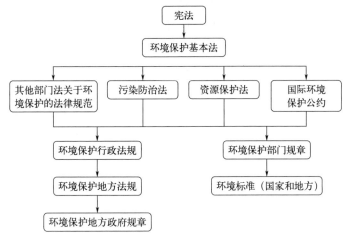

图 4-2 中国环境法体系

目前，我国现行有效的生态环保类法律有 30 余部、行政法规 100 多件、地方性法规 1000 余件，初步构建起以宪法为基础，以环境保护法为统领，覆盖各类环境要素和山水林田湖草沙等各类自然生态系统，务实管用、严格严密的生态环境保护法律体系。

(1) 宪法关于环境保护的规定

宪法是一个国家的根本大法，是一切立法的基础。《中华人民共和国宪法》（2018 年修正）第二十六条规定"国家保护和改善生活环境和生态环境，防治污染和其他公害"。这一规定是国家环境保护的总政策，说明了环境保护是一项基本国策，也是国家的一项基本职责。此外，宪法第九条、第十条对自然资源和一些重要的环境要素所有权及其保护也作出了规定，成为环境保护的立法依据及指导原则。

(2) 中华人民共和国环境保护法

《中华人民共和国环境保护法》是环境保护的基本法，于 1989 年 12 月颁布实施，2014 年修订。我国环境保护法的立法目的是"保护和改善环境，防治污染和其他公害，保障公众健康，推进生态文明建设，促进经济社会可持续发展"，是一部实体法与程序法结合的综合性法律，对环境保护目的、任务、方针政策、基本原则、组织机构、法律责任等作了主要规定，是制定单行环境法律法规的重要依据。

我国现行的《中华人民共和国环境保护法》主要内容包括总则、监督管理、保护和改善环境、防治污染和其他公害、信息公开和公众参与、法律责任、附则。与 1989 年版环境保护法相比，现行环境保护法在以下几方面有较大突破：强调政府监督管理责任，设立信息公开和公众参与专章，突出人大常委会监督落实政府环境保护的责任，科学确定符合国情的环境基准，建立健全环境监测制度，完善跨行政区污染防治制度，实施重点污染物总量控制制度，加强对农业污染源监测预警，明确规定环境公益诉讼制度，逃避监管排污适用行政拘留，等等。

(3) 环境资源保护单行法规

环境资源保护单行法规是针对特定的保护对象或调整特定的环境社会关系而进行的专门立法。它既以宪法和环境基本法为依据，又是宪法和环境基本法的具体化。因此，单行环境法规是进行环境管理、处理环境纠纷的直接依据，在环境法体系中占有重要地位。目前我国已发布了 30 余部资源环境类法规。按其调整的社会关系分类，单行法规主要分为土地利用规划法、环境污染防治法、自然保护法和环境行政管理法规等。

通过国土利用规划实现工业、农业、城镇和人口的合理布局与配置，是控制环境污染与防止生态破坏的根本途径，因此在环境法体系中占据重要地位。土地利用规划法涉及国土空间规划、农业区域规划、城乡规划、村镇规划等法规，具体如《中华人民共和国土地管理法》、《中华人民共和国城乡规划法》、《中华人民共和国国土空间规划法》（拟出台）等。

环境污染防治法涉及大气污染防治、水质保护、土壤污染防治、噪声控制、固体废物处置、农药及其他有毒有害品控制、放射辐射管理等方面的法律法规。我国已陆续颁布相关法律，如《中华人民共和国大气污染防治法》《中华人民共和国水污染防治法》《中华人民共和国土壤污染防治法》《中华人民共和国噪声污染防治法》《中华人民共和国固体废物污染环境防治法》《中华人民共和国放射性污染防治法》等。

为了保护自然环境，保障自然资源合理利用，使自然资源免受破坏，以保持人类生命维持系统、保存物种遗传多样性，我国构建了完备的自然保护法体系，包括《中华人民共和国水法》《中华人民共和国森林法》《中华人民共和国草原法》《中华人民共和国矿产资源法》《中华人民共和国野生动物保护法》等自然环境要素和资源保护立法。

国家对环境的管理，通常表现为行政管理活动，并通过制定法规的形式对环境管理机构的设置、职权、行政管理程序、行政管理制度以及行政处罚程序等作出规定。这些法规多数具有行政法规的性质，是我国环境法的重要组成部分。

（4）环境标准

环境标准是对环境保护领域中各种需要规范的事项所作的技术规定。在环境法体系中，环境标准是一个特殊的又不可缺少的组成部分。作为一类技术性法规，我国目前已形成了以环境质量标准、污染物排放标准为主体，以环境监测方法标准、环境标准样品标准、环境基础标准为辅的环境标准体系。

环境质量标准是指在一定时间和空间范围内，对环境中有害物质或因素的容许浓度所作的规定。它是国家环境政策目标的具体体现，是制定污染物排放标准的依据，也是环境管理的重要手段，如《环境空气质量标准》（GB 3095—2012）、《地表水环境质量标准》（GB 3838—2002）等。环境质量标准包括国家环境质量标准和地方环境质量标准。《中华人民共和国环境保护法》规定，国务院环境保护主管部门制定国家环境质量标准。省、自治区、直辖市人民政府对国家环境质量标准中未作规定的项目，可以制定地方环境质量标准；对国家环境质量标准中已作规定的项目，可以制定严于国家环境质量标准的地方环境质量标准。

污染物排放标准是指国家对人为污染源排入环境的污染物的浓度或总量所作的限量规定。其目的是通过控制污染源排污量的途径来实现环境质量标准或环境目标。《中华人民共和国环境保护法》规定，国务院环境保护主管部门根据国家环境质量标准和国家经济、技术条件，制定国家污染物排放标准。省、自治区、直辖市人民政府对国家污染物排放标准中未作规定的项目，可以制定地方污染物排放标准；对国家污染物排放标准中已作规定的项目，可以制定严于国家污染物排放标准的地方污染物排放标准。

（5）其他部门法中关于环境保护的法律规范

由于环境保护的广泛性，在其他部门法如民法、刑法、经济法、行政法中，也包含了不少关于环境保护的法律规范。这些法律规范也是环境法体系的组成部分。

《中华人民共和国民法典》在环境保护方面主要对污染与破坏生态环境的侵权责任进行

了规定，包括环境侵权归责原则与举证责任、环境侵权惩罚性赔偿、生态修复与赔偿范围、共同侵权责任、第三人过错等。此外，在"第二编　物权"中规范了资源利用与相邻关系，在"第四编　人格权"中对环境权进行了规定。

1997年修订的《中华人民共和国刑法》在第六章第六节设立了"破坏环境资源保护罪"，对各种严重污染环境和破坏自然资源的犯罪行为规定了相应的刑事责任。在《中华人民共和国刑法》第二、第四、第八修正案中，分别对破坏环境资源保护罪的有关规定作出修订。

4.2.2　环境污染防治法

自1979年颁布实施第一部《中华人民共和国环境保护法（试行）》以来，随着环境保护工作推进，环境污染防治立法逐步健全和完善。除全国人大、全国人大常委会外，国务院及其主管部门也制定和实施了大量综合性或单行环境污染防治的行政法规、部门规章和环境标准，地方结合本辖区特点制定了许多地方性环境污染防治法规、规章或地方性环境标准，共同构成了我国的环境污染防治法律法规体系，涉及大气、水、噪声、土壤、海洋、固体废物等污染防治。

（1）大气污染防治法

《中华人民共和国大气污染防治法》于1987年颁布，经历了2000年、2015年二次修订，1995年、2018年二次修正，共设8章129条，对大气污染防治的基本制度、监督管理、污染防治措施、重点区域联合防治、重污染天气应对、法律责任等方面进行了全面规定。在基本制度方面，《中华人民共和国大气污染防治法》规定了污染物总量控制制度、限期达标制度、动态监管制度、目标责任制、约谈和考核制度等，提出了重点区域联防联控机制以及重污染天气应对机制。在污染源控制方面，除普适性污染防治措施外，分别对燃煤及其他能源、工业、机动车船、扬尘、农业和其他污染源（持久性有机污染物、餐饮油烟、有毒有害烟尘和恶臭气体等）等制定了相应的管控措施。大气污染防治立法强化地方政府的责任，抓住主要矛盾解决突出大气污染问题，通过转变经济发展方式强化源头治理。

此外，国务院生态环境主管部门以及其他相关部门也分别针对大气污染防治专门制定了部门规章，各地方还分别制定了一些地方性大气污染防治法规，如《浙江省大气污染防治条例》《江苏省大气污染防治条例》等。

（2）水污染防治法

在防治水污染立法方面，我国主导立法是《中华人民共和国水污染防治法》。除此之外，还有一些流域管理及水环境保护的立法，如《中华人民共和国长江保护法》《中华人民共和国黄河保护法》《太湖流域管理条例》等，以及国务院相关主管部门制定的一些涉及水污染防治的规章制度，如《防止拆船污染环境管理条例》《饮用水水源保护区污染防治管理规定》等。

《中华人民共和国水污染防治法》于1984年颁布实施，经历了1996年、2008年、2017年三次修正、修订，现有8章103条，规定了水污染防治的基本制度、标准和规划、监督管理、污染防治措施、饮用水水源保护、法律责任等内容。《中华人民共和国水污染防治法》强调预防为主、防治结合、综合治理的原则；严格控制工业污染、城镇生活污染，防治农业面源污染；积极推进生态治理工程建设，预防、控制和减少水环境污染和生态破坏等。在防治措施规范方面，除一般性水污染防治规范外，还分别对工业水污染、城镇水污染、农村农业面源污染及船舶污染进行了差异化管控，强化了饮用水源和其他特殊水体保护的规定。与前一版相比，2017年修正的《中华人民共和国水污染防治法》加大了政府责任，强化重点水污染物控制，全面推行排污许可制度，完善水环境监测网络以及饮用水水源保护区管理制度，同时进一步强化城镇、农业农村污水防治，加大水污染事故的应急处置。

（3）土壤污染防治法

我国关于土壤污染防治立法相对较晚。2018年颁布了《中华人民共和国土壤污染防治法》，共7章99条。在以预防为主、保护优先、分类管理、风险管控、污染担责、公众参与原则的基础上，明确了土壤污染防治规划、土壤污染风险管控标准、土壤污染普查和监测、土壤污染预防与保护、风险管控和修复等方面的基本制度和规则。《中华人民共和国土壤污染防治法》突出农用地与建设用地的分类管理和分类施策，树立了风险管控思维，专设一章对土壤污染状况调查、土壤污染风险评估、土壤风险管控及修复、风险管控效果和修复效果评估、后期管理等各类风险规制进行了全面规定，设立了风险管理制度，包括土壤污染防治政府责任制度、土壤污染责任人制度、土壤污染状况调查监测制度、土壤有毒有害物质防控制度、土壤污染风险管控和修复制度、土壤污染防治基金制度等。

（4）噪声污染防治法

在防治环境噪声污染的立法方面，我国主要制定有《中华人民共和国噪声污染防治法》。2021年颁布的《中华人民共和国噪声污染防治法》取代了1997年施行的《中华人民共和国环境噪声污染防治法》，重新定义了噪声和噪声污染的概念，指出噪声是指在工业生产、建筑施工、交通运输和社会生活中产生的干扰周围生活环境的声音；噪声污染则是指超过噪声排放标准或者未依法采取防控措施产生噪声，并干扰他人正常生活、工作和学习的现象。《中华人民共和国噪声污染防治法》规定了噪声污染防治的原则，包括统筹规划、源头防控、分类管理、社会共治和损害担责，并对工业生产、建筑施工、交通运输和社会生活中产生的各类噪声的污染监管、防治进行了规范。

（5）海洋环境污染防治

在防治海洋环境污染的立法方面，我国主要制定有《中华人民共和国海洋环境保护法》。除此之外，国务院还分别制定了《防治陆源污染物污染损害海洋环境管理条例》《防治海岸工程建设项目污染损害海洋环境管理条例》《防治海洋工程建设项目污染损害海洋环境管理条例》《海洋石油勘探开发环境保护管理条例》《防治船舶污染海洋环境管理条例》《海洋倾废管理条例》等行政法规。

我国《中华人民共和国海洋环境保护法》于1982年颁布，1999年第一次修订，2023年第二次修订。现行的《中华人民共和国海洋环境保护法》对海洋环境监督管理、海洋生态保护、陆源污染物污染防治、工程建设项目污染防治、废弃物倾倒污染防治、船舶及有关作业活动污染防治、法律责任等进行了全面规定。新修订的《中华人民共和国海洋环境保护法》按照陆海统筹、区域联动原则，强化了海洋环境监督管理制度建设、海洋生物多样性保护、污染物排放管控、海洋垃圾污染防治等内容，与国务院发布的行政规章及地方性涉海法规共同组成了我国海洋环境污染防治体系。

（6）固体废物污染环境防治法

我国有关固体废物污染防治的主要立法是《中华人民共和国固体废物污染环境防治法》，1995年颁布，历经2004年、2020年两次修订。《中华人民共和国固体废物污染环境防治法》明确了我国固体废物污染环境防治的减量化、资源化和无害化基本原则，规定了政府及其相关部门在固体废物污染防治中的监督管理职责，包括目标责任制、信用记录制度、联防联控机制等。对工业固体废物、生活垃圾、建筑垃圾及农业固体废物、危险废物等各类固体废物管控进行了规范，如针对工业固体废物强化了产生者责任，增加了排污许可、管理台账、资源综合利用评价等要求；明确国家推行生活垃圾分类制度，确立了生活垃圾分类的原则，并加强了农村生活垃圾污染防治；建立了建筑垃圾分类处理和全过程管理制度，健全了农业固体废物污染防治制度；规定了危险废物的分级分类管理、信息化监管体系和区域性集中处置设施建设等内容。

此外，国务院生态环境主管部门以及有关建设、城市环境卫生主管部门也分别针对固体废物的污染防治制定了一些环境标准或部门规章。

4.2.3 自然资源保护法

自然资源保护法是调整人们在自然资源开发、利用、保护和管理过程中所产生的各种社会关系的法律规范的总称。其目的是规范人们开发利用自然资源的行为，防止人类对自然资源过度开发，改善与增强人类赖以生存和发展的自然基础，协调人与自然的关系，保障经济社会可持续发展。它调整的社会关系主要包括资源权属关系、资源流转关系、资源管理关系以及涉及自然资源的其他经济关系。

（1）土地资源保护法

在土地资源保护方面，我国主要制定了《中华人民共和国土地管理法》《中华人民共和国防沙治沙法》《中华人民共和国水土保持法》《中华人民共和国农村土地承包法》等法律，还制定了《中华人民共和国土地管理法实施条例》《基本农田保护条例》《土地复垦条例》《土地调查条例》等行政法规。另外在《中华人民共和国宪法》《中华人民共和国环境保护法》《中华人民共和国农业法》《中华人民共和国森林法》《中华人民共和国草原法》《中华人民共和国矿产资源法》等法律中也有一些保护土地资源的条款。土地资源保护的相关法律规定主要涉及土地所有权与使用权、土地用途管制和土地利用规划、耕地保护、建设用地控制、土地复垦、土地沙化防治等相关内容。

《中华人民共和国土地管理法》是我国关于土地资源保护和管理的基础性法律，它规定了土地的所有权、使用权、土地利用规划、耕地保护、建设用地、监督检查以及法律责任等方面的内容。明确了土地的社会主义公有制，确立了土地用途管制制度，要求各级人民政府应依据国民经济和社会发展规划等要求，组织编制土地利用总体规划；强化耕地保护，实行占用耕地补偿制度及基本农田保护制度，严格控制耕地转为非耕地，禁止闲置、荒芜耕地；严格控制建设用地，明确了农用地转为建设用地的审批程序和要求；同时鼓励土地复垦、土地整理，防止土地破坏和污染，提高耕地质量。此外，《中华人民共和国土地管理法》还确立了土地登记制度、土地征收和征用制度、国有土地有偿使用制度等制度。

（2）水资源保护法

在水资源保护立法方面，主要立法有《中华人民共和国水法》《中华人民共和国水土保持法》，还包括《中华人民共和国河道管理条例》《取水许可和水资源费征收管理条例》《城市供水条例》《城市节约用水管理规定》《饮用水水源保护区污染防治管理规定》等行政法规、规章。此外，在水污染防治相关法律、法规、规章中也有一些关于水资源保护的内容。

《中华人民共和国水法》确立了水资源保护与管理实行"流域管理与行政区域管理相结合的管理体制"，同时规定了一系列的管理制度，包括水资源规划制度、水资源中长期供求规划制度、用水总量控制和定额管理制度、水功能区划制度、饮用水水源保护区制度、取水许可制度、征收水资源费制度、用水收费制度等。

水资源开发利用涉及社会生活的方方面面。为了有效保护水资源,《中华人民共和国水法》规定了综合性措施,如采取有效措施保护植被,植树种草,涵养水源,防治水土流失和水体污染等,禁止和限制严重破坏、浪费、污染水资源的行为,如禁止在饮用水水源保护区内设置排污口,禁止在江河、湖泊、水库、运河、渠道内弃置、堆放阻碍行洪的物体和种植阻碍行洪的林木及高秆作物,禁止围湖造地、围垦河道等。

(3) 海洋资源保护法

在海洋资源保护方面,《中华人民共和国海洋环境保护法》中专设"海洋生态保护"一章,以加强海洋生态保护。同时,我国还制定了《中华人民共和国海域使用管理法》《中华人民共和国海岛保护法》等法律对海洋生态资源进行保护。此外,《近岸海域环境功能区管理办法》《海域使用权管理规定》《海洋特别保护区管理办法》等各类法规规章也是我国海洋资源保护立法的重要组成部分。

《中华人民共和国海洋环境保护法》对海洋生态保护主要从两个方面作了规定,即特殊海洋区域保护和对海洋生态有影响的行为的管制。红树林、珊瑚礁、滨海湿地、海岛、海湾、入海河口、重要渔业水域等具有典型性、代表性的海洋生态系统,珍稀、濒危海洋生物的天然集中分布区,具有重要经济价值的海洋生物生存区域以及有重大科学文化价值的海洋自然遗迹和自然景观,都是海洋生态保护的主要对象。国家设立海洋自然保护区和海洋特别保护区进行特殊保护,对引进海洋动植物物种、开发海岛及周围海域的资源等行为进行管制。

海域、海岛作为重要的自然资源,是海洋经济发展的载体。为促进海域、海岛可持续利用,《中华人民共和国海域使用管理法》确立了海域使用权属制度、海域使用监督检查制度、海域有偿使用制度。《中华人民共和国海岛保护法》按照"科学规划、保护优先、合理开发、永续利用"的原则,确立了海岛保护规划制度,规定了不同类型海岛的保护措施。

(4) 森林资源保护法

为保护森林资源,我国制定了《中华人民共和国森林法》及《中华人民共和国森林法实施条例》,突出了森林在国家生态环境保护方面的作用。除此之外,还制定了《森林防火条例》《森林病虫害防治条例》《退耕还林条例》等行政法规以及关于森林资源保护的地方性法规、规章。

森林资源保护的法律规定主要涉及林权、林业建设方针、森林资源档案制度、植树造林和绿化、森林采伐及更新控制、森林保护措施等规定。森林保护相关的制度主要有林业基金制度、封山育林制度、森林防火制度、病虫害防治制度、森林生态效益补偿制度、退耕还林制度等。

(5) 草原资源保护法

在草原资源保护方面,我国制定了《中华人民共和国草原法》。除此之外,还制定了《草原防火条例》《草畜平衡管理办法》以及草原保护的地方性法规规章。这些关于草原资源保护的法律规定,对草原所有权和使用权、草原承包经营权、草原规划制度、草原调查与统计制度、草原保护与建设以及合理利用草原等措施进行了规定。

(6) 矿产资源保护法

矿产资源保护立法主要有《中华人民共和国矿产资源法》《中华人民共和国煤炭法》等

法律，以及《中华人民共和国矿产资源法实施细则》《矿产资源补偿费征收管理规定》《煤炭生产许可证管理办法》《探矿权采矿权转让管理办法》《矿产资源开采登记管理办法》《矿产资源勘查区块登记管理办法》《中华人民共和国对外合作开采海洋石油资源条例》等行政法规规章。另外，还存在着一些与矿产资源保护相关的地方性立法。

矿产资源保护主要法律规定涉及以下几方面：矿产资源的所有权、探矿权和采矿权，矿产资源保护的监督管理体制与制度，矿产资源保护措施，集体和个体采矿的规定，开采矿产资源的环境保护规定等。其中矿产资源监管制度包括矿产资源规划制度、矿产资源勘查登记制度、采矿许可证制度、征收矿产资源补偿费制度等。

（7）野生生物资源保护法

野生生物保护立法主要有《中华人民共和国野生动物保护法》《中华人民共和国进出境动植物检疫法》等法律，除此之外，还包括《中华人民共和国进出境动植物检疫法实施条例》《中华人民共和国陆生野生动物保护实施条例》《中华人民共和国水生野生动物保护实施条例》《野生药材资源保护管理条例》《水产资源繁殖保护条例》《植物检疫条例》《中华人民共和国野生植物保护条例》《中华人民共和国植物新品种保护条例》《中华人民共和国濒危野生动植物进出口管理条例》《陆生野生动物资源保护管理费收费办法》《国家重点保护野生动物驯养繁殖许可证管理办法》《中华人民共和国水生野生动物利用特许办法》《农业野生植物保护办法》等法规规章。

针对野生动物资源保护的主要法律措施包括保护野生动物资源国家所有权，保护野生动物资源的生存环境，控制野生动物的猎捕（禁止猎捕、杀害国家重点保护野生动物；实行猎捕许可证，规定禁猎期、禁猎区和禁止使用的工具、方法），鼓励驯养繁殖野生动物，严格管理野生动物及其产品的经营利用和进出口活动等。

针对野生植物保护的法律措施包括：确立野生植物保护的基本方针和综合措施、监督管理制度、保护野生植物生长环境、有关野生植物经营利用的控制规定等。其中有关野生植物保护的监督管理制度包括重点保护野生植物名录制度和分级保护制度、野生植物资源档案制度、重点保护野生植物采集证制度、重点保护野生植物进出口许可制度。

（8）渔业资源保护法

渔业资源保护主要立法是《中华人民共和国渔业法》，此外还有《中华人民共和国渔业法实施细则》《渔业资源增殖保护费征收使用办法》《水生生物增殖放流管理规定》等法规规章。

《中华人民共和国渔业法》确立了渔业生产应当实施以养殖为主的方针政策。为规范渔业养殖，防止不合理的捕捞活动对渔业资源造成破坏，我国规定实行渔业养殖使用证制度，鼓励、扶持远洋捕捞业发展，实行捕捞许可证制度，实行捕捞限额制度，限定捕捞场所、时间、方法和工具等管理措施。针对渔业资源增殖和保护，提出了渔业资源增殖保护费、捕捞禁限措施等规定。

（9）能源节约与可再生能源法

节约资源是我国的基本国策，我国实行节约与开发并举的能源发展战略。为推动能源节约，我国制定了《中华人民共和国节约能源法》，确立了一系列管理制度，包括节能标准制度、节能评估和审查制度、高耗能产品淘汰制度、能源效率标识管理制度、节能产品认证制度等。同时也提出了一系列合理使用和节约能源、促进节能技术进步、激励节能等措施。

《中华人民共和国可再生能源法》是推进可再生能源开发利用的重要法律依据。有关可再生能源的法律规范一般以鼓励性为主，如关于可再生能源开发利用规划、可再生能源产业指导与技术支持、可再生能源推广与应用、价格管理与费用补偿、经济激励与监督措施等。

（10）特殊区域保护法

区域环境与大气、水、土地、草原、海洋等单个环境要素不同，它是指占有特定地域空间的各种自然因素或人工因素组成的综合体。特殊区域保护主要是对自然保护区、风景名胜区、文化遗迹等进行保护，我国相关的法律法规及规章包括《中华人民共和国自然保护区条例》《风景名胜区条例》《森林和野生动物类型自然保护区管理办法》《森林公园管理办法》《国家级森林公园管理办法》等，同时《中华人民共和国环境保护法》《中华人民共和国森林法》《中华人民共和国文物保护法》等有关法律法规也有一些关于特殊区域环境保护的相关规定。

4.3　环境管理制度

环境管理制度是指为了实现环境立法目的，在环境保护基本法中作出规定的，由环境保护单行法规或规章具体表现的，对国家生态环境保护具有普遍指导意义，并由生态环境行政主管部门监督实施的同类法律规范的总称，属于生态环境保护行为的基本法律制度。

20 世纪 70 年代中期以来，我国提出了环境影响评价制度、"三同时"制度、排污收费制度、环境保护目标责任制、城市环境综合整治定量考核制度、排污许可制度、污染集中控制制度和限期治理制度等八项环境管理制度体系。随着我国生态文明体制改革推进，环境管理制度体系也不断改革创新，部分逐步退出历史舞台，而新的管理制度则不断涌现。

4.3.1　预防控制型制度

（1）生态环境规划制度

生态环境规划是政府（或组织）根据生态环境保护法律和法规所做的、今后一定时间内保护或增强生态环境功能和保护生态环境质量的行动计划。生态环境规划是一种命令控制型的政策手段。《中华人民共和国环境保护法》明确规定"国务院环境保护主管部门会同有关部门，根据国民经济和社会发展规划编制国家环境保护规划，报国务院批准并公布实施"，"县级以上地方人民政府环境保护主管部门会同有关部门，根据国家环境保护规划的要求，编制本行政区域的环境保护规划"。

生态环境规划制度的主要政策目标是既为了解决现有的生态环境问题，又防患于未然，为今后生态环境保护提供稳定而权威的行动指南。我国并无专门的生态环境规划法，在环境保护法以及一些单行法中设置了要开展生态环境保护规划、将环境保护规划纳入国民经济和社会发展计划的法律规范。

经过多年的发展，我国生态环境规划体系逐步完善，形成了以"五年综合规划为统领，空间规划为基础，专项规划与区域规划为支撑"的规划体系。同时，建立了规划编制、审批、实施、评估等规范化流程，并将公众参与纳入规划编制中，但规划运作过程的规范化、程序化和制度化仍缺乏相应的法律保障。因此，制定生态环境规划相关法律将是今后生态环境规划制度改革创新的重点。

（2）环境影响评价制度

环境影响评价制度是指对规划和建设项目实施后可能造成的环境影响进行分析、预测和评估，提出预防或者减轻不良环境影响的对策和措施，并进行跟踪监测的制度。作为一项管理制度，环境影响评价制度要求可能对环境有影响的建设开发者，必须事先通过调查、预测和评价，对项目的选址、对周围环境产生的影响以及应采取的防范措施等提出环境影响评价文件，依法经过审查批准后，才能进行规划、开发和建设活动。它是决定项目或规划能否进行实施的强制性法律制度，也是一项贯彻预防原则的重要法律制度。

环境影响评价制度于 1969 年首创于美国，后来西方一些发达国家也实施了这一制度。我国在 1979 年《中华人民共和国环境保护法（试行）》中规定实行环境影响评价制度，1986 年颁布的《建设项目环境保护管理办法》和 1998 年颁布的《建设项目环境保护管理条例》，对环境影响评价范围、内容、程序、法律责任等进行了具体规定。为了从源头上控制开发建设活动对环境的不利影响，2002 年颁布的《中华人民共和国环境影响评价法》以法律形式将环境影响评价制度范围从建设项目扩展到有关规划，确立了对有关规划进行环境影响评价的法律规定，并于 2009 年通过和颁布了《规划环境影响评价条例》。在各种污染防治的单行法中，都对环境影响评价制度作了规定。此外，与环境影响评价制度相关的还有《中华人民共和国清洁生产促进法》等法律，以及《建设项目环境影响评价资质管理办法》《环境影响评价公众参与暂行办法》等行政法规。

根据《中华人民共和国环境影响评价法》和《规划环境影响评价条例》，规划环境影响评价对象是土地利用的有关规划，区域、流域、海域的建设、开发利用规划，工业、农业、畜牧业、林业、能源、水利、交通、城市建设、旅游、自然资源开发的有关专项规划。综合性规划和专项规划的环境影响评价应当对实施该规划对环境可能造成的影响进行分析、预测和评估，提出预防或者减轻不良环境影响的对策和措施。同时，规划环境影响评价要对规划草案的环境合理性、可行性，预防或者减轻不良环境影响的对策措施的合理性和有效性给出结论，并对规划草案提出调整建议。根据《中华人民共和国环境影响评价法》和《建设项目环境保护管理条例》，建设项目环境影响评价的内容应当包括建设项目概况，建设项目周围环境现状，建设项目对环境可能造成影响的分析、预测和评估，建设项目环境保护措施及其技术、经济论证，建设项目对环境影响的经济损益分析，对建设项目实施环境监测的建议和环境影响评价的结论。

（3）"三同时"制度

"三同时"制度是指一切新建、改建和扩建的基本建设项目、技术改造项目、自然开发项目以及可能对环境造成影响的工程建设，其中防治污染和生态破坏的设施，必须与主体工程同时设计、同时施工、同时投产使用的法律制度。"三同时"制度是环境影响评价制度的延伸，也是贯彻"预防为主"原则的重要法律制度。

"三同时"制度最早于 1973 年《关于保护和改善环境的若干规定》中提出。1979 年《中华人民共和国环境保护法（试行）》和 1989 年《中华人民共和国环境保护法》在规定环境影响评价制度的同时，重申"三同时"的规定。1986 年《建设项目环境保护管理办法》、1998 年《建设项目环境保护管理条例》对"三同时"制度都作了具体的规定。各污染防治法对"三同时"制度也作出了明确的规定。

涉及"三同时"制度的相关法律规定主要包括：凡从事对环境有影响的建设项目，必须执行"三同时"制度；建设项目在施工过程中，应当保护施工现场周围的环境；建设项目在正式投产或使用前，建设单位必须向负责审批的生态环境部门提交《环境保护设施竣工验收报告》等，同时也对"三同时"制度的参与主体职责、不执行"三同时"制度的法律后果进行了规范。

4.3.2 经济调控型制度

为使环境污染的外部不经济性内部化，在环境管理中广泛采用各种经济刺激手段，或者把行政、立法与经济刺激结合起来，来影响和调节经济活动，以实现环境保护的目的。我国环境经济调控制度主要包括环境保护税费（排污收费）制度、资源税费制度以及生态补偿制度等。

（1）环境税费制度

按照"使用者付费"原则，以及基于环境公共物品理论和外部性理论，国家机关依法对向环境中排放污染物或超标准排放污染物的排污者，根据其排放污染物种类、数量而征收一定数额的费用，促使环境外部不经济性内部化，同时也为治理污染和改善环境筹集资金。

排污收费制度是有关征收排污费的目的、依据、范围、对象、标准、方法以及排污费的管理、使用等法律规定的总称，是"污染者付费"原则的具体体现。我国于 1978 年首次提出排放污染物收费的制度；1979 年《中华人民共和国环境保护法（试行）》以法律形式确定了这一制度；1982 年《征收排污费暂行办法》出台，标志着我国排污收费制度正式建立；为推进排污收费制度改革，2003 年出台了《排污费征收使用管理条例》《排污费资金收缴使用管理办法》等行政法规。

我国针对大气、水、固体废物、噪声等四类污染物征收排污费。通过收费这一经济手段促使企业加强环境治理、减少污染物排放，对我国防治环境污染、保护环境起到了重要作用。然而在实际执行中，征收排污费也存在一些问题，比如执法刚性不足、地方政府和部门干预等，影响了该制度功能的有效发挥。针对这种情况，2016 年我国出台了《中华人民共和国环境保护税法》，2018 年正式实施。环境保护税可以形成有效的约束和激励机制，税收的征收管理更加严格，可以增强执法的刚性，减少地方政府和部门的干预，有效解决企业欠缴排污费问题。同时，对主动采取措施降低污染物排放浓度的企业，给予税收减免优惠，激励企业改进工艺，减少污染物排放。

环境保护税制度对有关纳税人的确定、应税污染物的种类、计税依据、税收减免以及征收管理等方面进行了制度规定。根据《中华人民共和国环境保护税法》，纳税人应为直接向环境排放应税污染物的企业事业单位和其他生产经营者；应税污染物包括大气污染物、水污染物、固体废物和噪声四类，这些污染物的具体种类和税额由《环境保护税税目税额表》规定。虽然我国初期"费改税"政策总体按"平移"原则进行，但环境保护税与排污收费相比，在征收污染物、优惠政策、计税依据、征收管理、地方留成等方面有了较大改进。

（2）资源税费制度

资源税是国家对资源开发利用者征收的一种税种，目的在于促使资源开发者开展环境保护并使环境外部不经济性内部化。根据 2020 年实施的《中华人民共和国资源税法》，资源税适用对象为我国境内开采矿产品的单位和个人。我国资源税征收范围较窄，仅限于开采国家规定的原矿和选矿产品，包括能源矿产、金属矿产、非金属矿产、水气矿产、盐。《中华人民共和国资源税法》确立了五个税目，实行定额幅度税率，采用从量定额的征收办法，并规定了资源税四种减征情形和两种免征情形。

　　此外，基于自然资源公共物品属性，其产权归国家或集体所有，因此政府通过颁发许可证或产权证方式，"让售"部分自然资源使用权来提供资源管理服务，由此收取一定的成本费用，即自然资源使用费或管理费，如我国《中华人民共和国土地管理法》《中华人民共和国城市房地产管理法》规定了土地使用费，《中华人民共和国水法》规定了水资源费等。自然资源使用费贯彻"谁受益、谁交费"原则，其征收依据是自然资源开发利用者受让或开发利用的资源数量。

　　（3）生态补偿制度

　　生态补偿制度是为了防止生态环境破坏、增强和促进生态系统良性发展，对个人或组织在森林营造培育、自然保护区和水源区保护、流域水土保持、水源涵养、荒漠化治理等环境修复与还原活动中，对生态环境系统造成的符合人类需要的有利影响，由国家或其他受益组织和个人对资源与生态环境保护者进行价值补偿的环境法律制度。现行环境法律中，《中华人民共和国环境保护法》第三十一条对生态补偿作出原则性规定："国家建立、健全生态保护补偿制度。国家加大对生态保护地区的财政转移支付力度。有关地方人民政府应当落实生态保护补偿资金，确保其用于生态保护补偿。国家指导受益地区和生态保护地区人民政府通过协商或者按照市场规则进行生态保护补偿。"此外，《中华人民共和国森林法》等少数专门立法中还有针对特定生态补偿类型的原则性规定，如《中华人民共和国森林法》规定了建立森林生态效益补偿制度，缴纳森林植被恢复费；《中华人民共和国水土保持法》规定了水土保持补偿费等。

　　为进一步深化生态保护补偿制度改革，2021年印发了《关于深化生态保护补偿制度改革的意见》，2024年发布了《生态保护补偿条例》，对财政纵向补偿、地区间横向补偿、市场机制补偿等机制进行了规范。其中，财政纵向补偿是国家通过财政转移支付等方式，对开展重要生态环境要素保护以及在生态功能重要区域开展生态保护的单位和个人予以补偿；地区间横向补偿是生态受益地区与生态保护地区人民政府通过协商等方式建立生态保护补偿机制；市场机制补偿是鼓励社会力量以及地方人民政府按照市场规则，通过购买生态产品和服务等方式开展生态保护补偿，鼓励、引导社会资金建立市场化运作的生态保护补偿基金，依法有序参与生态保护补偿。

4.3.3　治理管控型制度

　　（1）排污许可制度

　　环境许可是指从事有害或者可能有害环境的活动之前，必须向有关管理机关提出申请，经审查批准，发放许可证后，方可进行该活动的一整套管理措施。排污许可证是指排污单位向生态环境主管部门提出申请后，生态环境主管部门经审查发放的允许排污单位排放一定数量污染物的凭证。排污许可证属于环境保护许可证中的重要组成部分，而且被广泛使用。

　　排污许可制度是指有关排污许可证的申请、审核、颁发、中止、吊销、监督管理和罚则等方面规定的总称。自20世纪80年代后期开始，各地陆续试点排污许可制度。2015年底开始在法律和政策层面全力推动排污许可制度改革，2016年环境保护部（现生态环境部）发布了《排污许可证管理暂行规定》，2018年1月环境保护部发布了《排污许可管理办法（试行）》，2021年1月国务院发布了《排污许可管理条例》。此外，在《中华人民共和国环境保护法》和《中华人民共和国水污染防治法》《中华人民共和国大气污染防治法》等单行法中都对实行排污许可制度进行了规定。排污许可制度是覆盖所有固定污染源的环境管理基础制度，排污许可证是排污单位生产运营期间排放行为的唯一行政许可。排污许可制度对排污许可管理的范围和管理类别、申请与审批排污许可证的程序等进行了一系列规范，强化了对未取得排污许可证排放污染物、逃避监管违法排污等违法行为的法律责任。

除水、大气排污许可外，我国在《中华人民共和国海洋环境保护法》中规定了海洋倾废许可制度。在《中华人民共和国固体废物污染环境防治法》中规定了工业固体废物排污许可制度、危险废物经营许可证制度。在《中华人民共和国噪声污染防治法》中也提出了噪声排污许可，夜间施工申报及许可制度。

地方上围绕着污染物总量控制，也对排污许可证进行了改革，如浙江省的"一证式管理"模式：建立主要污染物财政收费和排污权基本账户；落实企业治污责任，建立企业刷卡排污和建设项目总量准入制度；以排污许可证作为排污确权载体，推进主要污染物总量激励，深化排污权交易。

（2）污染物总量控制制度

污染物总量控制制度是以环境质量目标为基本依据，根据环境质量标准中的各种参数允许浓度，对区域内各种污染源的污染物排放总量实施控制的管理制度。污染物总量控制制度源于 1979 年美国国家环境保护局（EPA）提出的泡泡政策（bubble policy）。1986 年国务院环境保护委员会（现生态环境部）颁布的《关于防治水污染技术政策的规定》指出，对流域、区域、城市、地区以及工厂企业污染物的排放要实行总量控制。这是我国关于污染物总量控制制度第一次出现在国家层面的规范性文件中。1991 年，我国在 16 个城市开展了排放污染物总量控制和许可证制度的试点工作，而真正意义上的污染物总量控制制度的建立是在"九五"之后。1996 年国务院批准实施《"九五"期间全国主要污染物排放总量控制计划》，在随后实施的"十五""十一五"以及"十二五"规划中都出台了有关污染物总量控制制度的计划。

2014 年修订的《中华人民共和国环境保护法》第四十四条、第六十条对污染物排放总量控制进行了规范，此外，《中华人民共和国水污染防治法》《中华人民共和国大气污染防治法》都对污染物总量控制因素、分配程序以及违法责任进行了规范。污染物总量控制类型分为容量总量控制和目标总量控制。其中容量总量控制是依据区域的环境容量，经过推算，确定各个污染源的排放总量控制指标的管理模式；目标总量控制是指某一区域的环境管理目标确定后，采取一定的行政手段，直接将削减排放量指标分配至各企业事业单位，并限时完成。我国当前主要以目标总量控制为主，依据自上而下的总量分解方式，将主要污染物的总量下达到各个区域。

（3）环境保护目标责任制与环保督察制度

环境保护目标责任制在第三次全国环境保护会议上被确定为八项环境管理制度之一，是一种具体落实地方各级政府、有关污染单位对环境质量负责的行政管理制度。环境保护目标责任制是以社会主义初级阶段的基本国情为基础，以现行法律为依据，以责任制为核心，以行政制约为机制，把责任、权利、义务有机地结合在一起，明确了地方行政首长在改善环境质量上的权力、责任。环境保护目标责任制在现有的环境质量和所制定的环境目标之间铺设了一座桥梁，使人们经过努力，能够逐步改善环境质量并达到既定的环境目标。它确定了一个区域、一个部门乃至一个单位环境保护的主要责任者和责任范围，推动环境保护工作的全面深入发展。

《中华人民共和国环境保护法》明确规定了环境保护目标责任制，要求各级人民政府对本行政区域的环境质量负责，并将其纳入政府及其相关部门的考核体系中，即第二十六条"国家实行环境保护目标责任制和考核评价制度"。近年来，我国在通过行政性管制政策来推进落实党委政府和企业的环境责任方面开展了许多创新性探索，逐步探索出具有中国特色的环境保护目标责任体系和问责机制。环境保护目标考核从强调主要污染物总量减排调整到以环境质量为核心，特别是污染防治攻坚战和蓝天保卫战的考核体系得到了进一步加强，强调建立生态环境保护领域相关部门常态化的分工机制。

此外，《中央生态环境保护督察工作规定》《党政领导干部生态环境损害责任追究办法（试行）》等系列文件出台，基本构建了生态环境部系统内和中央层面双轮驱动的生态环境保护督察制度，中央生态环境保护督察已成为我国生态环境保护督察的顶层制度安排"机动式""点穴式"专项督察。生态环境保护目标责任制也逐步从"小环保"向"党政同责""一岗双责"的"大环保"转变，以督企为重点向督政和督企并重转变。

（4）突发环境事件应急制度

突发环境事件应急制度是关于突发环境事件的预测和预警、应急响应与处置、信息发布和报告、恢复与重建以及应急组织体系、运行机制、应急保障和监督管理等方面的一系列法律法规，是突发环境事件应急制度化和法定化的体现。其目的是预防和减少突发环境事件的发生，控制、减轻和消除突发环境事件引起的社会危害，提高政府对突发环境事件的应对能力，保障公众财产安全，保障环境，维护社会稳定。

我国早期突发环境事件应急制度主要是环境污染与破坏事故报告及处理制度。1989年发布的《中华人民共和国环境保护法》对突发环境事件的应急处理进行了专门规定，构成我国突发环境事件应急制度的基本框架，《中华人民共和国水污染防治法》《中华人民共和国大气污染防治法》和《中华人民共和国固体废物污染环境防治法》等环境单行法都对该制度作了明确规定。同时，大量行政法规和部门规章以及地方性法规也包含了突发环境事件的应急条款，如《核电厂核事故应急管理条例》《重大水污染事件报告办法》《突发环境事件信息报告办法》等。此外，国务院制定的《国家突发环境事件应急预案》对突发环境事件应急制度作出了全面具体的规定，成为我国应对突发环境事件的纲领性文件。

突发环境事件应急制度主要对突发环境事件的分级、应急工作原则和组织机构、应急运行机制等进行了规定。按照突发事件严重性和紧急程度，突发环境事件分为特别重大（Ⅰ级）、重大（Ⅱ级）、较大（Ⅲ级）和一般（Ⅳ级）四级。应急运行机制主要包括预防和预警机制、应急响应、应急保障和后期处置。其中突发事件报告是应急响应的重要内容之一，突发环境事件信息报告与处理要结合事件类型进行上报，其中报告分为初报、续报和处理结果报告三类；初报在发现事件后1小时内上报；续报在查清有关基本情况后随时上报；处理结果报告在事情处理完毕后立即上报。

4.4　环境法律责任

环境法律责任是法律责任的一种，是指环境法主体实施了危害环境的行为而应承担的不利法律后果。由于环境问题的复杂性与特征性，环境法律责任具有构成要件的特殊性、责任形式的综合性以及民事责任、刑事责任的行政化等特征。

4.4.1 环境行政责任

环境行政责任是行政法律关系主体由于违反行政法律规范而应当依法承担的否定性法律后果,是适用最广泛的一种环境法律责任形式。

(1) 环境行政责任的构成要件

环境行政责任的构成要件是指承担环境行政责任所必须具备的法定条件,即在依法追究行政责任时,违法者所必须具备的主、客观条件。环境行政责任的必备构成要件有两个,即行为违法性与行为人的过错。

行为违法性即行为人实施了法律禁止的行为或违反了法律规定的义务。行为违法性是构成行政责任的前提,行为不违法,便不构成行政法律责任。环境行政违法行为包括环境行政相对人违法和环境行政主体违法。

行为人的主观过错即行为人主观上具有故意或过失的心理状态。主观过错不同,应承担的环境责任也不一样。值得注意的是,对行政主体而言,其环境行政责任的构成不必要求具有主观过错,只要其实施了环境行政违法行为或客观上造成了损害就应承担环境行政责任,除非法律另有规定。

根据我国环境保护法律的规定,危害后果以及违法行为与危害后果之间的因果关系不是承担行政责任的构成要件。只要存在环境违法行为,无论有没有实际造成危害后果,都要承担行政责任。只有在法律作出明文规定时,危害后果与因果关系才是构成环境行政责任的必备要件。

(2) 环境行政责任的种类

根据违法行为主体的不同,环境行政责任可以分为环境行政处分与行政处罚两大类,前者是生态环境行政机关工作人员违法的不利后果,后者是生态环境行政相对人违法的不利后果。两者在制裁方式、适用对象、实施主体、适用程序、救济措施等方面存在较大差异。

环境行政处分是指对违法、违纪的生态环境行政机关工作人员给予的行政制裁,其责任类型包括六种,即警告、记过、记大过、降级、撤职、开除。

环境行政处罚是指特定的国家行政机关(享有环境与资源保护监督管理权的国家机关),按照国家有关行政处罚法律法规的程序,对违反环境与资源保护法律法规或行政法规而尚未构成犯罪的公民、法人或其他组织给予的法律制裁。环境行政处罚的种类一般包括:警告,罚款,责令停产整顿,责令停产、停业、关闭,暂扣、吊销许可证或者其他具有许可性质的证件,没收违法所得、没收非法财物,行政拘留等。根据违法行为的性质与后果,可以分别适用上述七种处罚形式中的一种或同时适用两种或两种以上的处罚形式。此外,一些污染防治法和自然资源法中也规定了其他补救性责任形式。

(3) 环境行政复议与行政诉讼

为保护相对人的合法权益,解决环境行政纠纷,分别从内部监督和外部监督两个层面设置了环境行政复议和行政诉讼。

环境行政复议是指环境行政相对人认为环境行政主体的具体环境行政行为侵犯其合法的环境权益,按照法律规定的程序和条件向作出该具体环境行政行为的机关的上一级机关提出申请,由有管辖权的生态环境行政主管部门对争议的具体环境行政行为进行审理并作出决定的环境行政执法活动。行政复议的具体程序适用于《中华人民共和国行政复议法》《中华人民共和国行政复议法实施条例》《生态环境部行政复议办法》等法律法规的规定。经复议,认为生态环境行政主管部门作出的行政处罚决定违法或者显失公正,复议机关可以依法撤销或者变更该决定。如果相对人对行政复议决定不服,则可以在规定期限内向人民法院提起行政诉讼。

环境行政诉讼是环境法主体(公民、法人或其他组织)认为特定的国家行政机关的具体行政行为侵犯其合法权益,根据环境法和行政诉讼法的规定,向人民法院提起诉讼,由人民法院进行审理和裁决的活动。环境行政诉讼的实质是一种司法救济形式,一般分为司法审查之诉、要求履行职责之诉和要求国家机关赔偿之诉,其中司法审查之诉是环境行政诉讼中最重要、最广泛的一种。

4.4.2 环境民事责任

环境民事责任是指公民、法人和其他组织因污染环境和破坏环境,给他人造成人身或财产损失时应承担的民事方面的法律后果和责任。《中华人民共和国民法典》《中华人民共和国环境保护法》以及其他环境保护单行法规都对环境侵害规定了相应的民事责任。

(1)民事责任构成要件

传统民事责任的构成要件包括四方面:主观上具有过错,行为的违法性,损害事实,违法行为与损害事实之间具有因果关系。环境民事责任在其构成要件上表现出特殊性,主观上的过错和行为的违法性不再是环境民事责任的构成要件,而更加强调致害行为(侵权行为)、损害事实以及两者之间的因果关系。

在环境法中,不把侵权行为的违法性作为承担民事责任的必要条件,只要从事了"致人损害"的行为并发生了危害后果,即使行为是合法的,也要承担民事责任。这就是"无过错责任"的归责原则。以无过错责任制取代过错责任制,是很多国家环境立法中的通用原则。我国在《中华人民共和国民法典》《中华人民共和国水污染防治法》《中华人民共和国海洋环境保护法》等单行法中都规定无论故意或过失,只要给他人造成财产或人身损害都要对造成的损害承担赔偿责任。但同时,在《中华人民共和国民法典》第一千二百三十三条、《中华人民共和国水污染防治法》第九十六条、《中华人民共和国海洋环境保护法》第一百一十六条等提出了民事责任的免责条件,包括不可抗力、受害人故意以及第三人过错等。

发生损害事实是构成民事责任的必要条件。一般环境民事责任中的损害通常表现为侵害他人的人身权、财产权、环境权益或公共财产权。由于环境损害具有间接性、复合性、累积性的特点,关于侵权行为与损害事实之间的因果关系普遍采用因果关系推定原则。

(2)环境民事诉讼

环境民事诉讼是指环境法主体在其环境民事权利受到或者可能受到损害时,为保护自己的合法权利,依据民事诉讼的条件或者程序,向人民法院对侵权行为人提起的诉讼。环境保护法律规范有一些不同于传统民事法律规范的规定,因而导致环境民事诉讼在许多方面与传统民事诉讼有所不同,呈现出自身的某些特点。

① 放宽起诉资格。一般民事诉讼,必须是与诉讼有直接利害关系的人才可以提起,即"原告是与本案有直接利害关系的公民、法人和其他组织"。由于环境要素"公共财产"的特征,在环境法领域实行放宽起诉资格,这已成为世界各国环境立法的总趋势。我国2015年起实施的新《中华人民共和国环境保护法》设置了公益诉讼:"对污染环境、破坏生态,损害社会公共利益的行为,符合下列条件的社会组织可以向人民法院提起诉讼:(一)依法在设区的市级以上人民政府民政部门登记;(二)专门从事环境保护公益活动连续五年以上且

无违法记录。"

② 举证责任倒置。传统诉讼举证规则一般是要求受害人对自己的诉讼主张提出相应证据，包括致害行为的违法性、损害事实、因果关系、致害人是否具有故意或过失等。在环境诉讼中，举证责任由一方当事人转移给另一方当事人，即由原告举证转移给被告举证。原告承担被告实施或者可能实施污染环境损害行为以及原告本身遭受了污染损害的举证；而被告应承担其所实施的行为与损害事实之间不存在因果关系的举证，或者存在着法律规定的免责事由。

③ 延长诉讼时效。如果权利人不在法定期间行使权利，就会丧失请求法院依诉讼程序保护其民事权益的权利。这个法定期间指诉讼时效期，一般民事诉讼时效期间为两年。由于环境污染导致的损害发生往往有一个积累、潜伏的过程，因此《中华人民共和国环境保护法》对环境污染损害赔偿事件，规定了"提起环境损害赔偿诉讼的时效期间为三年，从当事人知道或者应当知道其受到损害时起计算"。

4.4.3　环境刑事责任

环境刑事责任是指行为人因违反环境法律法规造成或可能造成环境严重污染或破坏，依法应当承担刑事处罚的后果。1997 年修订的《中华人民共和国刑法》设立了"破坏环境资源保护罪"，对污染环境、破坏自然资源的各种犯罪行为规定了相应的刑事责任。与其他环境法律责任相比，环境刑事责任是最严厉的环境法律责任。

（1）刑事责任的构成要件

破坏环境与资源罪的犯罪构成要件，同一般犯罪构成要件没有实质性区别，包括犯罪的主体、客体、客观方面和主观方面。

环境犯罪的主体除了达到法定年龄具备刑事责任能力的自然人以外，也包括法人。单位犯罪的，处以罚金，并对其直接负责的主管人员和其他责任人依照规定处罚。

破坏环境与资源罪的犯罪客体是侵害各种环境要素和自然资源从而侵犯财产所有权、人身权和环境权。环境犯罪的客体具有复合客体的特征。

环境犯罪的客观方面主要是指污染或破坏环境及自然资源的行为及其社会危害性。环境犯罪往往是重大污染事故致使公私财产遭受重大损失或人身伤亡的严重后果。危害后果是否严重往往是决定是否承担刑事责任的一个重要依据。

环境犯罪的主观方面主要是犯罪主体进行犯罪行为时的故意或过失的主观心理状态。一般来说，破坏环境和资源的行为多为故意，而污染环境的行为多为过失。因为损害环境的行为可能产生极其严重的危害后果，在认定是否构成环境犯罪时，必须强调具备犯罪的故意和过失。

（2）我国有关环境犯罪的罪名

1997 年修订后的《中华人民共和国刑法》在分则第六章"妨害社会管理秩序罪"中专门设立一节规定了破坏环境资源保护罪。之后全国人大常委会对《中华人民共和国刑法》进行了数次修订和修正，有关环境犯罪的内容得到进一步完善。

根据《中华人民共和国刑法》（2023 年修正）第六章第六节"破坏环境资源保护罪"，有关破坏环境资源保护罪共设立了 17 个罪名。其中污染环境类犯罪有 4 个，包括污染环境罪、非法处置进口的固体废物罪、擅自进口固体废物罪、走私废物罪；破坏自然资源类犯罪有 13 个，包括非法捕捞水产品罪，危害珍贵、濒危野生动物罪，非法狩猎罪，非法猎捕、收购、运输、出售陆生野生动物罪，非法占用农用地罪，破坏自然保护地罪，非法采矿罪，破坏性采矿罪，危害国家重点保护植物罪，非法引进、释放、丢弃外来入侵物种罪，盗伐林木罪，滥伐林木罪，非法收购、运输盗伐、滥伐的林木罪。

除了第六章第六节规定的"破坏环境资源保护罪"外，《中华人民共和国刑法》还在第三章"破坏社会主义市场经济秩序罪"和第九章的"渎职罪"中规定了与危害环境相关的犯罪。

思考题

1. 简述我国生态环境政策改革及不同阶段环境政策的特点。
2. 简述环境法体系构成。
3. 结合我国环境管理制度演变，讨论我国环境保护战略的变化。
4. 试述预防性环境管理制度的组成及其特点。
5. 简述我国突发环境事件应急运行机制。
6. 比较各类环境法律责任构成要件及其特征。

5

生态环境质量管理

良好的生态环境是最普惠的民生福祉。生态环境质量管理是为达到环境质量要求而开展的相应管理活动，是环境规划与管理的重要组成部分。近年来我国围绕着打造"蓝天碧水净土安宁"的生态环境，开展了一系列环境质量提升改善制度创新与专项行动，取得了显著进展。本章主要介绍各类环境质量管理内容，包括大气环境质量管理、水环境质量管理、土壤环境质量管理以及固体废物环境管理。

5.1 大气环境质量管理

大气环境管理作为环境保护的重要组成部分，自我国环保工作开启以来，50年间不断深入发展。我国大气环境问题从煤烟型污染向以 $PM_{2.5}$ 和 O_3 为特征的区域复合型污染演变，我国大气污染控制模式也从以污染物排放浓度控制为核心向以污染物排放总量控制和质量改善为核心转变。特别是近几年，全国各地在空气质量管理、科学精准治污等领域开展一系列积极的探索与实践，取得了显著成效。

5.1.1 大气环境管理制度

大气环境质量管理体系是指以大气环境质量改善为核心目标，对实现该目标的执行层主体和保障层措施的一种系统安排。国家环境管理中的政府主导、企业治理、公众参与和市场激励"四元"组织构架是执行和实现大气环境质量目标的主体，而大气环境质量目标的实现，依托于制度改革、机制创新、技术引导、经济激励等制度措施。

（1）大气环境标准

我国关于大气环境质量管理除《中华人民共和国环境保护法》基本法外，还包括《中华人民共和国大气污染防治法》《消耗臭氧层物质管理条例》等法律法规以及一些部门规章。

环境标准主要包括环境质量标准和污染物排放标准，是环境质量管理的重要依据。环境质量标准是国家环境政策目标的具体体现，在标准体系中处于最上层的位置。在大气环境质量管理中，《环境空气质量标准》（GB 3095—2012）既是衡量区域大气环境质量好坏的准绳，是确定大气环境质量改善目标的直接依据，也是修订大气污染物排放标准、确定大气污染重点控制区、编制大气污染防治规划、开展大气污染区域联防联控等的环境管理依据。中国大气环境质量标准最早于1982年提出，1996年正式发布，2012年进行了修订。与国际大气环境质量标准相比，我国大气环境质量标准在标准项目数量上总体属于偏多（表 5-1），从主要污染物限值来看，一部分污染物浓度限值偏严，一部分稍宽，但总体水平偏严。

表 5-1 国内外环境空气质量标准中污染物项目

国家/地区	大气环境质量标准中污染物项目
中国	SO_2、NO_2、CO、O_3、PM_{10}、$PM_{2.5}$、TSP、NO_x、Pb、苯并[a]芘、Cd、Hg、As、Cr(VI)、F
美国	SO_2、NO_2、CO、O_3、PM_{10}、$PM_{2.5}$、Pb
欧盟	SO_2、NO_2、CO、O_3、PM_{10}、$PM_{2.5}$、Pb、C_6H_6、苯并[a]芘、Cd、As、Ni、NO_x
澳大利亚	SO_2、NO_2、CO、O_3、PM_{10}、$PM_{2.5}$、Pb
日本	SO_2、NO_2、CO、O_3、PM_{10}、$PM_{2.5}$、Pb、C_6H_6、苯并[a]芘、光化学氧化剂、三氯乙烯、四氯乙烯、二氯甲烷
印度	SO_2、NO_2、CO、O_3、PM_{10}、$PM_{2.5}$、Pb、C_6H_6、苯并[a]芘、As、Ni
泰国	SO_2、NO_2、CO、O_3、PM_{10}、TSP、Pb

大气污染物排放标准是根据大气环境质量标准、大气污染控制条件和经济条件，对大气污染源进行控制的标准，它直接影响到我国大气环境质量目标的实现。我国现行的大气污染物排放标准《大气污染物综合排放标准》（GB 16297—1996）是控制大气污染物排放的重要依据。2000 年以后，环境保护部门加快了固定源大气污染物排放标准体系建设，先后发布了火电、炼焦、钢铁、水泥、石油炼制、石油化工等重点行业多项大气污染物排放标准，继续加强对颗粒物、二氧化硫、氮氧化物等污染物的排放控制。

（2）污染物总量控制及排污权交易

总量控制是以控制一定区域一定时段内污染物排放总量为核心的环境管理方法体系。总量控制是一种比较科学的污染物控制制度，它是在浓度控制对经济的增长和变化缺乏灵活性、执行标准中忽视经济效益的现实中发展起来的。我国大气污染物总量控制起步于 2006 年实施的《国家环境保护"十一五"规划》，其间只控制一种污染物（二氧化硫）；《国家环境保护"十二五"规划》将氮氧化物也纳入总量控制；《"十三五"生态环境保护规划》总量控制的大气污染物又增加了区域性的"重点地区重点行业挥发性有机物"。近几年大气环境质量评价显示二氧化硫、氮氧化物已达到峰值，并开始呈现逐步下降趋势，总量控制政策取得了明显效果。

引入市场机制，通过排污权交易来实现污染物总量控制，已成为解决环境污染问题的重要政策手段。所谓排污权交易，就是在污染物排放总量不超过允许排放量的前提下，内部各污染源之间通过货币交换的方式相互调剂排污量，从而达到减少排污量、保护环境的目的。换句话说，在污染物排放总量指标确定的前提下，利用市场机制，将合法的排污权像商品那样被买入和卖出，以此来进行污染物的排放控制。

排污权交易最早起源于美国。面对二氧化硫污染日益严重的现实，美国国家环境保护局（EPA）在实现《清洁空气法》所规定的空气质量目标时提出了排污权交易的设想，引入了"排放减少信用"这一概念，允许不同工厂之间转让和交换排污削减量，这也为企业如何进行费用最小的污染削减提供了新的选择。而后德国、英国、澳大利亚等国家相继进行了排污权交易的实践。我国也是二氧化硫排放大国，为实现二氧化硫控制目标，1993 年国家环境保护局（现生态环境部）开始探索大气排污权交易政策的实施，并以太原、包头等多个城市作为试点。虽然排污权交易在我国已有一些成功的案例，但由于缺乏制度保障，还存在许多亟待解决的问题。

为促进全球温室气体减排，减少全球二氧化碳排放，2002 年荷兰和世界银行率先开展了碳排放权交易。2005 年全球碳排放市场诞生，开启了全球碳排放权交易。2011 年，国家发展改革委印发《关于开展碳排放权交易试点工作的通知》，批准北京、上海、天津、重庆、湖北、广东和深圳等七省市开展碳交易试点工作。在国家发展改革委的指导和支持下，深圳积极推动碳交易相关研究和实践，努力探索建立适应中国国情且具有深圳特色的碳排放权交易机制，先后完成了制度设计、数据核查、配额分配、机构建设等工作。2013 年，深圳碳排放权交易市场在全国七家试点省市中率先启动交易。2021 年 7 月，上海环境能源交易所全国碳排放权交易开市。2024 年 1 月，国务院发布了《碳排放权交易管理暂行条例》，为推进我国温室气体减排，实现碳达峰碳中和计划奠定了基础。

（3）区域大气污染联防联控机制

随着经济和社会的快速发展，我国大气污染呈现出污染复合型和影响区域性的特点。2010 年 5 月，环境保护部（现生态环境部）等九部委共同制定了《关于推进大气污染联防联控工作改善区域空气质量的指导意见》。区域大气污染联防联控是指以解决区域性、复合型大气污染问题为目标，依靠区域内地方政府间对区域整体利益所达成的共识，运用组织和制度资源打破行政区域的界限，以大气环境功能区为单元，共同规划和实施大气污染控制方案，统筹安排，互相监督，互相协调，最终达到控制复合型大气污染、改善区域空气质量、共享治理成果与塑造区域整体优势的目的。

当前区域大气污染联防联控的重点区域是京津冀、长三角和珠三角地区，以及辽宁中部、山东半岛、武汉及其周边、长株潭、成渝、台湾海峡西岸等区域，联防联控的重点污染物是二氧化硫、氮氧化物、颗粒物、挥发性有机物等，重点行业是火电、钢铁、有色、石化、水泥、化工等，重点企业是对区域空气质量影响较大的企业，需解决的重点问题是酸雨、灰霾和光化学烟雾污染等。

大气污染联防联控是以改善空气质量为目的，以增强区域环境保护合力为主线，以全面削减大气污染物排放为手段，建立统一规划、统一监测、统一监管、统一评估、统一协调的区域大气污染联防联控工作机制，即构建联合监测与评价体系，实施区域信息通告和报告制度，统一执法监管。此外，区域联防联控的重点任务还包括优化区域产业结构和布局、加大重点污染物防治力度、加强能源清洁利用、加强机动车污染防治、完善区域空气质量监管体系、加强空气质量保障能力建设、加强组织协调。

（4）重污染天气应对机制

"十二五"以来我国大气环境以能见度下降为特征的灰霾现象日益严重。2015 年《中华人民共和国大气污染防治法》修订时增设一章关于"重污染天气应对"，要求建立重点区域重污染天气监测预警机制。为巩固空气质量改善成果，贯彻落实党的二十大提出的"基本消除重污染天气"任务要求，2024 年生态环境部发布了《关于进一步优化重污染天气应对机制的指导意见》，要求进一步优化重污染天气应急响应规则，对不同污染物造成的重污染天气，采取差异化应对措施。如因细颗粒物（$PM_{2.5}$）污染造成的重污染天气，应严格按照《中华人民共和国大气污染防治法》第九十六条有关规定积极应对，应急减排措施应依法按照国家有关技术指南制定；因臭氧（O_3）污染造成的重污染天气，应及时向社会发布健康提示信息，同时加强对挥发性有机物（VOCs）和氮氧化物（NO_x）排放源的日常监管；因沙尘、山火、局地扬沙、国境外传输等不可控因素造成的重污染天气，应及时向社会发布健康提示信息,引导公众采取健康防护措施,可视情形采取加强扬尘源管控等措施。

此外,当预测到未来空气质量可能达到预警分级标准时,要求及时确定预警等级,原则上提前 48 小时及以上发布预警信息。地方政府根据预警等级启动应急预案,实施停产、限产、限行、禁燃、停止建筑施工、停止露天燃烧、停止学校户外活动等应急措施,同时要求强化区域应急联动,及时通报区域预警提示信息,明确应急联动范围、预警等级和应急响应时间,组织开展应急联动。

5.1.2 大气污染源管理

(1) 大气污染源解析

我国的大气污染特征经历了从煤烟型污染、混合型污染到复合型污染的演变过程。每一个阶段的大气污染防治决策都需要明确污染从哪儿来、不同污染源对大气污染的贡献多大、各类控制措施的环境效果如何等问题,源解析技术为回答这些问题提供了重要的技术支撑。

对大气污染来源的研究始于以污染源排放清单的分析和以污染源排放清单为基础的扩散模型(源模型)研究;20 世纪 70 年代将着眼点由排放源转移到受体,开始了受体模式研究。目前两大基本大气源解析技术分别是基于源的大气扩散模式解析技术和基于受体模型的解析技术。其中基于各种大气扩散模式的源解析技术广泛应用于一次及二次的气态污染物和颗粒物的来源解析;基于化学平衡受体模型的解析技术主要用于具有复杂来源的大气颗粒物来源解析。在进行污染来源解析研究中,常常将这两种方法联合起来相互补充使用,呈现将源清单、源模型(扩散模型)和受体模型集成加以综合应用的趋势。各种方法适用性见表 5-2。

表 5-2 主要大气颗粒物来源解析技术方法比较

方法	方法内容	优势	局限性
源清单法	基于对各污染源的详细调查,根据各源基本工况和排放因子模型,建立污染源清单和数据库,分析各源排放对总排放量的贡献及对空气质量的相对影响,确定重点污染源	方法简单、易操作,定性或半定量识别有组织污染源	结果具有较大的不确定性,误差较大
扩散模型法	根据源排放量模拟污染物排放、迁移、扩散、化学转化等过程来估算污染源对颗粒物质量浓度的贡献,可具体估算到每一个排放源的贡献情况	定量识别污染本地和区域来源,可预测	受源清单的不确定性影响,扩散模型参数难以确定
受体模型法	分析大气颗粒物化学成分和物理特性来推断污染物来源,估算各类污染源贡献率	不依赖详细的源强信息和气象场	要求有颗粒物的化学特征谱库,成分相似源无法解析
源模型与受体模型联用	利用扩散模式计算由于成分谱相似的特定污染源的贡献,利用受体模式解决扩散模式难处理问题	定量解析污染源的贡献	工作量大,成本高

我国率先开展的是大气颗粒物来源解析工作,2013 年发布了《大气颗粒物来源解析技术指南(试行)》。一般来说,解析常态污染下颗粒物的来源,建议使用受体模型;细颗粒物污染突出的城市或区域,或重污染天气下颗粒物污染的来源解析,建议受体模型和源模型联用;评估多污染物协同控制的环境效益,建议使用源模型。

(2) 主要行业固定源管理

大气固定源主要是指燃煤、燃油、燃气的锅炉和工业窑炉以及石油化工、冶金、建材等行业生产过程中通过排气筒向空中排放废气的污染源。现阶段我国重点大气固定源是能源行业，管理重点仍是燃煤污染防治。我国针对能源行业大气污染防治的主要对策如下。

一是加大火电、石化和燃煤锅炉污染治理力度，如燃煤电厂采用多种污染物高效协同脱除集成系统技术，使大气污染物排放浓度实现超低排放；提高石化行业清洁生产水平，加强挥发性有机物排放控制和管理；全面推进民用清洁燃煤供应和燃煤设施清洁改造，减少民用散煤利用量。

二是加强能源消费总量控制，在保障经济社会发展合理用能需求的前提下，控制能源消费过快增长，推行"一挂双控"（能源消费与经济增长挂钩，能源消费总量和能源消费强度双控制）措施。

大气固定源污染治理的其他重点行业包括钢铁行业、建材行业、采矿业等。针对钢铁行业，主要以推行清洁生产为核心，以低碳节能为重点，注重源头削减、过程控制、资源利用，采用具有多种污染物净化效果的排放控制技术。水泥行业控制措施主要包括优化产业结构与布局，淘汰能效低、排放强度高的落后工艺，采用清洁生产工艺技术与设备，削减污染物排放量，同时配套完善污染治理设施，开展废弃物资源化利用。

（3）流动源管理

大气污染流动源主要是机动车及船舶。为有效控制移动源污染，需要从移动源管理、车船用能等角度来控制和减少污染物排放量。

机动车尾气是大气污染移动源管理的主要对象。目前我国已初步建立机动车环境管理新体系，实施了新生产机动车环保信息公开、环保达标监管、在用机动车环保检验、黄标车和老旧车淘汰等一系列环境管理制度。相关的法律、法规、标准体系不断完善，监管能力逐步加强。在大气污染防治行动计划、污染防治攻坚战中，都提出了对机动车船及燃料油环保达标的监管与控制。

由于认识局限和技术手段限制，船舶尾气污染控制在我国起初并未受到重视。但近年来一系列研究结果显示，航运污染已成为治理港口空气污染的重要来源。在世界十大港口中，我国内地港口占据八席，船舶燃油平均含硫率却高达 2.8%～3.5%，部分高达 4.5%，且多未进行有效尾气处理。针对船舶尾气污染，排放标准控制是主要手段。一般国际远洋航行船舶执行国际公约，而对于国内航行船舶，各国自行立法监督管理。欧美各国均对国内船舶规定了严于国际公约的标准，我国 2016 年发布了《船舶发动机排气污染物排放限值及测量方法（中国第一、二阶段）》（GB 15097—2016），对颗粒物、氮氧化物、碳氢化合物和一氧化碳等污染物排放限值作出了规定。

（4）扬尘管理

扬尘是指表面松散物质在自然力或人力作用下进入环境空气中形成的一定粒径范围的空气颗粒物。城市扬尘主要包括道路扬尘、施工扬尘、堆场扬尘和土壤风沙尘。城市扬尘污染防治是一项需要多部门协同、全社会参与的综合性工作。应遵循因地制宜的原则，由城市生态环境部门会同城市建设部门制定本地扬尘的污染防治规划或规定。

① 针对施工扬尘防治，施工单位应当在施工工地设置硬质围挡，并采取覆盖、分段作业、择时施工、洒水抑尘、冲洗地面和车辆等有效防尘降尘措施。建筑土方、工程渣土、建筑垃圾应当及时清运；在场地内堆存的，应当采用密闭式防尘网遮盖。工程渣土、建筑垃圾应当进行资源化处理。主管部门应健全责任考核机制，实行部门包保、企业自治、政府考核、失职问责的考核办法，做到上下联动、部门联防联控、齐抓共管的工作机制。同时加大

监察力度，建立长效工作机制，确保治理成效持续长效。

②针对堆场扬尘治理，应利用仓库、储藏罐、封闭或半封闭堆场等形式，避免作业起尘和风蚀起尘。对易产生扬尘的物料堆、渣土堆、废渣、建材等，应采用防尘网和防尘布覆盖，必要时进行喷淋、固化处理。

③针对道路扬尘治理，主要采取绿化和硬化相结合的防尘措施，同时加大道路清扫与清洗作业。

（5）消耗臭氧层物质及温室气体管理

《保护臭氧层维也纳公约》和《关于消耗臭氧层物质的蒙特利尔议定书》是人类采取联合行动保护臭氧层的两个重要多边环境协议。我国于1989年加入了《保护臭氧层维也纳公约》，于1991年、2003年加入了《关于消耗臭氧层物质的蒙特利尔议定书》伦敦修正案和哥本哈根修正案，并积极推动相关工作。

为履行《保护臭氧层维也纳公约》和《关于消耗臭氧层物质的蒙特利尔议定书》规定的义务，保护臭氧层和生态环境，《中华人民共和国大气污染防治法》规定："国家鼓励、支持消耗臭氧层物质替代品的生产和使用，逐步减少直至停止消耗臭氧层物质的生产和使用。国家对消耗臭氧层物质的生产、使用、进出口实行总量控制和配额管理。"2010年，我国制定了《消耗臭氧层物质管理条例》（2018年、2023年进行二次修订），对消耗臭氧层物质的生产、销售、使用、进出口以及监督检查、法律责任进行了全面规定。

此外，我国于1992年加入《联合国气候变化框架公约》，2020年9月提出了2030年"碳达峰"与2060年"碳中和"的目标。温室气体控制成为我国应对气候变化的重要举措。2021年，我国提出了"1＋N"政策体系（"1"为《中共中央　国务院关于完整准确全面贯彻新发展理念做好碳达峰碳中和工作的意见》，"N"为科技支撑、碳汇能力、统计核算、督察考核等支撑措施和财政、金融、价格等保障政策）。为此，国务院及各部门纷纷制定相应的行动方案或政策，包括能源绿色低碳转型行动，节能降碳增效行动，工业、城乡建设、交通运输等领域碳达峰行动，绿色低碳科技创新行动，碳汇能力巩固提升行动等各类行动方案。

5.2　水环境质量管理

长期以来，水环境污染一直是全国环境安全中最突出的问题。虽然通过多年努力，大江大河水环境质量持续改善，但水环境污染、水资源短缺、水生态破坏三大问题依然并存，构成了我国长期、复杂、多样的综合性水危机。2015年国务院发布了《水污染防治行动计划》，拉开了水污染防治攻坚战的序幕，也推动了我国水环境管理体制机制改革创新。

5.2.1　水环境管理制度

由于水环境管理对象的广泛性，水资源功能的多样性，我国水生态环境管理涉及多个职能部门。根据《中华人民共和国水污染防治法》，县级以上人民政府环境保护主管部门对水污染防治实施统一监督管理，交通主管部门的海事管理机构对船舶污染水域的防治实施监督管理，县级以上人民政府水行政、国土资源、卫生、建设、农业、渔业等部门以及重要江河、湖泊的流域水资源保护机构，在各自的职责范围内，对有关水污染防治实施监督管理。

针对水环境保护与水资源利用，我国颁布了一系列涉水的环境法律法规、部门规章及规范性文件，为水环境管理的落实与执行提供了执法依据。包括《中华人民共和国水法》《中华人民共和国水污染防治法》《中华人民共和国海洋环境保护法》《中华人民共和国水土保持法》《中华人民共和国防洪法》《中华人民共和国长江保护法》《中华人民共和国黄河保护法》《中华人民共和国湿地保护法》等相关法律；《中华人民共和国河道管理条例》《长江河道采砂管理条例》《取水许可和水资源费征收管理条例》《排污许可管理条例》《城镇排水与污水处理条例》等行政法规；《饮用水水源保护区污染防治管理规定》《水功能区监督管理办法》《城镇污水排入排水管网许可管理办法》等部门规章。

围绕着水环境管理目前已建立了一套管理制度体系，除常规的环境影响评价制度、"三同时"制度、环境税收制度、污染物总量控制外，另有一些特色的制度不断创新出现，包括河湖长制、水环境分区管控制度、饮用水水源保护制度等。

（1）河湖长制

河湖长制即河长制、湖长制的统称，是由各级党政负责同志担任河湖长，负责组织领导相应河湖治理和保护的一项生态文明制度创新。通过构建责任明确、协调有序、监管严格、保护有力的河湖管理保护机制，为维护河湖健康生命、实现河湖功能永续利用提供制度保障。

河长制最早在浙江长兴提出。2007 年无锡市针对太湖严重污染问题，改革水生态管理体制，推出了河长制度。随后太湖流域推广河长制，以促进水治理。2016 年 12 月中共中央办公厅、国务院办公厅印发了《关于全面推行河长制的意见》。2017 年新修订的《中华人民共和国水污染防治法》正式提出建立河长制，要求省、市、县、乡建立河长制，分级分段组织领导本行政区域内江河、湖泊的水资源保护、水域岸线管理、水污染防治、水环境治理等工作。

河湖长制是我国环境目标责任制在河道湖库管理中的具体应用，有效调动了地方政府履行河湖管理、保护主体责任，促进河湖管理"有人管、管得住、管得好"，有力推进水资源保护、水域岸线管理、水污染防治和水环境治理。截止到 2021 年，全国 31 个省份全部设立党政双总河长，明确省、市、县、乡河湖长 30 多万名，村级河湖长（含巡、护河员）90 万名，建立了上下贯通、环环相扣的责任链条，形成了河湖管理保护强大合力。

（2）水生态环境分区管控制度

水生态环境"分区、分类、分级、分期"管控是实现流域水生态环境精细化管理的重要内容。在宏观尺度把握水生态保护格局，在区域尺度明确污染防治的重点和方向，在操作层面落实水质目标、突出管控重点、明确任务措施。根据不同的管理目标和管理模式，水生态功能分区主要包括水环境功能分区、水生态功能分区、水环境控制单元等多种类型。我国在重点流域水污染防治"十三五"规划中，按照"分区、分级、分类"的思路，建立了由流域（一级区）、水生态控制区（二级区）、控制单元（三级区）构成的流域水生态环境功能分区管理体系。

① 水（环境）功能分区。水功能区和水环境功能区从水体功能出发，根据水体主导功能划定范围，确定相应的水质标准，水功能区侧重于水体的使用功能，水环境功能区则更多地考虑水质保护。

根据《中华人民共和国水法》和《水功能区划分标准》，依据水体的自然状况和开发利用现状划分水功能区。水功能区分为两个层级，一级水功能区在宏观层面上考虑水资源的开发、利用和保护，协调地区间的用水关系，满足可持续发展需求；二级水功能区主要针对一级水功能区中的开发利用区进行细分，协调用水部门间的关系，并根据不同的使用功能对水质提出不同要求。

水环境功能区采用一级区划体系，根据《中华人民共和国水污染防治法》和《地表水环境质量标准》，从水环境保护角度出发，按照与水质相关的使用功能进行划分，保证地表水环境质量标准实施和水环境综合治理。生态环境部先后出台了《水功能区划分标准》《饮用水水源保护区划分技术规范》《地表水环境功能区类别代码（试行）》等技术标准，推进了各地水环境功能区划方案编制与完善。

② 水生态功能分区。我国的水环境管理正从水资源保护、水污染控制向水生态管理转变，因此建立融合水生态功能的水环境分区管理体系，是实现水资源保护、水环境治理和水生态健康的重要途径。

水生态功能分区最早起源于 20 世纪 80 年代的美国，Omernik 采用土地利用、自然植被、土壤和地形四个自然环境指标，对美国进行了多级的水生态功能分区。2000 年在《欧盟水框架指令》的前提下，法国、德国、希腊等国家先后进行了水生态区划。"十一五"我国开始探索水生态功能分区指标与方法，并在一些流域开展了水生态功能分区示范研究。"十四五"开始，我国流域治理开始从水污染防治向"三水"（水资源、水环境、水生态）统筹转变，开展水生态功能分区将是构建流域水生态健康的重要举措，也是实行分区分类差异化管控的重要依据。

③ 水环境控制单元。控制单元包括水体及影响水体的陆域空间范围，是水质目标管理的基本单元。水质目标管理的主要模式 TMDL（total maximum daily loads，最大日负荷总量）将水环境控制单元作为基本实施单元，以识别控制单元的污染状况，核算水环境容量，确定污染削减负荷并分配削减任务，提出总量控制措施，使受损水体逐步恢复并达到水质标准。

我国水质目标管理是以控制单元为基础，以总量控制为抓手，以水质稳定达标为目标，面向污染源实施的水质管理。控制区和控制单元的水环境分区理念首次在淮河流域"九五"水污染防治规划中提出，"十五"及"十一五"的重点流域水污染防治规划仍以"控制区-控制单元"为框架进行分区，但主要以区域行政管理为载体，缺乏水陆的协调性。"十二五"至"十三五"时期形成了比较系统完善的"流域-控制区-控制单元"多级水环境管理体系，统筹水域和陆域，兼顾区域水系特征和污染特征，将水质目标与污染控制紧密联系起来，充分考虑水系特征、生态功能和水环境功能，对于推进流域管理与区域管理具有重要意义。

（3）饮用水水源保护制度

饮用水是人类生存的基本需求。饮用水安全问题直接关系到广大人民群众的健康，因此饮用水水源管理一直是我国水环境管理的重中之重。为加强饮用水水源安全保障，国家建立了严格的饮用水水源保护制度，包括饮用水水源保护区划定及水源水质管控。

饮用水水源保护区分为地表水饮用水水源保护区和地下水饮用水水源保护区。地表水饮用水水源保护区包括一定范围的水域和陆域，地下水饮用水水源保护区指影响地下水饮用水水源地水质的开采井周边及相邻地表区域。根据《中华人民共和国水污染防治法》、《饮用水水源保护区划分技术规范》（HJ 338—2018），饮用水水源保护区分为一级保护区和二级保护区，必要时增设准保护区。保护区范围划定应以确保饮用水水源水质不受污染为前提，以便于实施环境管理为原则。跨区域的河流、湖泊、水库、输水渠道，其上游地区不得影响下游地区饮用水水源保护区对水质水量的要求。在水环境功能区和水功能区划分中，应将饮用水水源保护区的设置和划分放在最优先位置。饮用水水源地保护区一旦划定，有关地方人民政府应当在保护区的边界设立明确的地理界标和明显的警示标志。

集中式饮用水水源地水质一般不能低于《地表水环境质量标准》（GB 3838—2002）中Ⅲ类标准要求，其中一级保护区水质基本项目限值不低于 GB 3838—2002 中的Ⅱ类标准，且补充项目和特定项目应满足该标准规定的限值要求；二级保护区的水质基本项目限值不得低于 GB 3838—2002 中的Ⅲ类标准，并保证流入一级保护区的水质满足一级保护区水质标准要求；准保护区的水质标准应保证流入二级保护区的水质满足二级保护区水质标准要求。

为了维护饮用水水质安全，国家采取了严格的管控措施，包括开展饮用水水源规范化建设、防范环境风险、建立备用水源或应急水源、加强分散式和农村饮用水水源地保护等，具体在《中华人民共和国水污染防治法》《中华人民共和国水法》《饮用水水源保护区污染防治管理规定》以及地方性关于饮用水水源保护的规章制度中体现。

（4）水污染事故应急处置制度

水污染事故应急处置制度是指为了应对和处理水污染事故，减轻其对环境和公共健康的影响而建立的一系列法规、政策、程序和措施。我国《中华人民共和国环境保护法》《中华人民共和国水污染防治法》等文件为水污染事故应急处置提供了法律依据。该制度通常包括以下几个方面。

① 应急预案制定：各级政府和相关企业需要制定水污染事故应急预案，明确应急响应的组织结构、职责分工、应急程序和操作手册。

② 风险评估及监测预警：定期对可能造成水污染的风险源进行评估，包括工业排放、农业污染、城市排水等，以及这些风险源可能导致的污染事故类型和严重程度。同时建立和维护水环境监测网络，对关键水域进行定期监测，及时发现污染迹象，并建立预警系统，以便在污染事故发生前采取预防措施。

③ 应急响应机制：一旦发生水污染事故，立即启动应急预案，成立由政府相关部门、企业和专家组成的应急指挥部，负责协调应急响应行动，并迅速采取措施控制污染源，减轻污染影响。

④ 信息报告和发布：事故发生后，及时向公众和上级主管部门报告事故情况，并通过媒体发布准确信息，避免造成社会恐慌。同时积极采取污染控制、污染清除、生态修复等应急处置措施，对受损的生态系统进行修复。

⑤ 事后评估与恢复：事故得到控制后，对事件进行评估，总结经验教训，制订恢复计划，尽快恢复正常的水环境秩序。对于违反水污染事故应急处置规定的行为，依法追究相关单位和个人的责任。

5.2.2 地表水环境管理

（1）水环境质量管理内容

环境质量管理一般有三种模式，分别是以环境污染控制为目标导向、以环境质量改善为目标导向、以环境风险防控为目标导向。"十二五"之前，我国环境管理主要是以环境污染控制为目标导向，通过实施严格的排放标准和污染物总量控制达到管理目标；"十二五"进入了环境质量与污染物总量并重阶段。然而我国水污染是以行政总量控制而非容量总量控制。虽然"十一五""十二五"都实现了总量控制目标，但水环境质量仍未得到显著改善，因此"十三五"时期开启了以水环境质量改善为核心，以控制单元为基础，以污染物总量控制为抓手的水质目标管理模式。

当前我国地表水环境质量管理包括水质达标管理、总量控制管理以及用水功能管理。依据地表水水域环境功能和保护目标，地表水水质按功能高低依次划分为五类：Ⅰ类水主要适用于源头水、国家自然保护区；Ⅱ类水主要适用于集中式生活饮用水地表水源地一级保护区、珍稀水生生物栖息地、鱼虾类产卵场、仔稚幼鱼的索饵场等；Ⅲ类水主要适用于集中式生活饮用水地表水源地二级保护区，鱼虾类越冬场、洄游通道，水产养殖区等渔业水域及游泳区；Ⅳ类水主要适用于一般工业用水区及人体非直接接触的娱乐用水区；Ⅴ类水主要适用于农业用水区及一般景观要求水域。对应地表水五类水域功能，水环境质量标准基本项目标准值分为五类，不同功能类别分别执行相应类别的标准值。水域功能类别高的标准值严于水域功能类别低的标准值，同一水域兼有多种使用功能则执行最高功能类别。

国家对重点水污染物排放实施总量控制制度。重点水污染物排放总量控制指标，由生态环境部在征求国务院有关部门和各省、自治区、直辖市人民政府意见后，会同国务院经济综合宏观调控部门报国务院批准并下达实施。省、自治区、直辖市人民政府应当按照国务院下达的目标，削减和控制本行政区域的重点水污染物排放总量，并可以根据本行政区域水环境质量状况和水污染防治工作的需要，对国家重点水污染物之外的其他水污染物排放实行总量控制。对超过重点水污染物排放总量控制指标或者未完成水环境质量改善目标的地区，省级以上人民政府生态环境主管部门应当会同有关部门约谈该地区人民政府的主要负责人，并暂停审批新增重点水污染物排放总量的建设项目的环境影响评价文件。

（2）污染源管理

水污染源管理是指采取行政、法制、经济和技术等手段和措施，控制影响水体质量的污染源。根据污染源排放特征及分布，水污染源分为点源、面源和移动源。点源一般包括工业污染源、城镇污水处理厂以及集中式畜禽养殖场；面源包括农业面源和城镇面源；移动源主要指机动车污染源和船舶污染源。根据预防为主，防治结合、综合治理原则，《中华人民共和国水污染防治法》对工业、城镇、农业农村以及船舶等各类污染源提出了一系列的管理制度，包括环境影响评价制度、"三同时"制度、排污许可制度、总量控制制度、现场监测制度、环境信息公开制度等。

污染源监管重点是排污管理。我国《排污许可管理条例》对污染源排污许可、监督管理等进行了详细规定。根据污染物产生量、排放量及对环境影响程度等因素，我国对污染源排污实行分类分级管理。一般国控污染源由生态环境部筛选确定，省级、市级参照生态环境部的筛选标准确定省控及市控污染源名单。国控污染源筛选以上年度环境统计数据库为基础，工业企业分别按照废水排放量、化学需氧量和氨氮年排放量大小排序，筛选出累计占工业排放量65%的企业；分别按照化学需氧量和氨氮年产生量大小排序，筛选出累计占工业化学需氧量或氨氮产生量50%的企业；合并筛选出的五类企业名单取并集，形成废水国控源基础名单。在此基础上，补充纳入具有造纸制浆工序的造纸及纸制品业、有印染工序的纺织业、皮革毛皮羽毛（绒）及其制品业、氮肥制造业中的大型企业。此外，将设计处理能力大于或等于5000t/d的城镇污水处理厂和设计处理能力大于或等于2000t/d的工业废水集中处理厂纳入污水处理厂国控污染源基础名单。国控水污染源是水环境管理和监测的重中之重。

（3）排污口管理

入河入海排污口是指直接或通过管道、沟、渠等排污通道向环境水体排放污水的口门，是流域、海域生态环境保护的重要节点。《中华人民共和国水法》《中华人民共和国水污染防治法》《中华人民共和国河道管理条例》等法规确立了入河排污口审批制度。

生态环境管理部门负责入河入海排污口的监督管理，包括入河排污口和入海排污口分类、设置、登记备案、规范化建设、监测、监督检查、信息公开等方面的具体规定。2019年以来，生态环境部按照"先试点、后推开"的原则，启动了长江、黄河和渤海入河入海排污口排查整治专项行动，通过无人机航测、人工徒步排查、专家质控核查"三级排查"方式，基本摸清了长江、黄河、渤海等地区排污口底数。2022年国务院办公厅印发了《关于加强入河入海排污口监督管理工作的实施意见》，指导各地全面开展入河入海排污口排查整治和监管工作，推动建成法规体系比较完备、技术体系比较科学、管理体系比较高效的排污口监督管理制度体系。

5.2.3 地下水环境管理

随着我国经济社会不断发展，地下水资源开采量日益增加，产生了区域性地下水水位下降、水源枯竭、水质污染等现象，进而诱发了地面沉降、海水入侵、土壤盐渍化等一系列生态及环境地质问题。为加强地下水管理，防治地下水超采和污染，保障地下水质量和可持续利用，2021年国务院颁布了《地下水管理条例》。

（1）地下水分区分类管理

建立地下水污染防治分区体系是加强地下水污染防治、保障地下水安全的重要举措。地下水分区综合考虑水文地质结构、地下水污染源荷载、脆弱性、地下水使用功能、污染状况和行政区划等因素，划定地下水污染保护区、防控区及治理区。其中，保护区划分为一级保护区、二级保护区和准保护区；防控区划分为优先防控、重点防控和一般防控区；治理区划分为优先治理区、重点治理区和一般治理区。

地下水分区体系不单单是一层分区，在含水层存在单层向多层过渡分布的地质条件下，可以考虑开展地下水污染防治立体分层区划。此外，根据地下水使用功能和污染状况等因素的变化情况，可适时调整划分结果。

（2）地下水监测管理

地下水环境监测是评价地下水环境质量的重要依据，是检验地下水环境保护措施是否有效的直接手段。通过监测评价地下水污染程度和污染浓度分布，可识别地下水污染问题成因和责任主体。国务院水行政、自然资源、生态环境等主管部门建立了统一的国家地下水监测站网和地下水监测信息共享机制，对地下水进行动态监测。

地下水监测布点总体上要能反映监测区域内的地下水环境质量状况。定期（如每五年）对地下水质监测网的运行状况进行一次调查评价，根据最新情况对地下水质监测网进行优化调整。对于面积较大的监测区域，沿地下水流向为主与垂直地下水流向为辅相结合布设监测点。对同一个水文地质单元，可根据地下水的补给、径流、排泄条件布设控制性监测点；地下水存在多个含水层时，监测井应为层位明确的分层监测井。对于地下水饮用水水源地的监测点布设，一般以开采层为监测重点；存在多个含水层时，应在与目标含水层存在水力联系的含水层中布设监测点，并将与地下水存在水力联系的地表水纳入监测。对地下水构成影响较大的区域，如化学品生产企业以及工业集聚区，在地下水污染源的上游、中心、两侧及下游区分别布设监测点；尾矿库、危险废物处置场和垃圾填埋场等区域在地下水污染源的上游、两侧及下游分别布设监测点，以评估地下水的污染状况。污染源位于地下水水源补给区时，可根据实际情况加密地下水监测点。污染源周边地下水监测以浅层地下水为主，如浅层地下水已被污染且下游存在地下水饮用水源地，需增加主开采层地下水的监测点。

地下水监测项目主要选择 GB/T 14848 的常规项目和非常规项目。监测项目以常规项目为主，不同地区可在此基础上，根据当地的实际情况选择非常规项目。此外，现场监测时的地下水水位、水温、pH 值、电导率、浑浊度、氧化还原电位、色、嗅和味、肉眼可见物等指标，以及气温、近期降水情况等也需纳入现场必测项目。

对于地下水饮用水水源保护区和补给区，监测项目以 GB/T 14848 常规项目为主，可根据地下水饮用水水源环境状况和具体环境管理要求，增加其他非常规项目。污染源地下水监测项目以污染源特征项目为主，同时根据污染源的特征项目的种类，适当增加或删减有关监测项目。

（3）地下水污染控制与修复

地下水污染途径主要包括渗井、渗坑的直接注入，地表水（河流、湖泊、蓄水池、污水池、海水等）的入渗，工业废水和生活污水通过包气带的渗透，含水层中污染物质的迁移扩散，等等。根据地下水污染特点，当前地下水污染控制与修复主要措施如下。

① 重视地表水、地下水污染协同防治。加快城镇污水管网更新改造，完善管网收集系统，减少管网渗漏；统筹规划农业灌溉取水水源，强化污水处理厂再生水水质管理，避免在土壤渗透性强、地下水位高、地下水露头区进行再生水灌溉；降低农业面源污染对地下水水质影响，在地下水"三氮"超标地区、国家粮食主产区推广测土配方施肥技术，积极发展生态循环农业。

② 强化土壤、地下水污染协同防治。安全利用类和严格管控类农用地土壤污染影响或可能影响地下水的、污染物含量超过土壤污染风险管控标准的建设用地地块，制定污染防治和生态修复方案时，应纳入地下水的内容；对列入风险管控和修复名录中的建设用地地块，实施风险管控措施应包括地下水污染防治的内容；制定地下水污染调查、监测、评估、风险防控、修复等标准规范时，做好与土壤污染防治相关标准规范的衔接。

③ 加强区域与场地地下水污染协同防治。在地下水污染分区基础上，提出分区防治、分类监管等措施。开展地下水污染修复（防控）等场地修复（防控）工作。强化重点水源环境风险防控，持续推进城镇集中式地下水饮用水源补给区、化工企业、加油站、垃圾填埋场和危险废物处置场等区域周边地下水基础环境状况调查，对高风险的化学品生产企业以及工业集聚区、矿山开采区、尾矿库、危险废物处置场、垃圾填埋场等区域开展必要的防渗处理。

5.3　土壤环境质量管理

民以食为天，食以土为源。土壤是地球上重要的自然资源之一，它不仅为植物生长提供必要的支撑、营养和水分，还维持着生态系统平衡、人类健康和经济发展，是人类赖以生存、兴国安邦、文明建设的基础资源。然而，全国土壤环境状况总体不容乐观，部分地区土壤污染较重，耕地土壤环境质量堪忧，工矿业废弃地土壤环境问题突出，土壤污染已成为一个亟需解决的环境问题。

5.3.1　土壤环境管理制度

相对于其他环境要素，我国土壤环境管理起步相对较晚。关于土壤污染的防治措施大部分分散在有关环境保护、固体废物、土地管理、农产品质量安全等法律中，这些规定缺乏系统性、针对性和可操作性不强，无法满足土壤污染防治工作的客观需要。为填补我国土壤污染防治立法的空白，2018年国家制定了专门的法律来规范土壤污染防治，出台了《中华人民共和国土壤污染防治法》，进一步完善了我国生态环境保护、污染防治的法律制度体系。

《中华人民共和国土壤污染防治法》作为我国土壤环境保护的核心法律，涵盖了土壤污染防治的基本原则、政府责任及土壤污染防治主要管理制度。

（1）土壤污染责任人制度

责任人制度主要明确了土地使用权人有保护土壤的义务，并对可能污染土壤的行为采取有效预防措施，防止或减少对土壤的污染。2021年生态环境部出台了《建设用地土壤污染责任人认定暂行办法》，将因排放、倾倒、堆存、填埋、泄漏、遗撒、渗漏、流失、扬散污染物或者有毒有害物质等，造成建设用地土壤污染，需要依法承担土壤污染风险管控和修复责任的单位和个人确定为责任人。土壤污染责任人负有实施土壤污染风险管控和修复的义务。土壤污染责任人无法认定的，建设用地使用权人应当实施土壤污染风险管控和修复。

（2）土壤污染防治标准规范

《中华人民共和国土壤污染防治法》确立了标准制度、调查和监测制度、规划制度等制度，旨在建立和完善国家土壤污染防治标准体系，组织土壤环境状况普查和监测。

自《土壤环境质量标准》（GB 15618—1995）颁布以来，又有包括土壤环境监测技术规范、土壤分析方法标准等一系列土壤环境保护相关标准发布。为适应土壤环境复杂化及管理需求，2018年我国更新了《土壤环境质量　农用地土壤污染风险管控标准（试行）》（GB 15618—2018），发布了《土壤环境质量　建设用地土壤污染风险管控标准（试行）》（GB 36600—2018），为保护农用地土壤环境，加强建设用地土壤环境监管提供了标准支撑。此外，我国还发布了一系列关于土壤调查和监测、规划、修复与治理等系统标准规范。

（3）土壤有毒有害物质防控制度

为了从源头上预防土壤污染的产生，《中华人民共和国土壤污染防治法》建立了土壤有毒有害物质的防控制度。强化了企业源头预防的义务，规定生产、使用、贮存、运输、回收、处置、排放有毒有害物质的单位和个人，应当采取有效措施，防止有毒有害物质渗漏、流失、扬散，避免土壤受到污染；同时还强化了对矿产资源开发、污水集中处理、生活垃圾和固体废物处置企业以及农业投入品的管理。另外，国家对土壤中有毒有害物质进行筛查评估，公布重点控制的土壤有毒有害物质名录，并确定土壤污染重点监管行业名录和企业名单，强化对土壤污染重点行业、单位的监管。

（4）土壤污染风险管控和修复制度

强化源头预防、风险管控、分类施策、协同治理是土壤污染防治的重要原则。针对农用地，建立了分类管理制度，分别设置了不同的风险管控和修复措施。针对建设用地，建立了土壤污染风险管控和修复名录制度，由省级人民政府生态环境主管部门会同自然资源等主管部门将需要实施风险管控、修复的地块纳入建设用地土壤污染风险管控和修复名录，并根据风险管控、修复情况适时更新。对于列入建设用地土壤污染风险管控和修复名录的地块，不得作为住宅、公共管理与公共服务用地。

（5）土壤污染防治基金制度

由于土壤污染治理经费数额巨大，单单依靠土壤污染责任人或仅靠国家财政支持对土壤污染进行修复困难较大。对此，国家建立土壤污染防治基金制度，设立中央和省级土壤污染防治基金，主要用于农用地土壤污染治理和土壤污染责任人或者土地使用权人无法认定或者消亡的土壤污染治理以及政府规定的其他事项。同时鼓励金融机构加大对土壤污染风险管控和修复项目的信贷投放、从事土壤污染风险管控和修复的单位依法享受税收优惠等。

5.3.2　土壤污染风险管控

（1）土壤污染风险评价

土壤污染风险评价是指对土壤污染给人体健康、社会经济以及生态系统可能造成的损失进行评估、决策和管理的过程，是土壤环境管理的重要组成部分。

土壤污染环境风险评价可分为两大类：基于人体健康的风险评价和基于生态环境的风险评价。基于人体健康的土壤污染环境风险评价是把土壤环境污染与人体剂量效应建立对应关系，定量描述污染物对于人体健康造成的风险；基于生态环境的土壤污染环境风险评价采用概率方法对土壤污染物破坏生态系统结构和功能，或生态系统中某些要素出现某种危害后果的可能性进行表征。土壤污染环境风险评价有助于了解土壤污染对生态系统的影响，可为有针对性地制定生态环境保护决策方案提供依据，因此是土壤环境管理的重要基础工作。

目前国内外已有众多学者及相关研究机构对土壤生态风险评价进行了不懈的探索，相继提出了毒物鉴定法、体内外模拟试验、剂量-反应关系等相关风险评估概念。在此基础上，还开发出"四步走"（危害识别、剂量响应、暴露评价、风险描述）健康风险评估及多介质综合暴露风险评估等多种风险分析模型，为土壤污染环境风险量化作出了重要贡献。

基于健康风险评估实践，美国建立了完善的人体健康风险评估技术体系，在风险评估框架、专项技术导则、基础技术方法以及具体应用指南等方面都出台了具体的文件，如《健康风险评估导则》《暴露风险评估指南》《暴露因子手册》《超级基金场地健康风险评估手册》等，这些文件已被许多国家的健康风险评估导则所采用。欧洲环境署（EEA）于 1999 年颁布了环境风险评估的技术性文件，系统介绍了健康风险评估的方法与内容。加拿大环境署在考虑生态物种和人体健康保护的基础上，分别制定了保护生态和人体健康的土壤质量指导值。英国环境署（EA）2002 年制定了基于不同土地利用类型下人体健康暴露风险的土壤质量指导值。

土壤环境健康风险评估大部分从致癌风险和非致癌危害熵等角度去评估。目前已开发了一系列土壤环境健康风险评估模型，如荷兰构建 CSOIL 模型、荷兰 Van Hall 研究所开发的 RISC-Human 模型、英国环境署的 CLEA 模型、德国的 UMS 模型、欧盟的 EUSES 模型和美国的 RBCA 模型等。通过简化特定场地参数、暴露情景参数和生态毒理参数，使得评价程序较为简单方便，在世界各国风险评价中得到了广泛的应用。

与发达国家相比，我国对场地风险评估的研究起步较晚，相关技术文件正在逐步出台并完善中。2014 年 7 月颁布了《污染场地风险评估技术导则》（HJ 25.3—2014），2019 年更改为《建设用地土壤污染风险评估技术导则》（HJ 25.3—2019）。近年来，我国部分省市针对污染场地健康风险评估也出台了一些地方标准或技术导则，如北京市颁布的《建设用地土壤污染状况调查与风险评估技术导则》（DB11/T 656—2019）和《场地土壤环境风险评价筛选值》（DB11/T 811—2011）；浙江省颁布了《建设用地土壤污染风险评估技术导则》（DB33/T

892—2022）等。

（2）农用地土壤污染风险管控

根据《土壤污染防治行动计划》，我国按污染程度将农用地划分为三个类别，其中未污染和轻微污染的划为优先保护类，轻度和中度污染的划为安全利用类，重度污染的划为严格管控类，分别采取相应管理措施，保障农产品质量安全。

① 优先保护类耕地。一般将符合条件的优先保护类耕地划为永久基本农田，实行严格保护，确保其面积不减少、土壤环境质量不下降。除法律规定的重点建设项目选址确实无法避让外，其他任何建设不得占用优先保护类耕地；已经建成的，应当限期关闭拆除。高标准农田建设项目向优先保护类耕地集中的地区倾斜。推行秸秆还田、增施有机肥、少耕免耕、粮豆轮作、农膜减量与回收利用等措施，提高耕地质量。严格控制在优先保护类耕地集中区域建设可能造成土壤污染的相关行业企业。

② 安全利用类耕地。根据土壤污染程度、土壤类型和农产品超标情况，安全利用类耕地要结合当地主要作物品种和种植习惯，制定实施受污染耕地安全利用方案，采取农艺调控、替代种植、种植结构调整等措施，降低农产品超标风险。对具备一定条件的安全利用类耕地，通过采取生物修复等措施，逐步降低土壤中污染物浓度，进而改善耕地土壤环境质量。

③ 严格管控类耕地。对严格管控类耕地要加强用途管理，依法划定特定农产品禁止生产区域，严禁种植食用农产品。对威胁地下水、饮用水水源安全的，有关县（市、区）要制定环境风险管控方案。对具备一定条件的严格管控类耕地，通过采取化学修复、生物修复、物理修复等修复技术，逐步降低土壤中污染物浓度。

（3）污染地块土壤污染风险管控

污染地块包括疑似污染地块和污染地块。按照《污染地块土壤环境管理办法》，疑似污染地块是指从事过有色金属冶炼、石油加工、化工、焦化、电镀、制革等行业生产经营活动，以及从事过危险废物贮存、利用、处置活动的用地。按照国家技术规范确认超过有关土壤环境标准的疑似污染地块，称为污染地块。为强化污染地块风险管控，国家实行污染地块名录制度，并实行动态更新管理，对高风险的污染地块实施优先监督管理。此外，污染地块土壤环境管理主要包括污染地块风险管控、污染地块治理与修复、污染地块责任划分。

污染地块风险管控是根据土壤环境调查和风险评估结果，对需要采取风险管控措施的污染地块，制定风险管控方案，实行针对性的风险管控措施。具体包括以下几个环节：①污染地块初步调查，判别地块土壤及地下水是否受到污染；②污染地块详细调查，确定污染物种类和污染程度、范围、深度；③结合土地具体用途，开展风险评估，确定风险水平，划分风险等级；④制定风险管控方案，实行针对性的风险管控措施；⑤编制治理与修复工程方案、强化监管，加强二次污染防治；⑥土地使用权人委托第三方机构对治理与修复效果进行评估。

污染地块治理与修复是通过物理、化学和生物的方法转移、吸收、降解和转化土壤中的污染物，使其浓度降低到可接受水平，或将有毒有害的污染物转化为无害的物质。一般包括物理修复、化学修复和生物修复三类方法。

按照"谁污染谁治理"原则，明确土壤污染治理责任。造成土壤污染的单位或者个人应承担治理与修复的主体责任。责任主体发生变更的，由变更后继承其债权、债务的单位或者个人承担相关责任。责任主体灭失或者责任主体不明确的，由所在地县级人民政府依法承担相关责任。土地使用权依法转让的，由土地使用权受让人或者双方约定的责任人承担相关责任。土地使用权终止的，由原土地使用权人对其使用该地块期间所造成的土壤污染承担相关责任。土壤污染治理与修复实行终身责任制。

5.4 固体废物管理

固体废物是指在生产、生活和其他活动中产生的丧失原有利用价值或者虽未丧失利用价值但被抛弃或者放弃的固态、半固态和置于容器中的气态的物品、物质以及法律、行政法规规定纳入固体废物管理的物品、物质。根据《中华人民共和国固体废物污染环境防治法》，将固体废物按照工业固体废物、生活垃圾、建筑垃圾、农业固体废物、危险废物和其他固体废物六大类进行分类管理。

5.4.1 固体废物管理制度

我国固体废物管理工作起步于"三废"治理，但有关固体废物污染防治立法相对较晚。自 1996 年《中华人民共和国固体废物污染环境防治法》实施后，国务院及其有关部门陆续制定了相关的配套法规和标准，标志着我国固体废物管理全面起步。随着循环经济理念深入以及新的固体废物管理问题出现，2004 年对《中华人民共和国固体废物污染环境防治法》进行了修订。然而近年来，我国固体废物年产生量保持在百亿吨的高位，因不能得到及时利用处置而贮存的固体废物总量逐年增长，固体废物污染环境的潜在风险和现实危害日益增加。为此 2020 年《中华人民共和国固体废物污染环境防治法》进行了二次修订，强化了固体废物管理原则，创新了管理制度以适应新时期固体废物管理需求。

（1）固体废物管理原则

① 减量化、资源化和无害化原则。根据其对废弃物管理的重要性及影响程度从源头上进行控制，即减少固体废物产生量和危害性（减量化），充分利用固体废物资源属性（资源化），安全处置固体废物，实现环境的无害化（无害化）。

② 全过程管理原则。实行固体废物收集、转移、处置等全过程监控和信息化追溯，建立健全工业固体废物、农业废物、生活垃圾等产生、收集、贮存、运输、利用、处置全过程管理体系。

③ 危险废物实行特别严格控制和重点防治原则。对含有特别严重危害性质的危险废物，实行严格控制的优先管理，对其污染防治提出比一般废物污染防治更为严厉的特别要求，实行特殊控制。

（2）固体废物管理法律法规及制度

① 法律方面：《中华人民共和国固体废物污染环境防治法》是调控我国固体废物管理的单行法，对固体废物监督管理、各类固体废物管理措施及相应法律责任进行了规定；《中华人民共和国环境保护法》对废渣、医疗废物、农业废物等固体废物管理进行了规范；《中华人民共和国刑法》规定了固体废物犯罪三项罪名，分别是非法处置进口的固体废物罪、擅自进口固体废物罪和走私废物罪。

② 法规方面：围绕着各类固体废物管理，国务院及相关主管部门出台了一系列法规，包括《医疗废物管理条例》《危险化学品安全管理条例》《城市市容和环境卫生管理条例》

《废弃电器电子产品回收处理管理条例》《城镇排水与污水处理条例》《畜禽规模养殖污染防治条例》等。

③ 标准规范方面:《国家危险废物名录》《进口废物管理目录》《生活垃圾填埋场污染控制标准》《一般工业固体废物贮存和填埋污染控制标准》《生活垃圾处理技术指南》等。

④ 有关国际条约:《关于持久性有机污染物的斯德哥尔摩公约》《控制危险废物越境转移及其处置的巴塞尔公约》《关于在国际贸易中对某些危险化学品和农药采用事先知情同意程序的鹿特丹公约》等。

根据相关的法律法规及其规范,固体废物管理也形成了一系列制度,除了通用的环境管理制度外,还包括如生产者责任延伸制度、生活垃圾分类制度、监控和信息化追溯制度、危险废物转移联单制度、危险废物名录和鉴别制度、危险废物识别标志制度等。

5.4.2 危险废物管理

危险废物是指列入国家危险废物名录或者根据国家规定的危险废物鉴别标准和鉴别方法认定的具有危险特性的固体废物。一般将具有腐蚀性、毒性、易燃性、反应性或者感染性等一种或者几种危险特性的,或不排除具有危险特性,可能对环境或者人体健康造成有害影响的废物按照危险废物进行管理。我国固体废物管理中,对危险废物实行特别严格控制和重点防治原则,针对危险废物建立了危险废物名录与鉴别制度、危险废物贮存及处置管理制度、危险废物经营许可证制度、危险废物转移联单制度、危险废物识别标志制度等制度。

(1) 危险废物名录与鉴别制度

危险废物鉴别是进行危险废物管理的第一步,是识别某种固体废物是否属于危险废物的过程。我国危险废物名录实行动态调整制度。1998 年《国家危险废物名录》列出了 47 种国际上公认的具有危险特性的废物种类,2008 年更新为 49 大类别 400 种,2016 年版的《国家危险废物名录》中修订为 46 大类别 479 种,而在 2021 年版中修订为 46 大类 467 种危险废物,与 2016 年版相比减少了 12 种危险废物,同时新增豁免了 16 种危险废物。2025 年版的《国家危险废物名录》修订涉及 17 大类 37 项,豁免清单涉及 21 大类 33 项,最终 46 大类 470 种危险废物列入名录。

危险废物名录由废物类别、行业来源、废物代码、危险废物及危险特性五部分组成。废物产生者可以通过四种方式,即废物类别、行业来源、工艺特征和危险特性来确定其产生的固体废物或液态废物是否在名录内。

(2) 危险废物贮存及处置管理制度

危险废物贮存和处置是危险废物管理的技术核心,主要包括收集、贮存、运输、填埋和焚烧五类管理。《中华人民共和国固体废物污染环境防治法》对危险废物贮存及处置进行了严格规范:省、自治区、直辖市人民政府应当组织有关部门编制危险废物集中处置设施、场所的建设规划,科学评估危险废物处置需求,合理布局危险废物集中处置设施、场所,确保本行政区域的危险废物得到妥善处置;产生危险废物的单位,应当按照国家有关规定制定危险废物管理计划;建立危险废物管理台账,如实记录有关信息,并通过国家危险废物信息管理系统向所在地生态环境主管部门申报危险废物的种类、产生量、流向、贮存、处置等有关资料;产生危险废物的单位应当按照国家有关规定和环境保护标准要求贮存、利用、处置危险废物,不得擅自倾倒、堆放。此外还建立了十分详细和严格的技术标准,包括《危险废物贮存污染控制标准》(GB 18597)、《危险废物焚烧污染控制标准》(GB 18484)、《危险废物填埋污染控制标准》（GB 18598）、《危险废物收集　贮存　运输技术规范》（HJ 2025）、《危险废物集中焚烧处置工程建设技术规范》（HJ/T 176）等。

（3）危险废物经营许可证制度

我国对从事收集、贮存、利用、处置危险废物经营活动的单位实行许可制度，禁止无许可证或者未按照许可证规定从事危险废物收集、贮存、利用、处置等经营活动，禁止将危险废物提供或者委托给无许可证的单位或者其他生产经营者进行收集、贮存、利用、处置活动。为了加强对危险废物收集、贮存和处置经营活动的监督管理，防治危险废物污染环境，国家制定了《危险废物经营许可证管理办法》，该法规对危险废物经营许可证的申领条件、申领程序以及监督管理进行了详细规定。

（4）危险废物转移联单制度

为加强对危险废物转移的有效监督，实施危险废物转移联单制度。危险废物实行就近转移原则。转移危险废物的，应当通过国家危险废物信息管理系统填写、运行危险废物电子转移联单，并依照国家有关规定公开危险废物转移相关环境污染防治信息。跨省转移危险废物的，应当向危险废物移出地省级生态环境主管部门提出申请，移出地省级生态环境主管部门应当商经接受地省级生态环境主管部门同意后，批准转移该危险废物；未经批准的，不得转移。批准跨省转移危险废物的决定应当包括批准转移危险废物的名称，类别，废物代码，重量（数量），移出人，接受人，贮存、利用或者处置方式等信息。

此外，禁止经中华人民共和国过境转移危险废物。

思考题

1. 简述污染物总量控制制度如何与其他环境管理制度结合应用。
2. 分析当前大气环境管理目标及相应的对策措施。
3. 如何落实流域精准治理需求？在技术层面有哪些对策措施？
4. 当前我国地下水环境问题有哪些？如何开展地下水污染防治？
5. 简述土壤环境质量管理的基本原则及工作环节。
6. 固体废物污染环境防治的基本原则有哪些？针对不同固体废物类型，有哪些针对性的管理制度？
7. 列举危险废物管理相关的法规制度体系。

6

组织层面环境管理

组织是由一定数量的人，为了共同的目标和利益，按照一定的规则和程序组成的集体或团体等。组织层面环境管理是指组织在其运营过程中对环境因素的识别、评估、控制和改进，以减少对环境不利影响，并提高环境绩效。在各类组织中，企业既是环境管理对象，也是环境管理主体。本章重点介绍企业作为管理主体的环境管理内容，包括实施清洁生产、发展循环经济、构建环境管理体系、开展绿色低碳评价等。

6.1 企业环境管理概述

企业环境管理既是企业管理的重要组成部分，又是对企业环境的一种专业管理，是国家环境管理的组成部分。

6.1.1 企业环境管理概念和特征

（1）企业环境管理概念

企业环境管理是指企业在生产经营活动中，对可能影响环境的各种因素进行识别、评估、控制和改进的过程。其目的是减少对环境的不利影响，提高资源利用效率，实现可持续发展。

企业环境管理有两方面的含义：一方面是企业作为管理对象而被其他管理主体（政府）所管理；另一方面是企业作为管理主体对企业内部进行自身管理。这两方面的管理有着十分密切的内在联系，在环境保护与经济发展中扮演着极其重要的角色。企业是保护环境的主力军，通过有效的环境管理可以促进整个社会可持续发展。就如保罗·霍肯在其《商业生态学：可持续发展的宣言》一书中指出，企业是全世界最大、最富有、最无处不在的社会团体，必须带头引导地球远离人类造成的环境破坏。

（2）企业环境管理特征

企业环境管理具有系统性、战略性、预防性、合规性和综合性等特征。

① 系统性指企业环境管理涉及企业的所有部门和环节，需要建立一个全面覆盖的管理体系，确保环境政策和目标在各个层面得到实施；同时企业环境管理是企业战略规划的一部分，与企业的长期目标和愿景紧密相关，需要从战略层面进行规划和部署。

② 预防性强调预防污染和减少环境风险，通过源头削减和过程优化，减少或消除对环境的负面影响。

③ 合规性指企业环境管理必须遵守相关的环境法律法规和标准，确保合法合规经营。

④ 综合性一方面指企业环境管理需要综合考虑经济、社会和环境三个方面的因素，实现三者的协调发展；另一方面企业环境管理不仅仅是环境管理部门的责任，需要全体员工的参与和支持。此外企业环境管理强调持续改进，需要不断地评估、监控和改进，以提高环境绩效，具有动态性特点。

（3）企业经营环境与社会责任

企业经营环境是一个多元要素组成的复杂环境，包括外部环境、任务环境、内部环境和无形环境。外部环境即政治、经济、社会以及技术四大因素；任务环境即供应商、顾客、竞争对手、政府机构、战略同盟伙伴；内部环境即有形环境，如人力、物力、财力、技术、信息等；无形环境即人际关系、雇主与雇员关系、组织结构、组织文化等。

企业经营发展受多种环境因素的影响，牵涉到众多的利益相关方，包括供应商、顾客、竞争对手、政府机构、战略同盟伙伴、社区、投资商、员工等。这些利益相关方要求企业在创造利润、对股东和员工承担法律责任的同时，还要承担对消费者、社区和环境的责任，即企业社会责任（CSR）。

企业社会责任的发展是一个全球性的趋势，它涉及企业在追求经济效益的同时，如何平衡对社会和环境的责任。世界上一些国际组织对推进企业社会责任非常重视，并成立了相关机构和组织，如联合国2000年实施的"全球契约"计划，提倡包括人权、劳工、环境和反腐败等四个方面的十项原则，已有超过20000家世界著名企业加入全球契约。世界经济合作与发展组织、国际劳工组织、国际标准化组织、国际雇主组织等，也都积极推行企业社会责任，就如何进一步推动企业社会责任达成共识。

企业社会责任的发展不仅是企业内部管理的需要，也是社会进步和可持续发展的要求。企业需要在战略规划、日常经营、供应链管理等方面融入社会责任，以实现经济、社会和环境综合价值的最大化。

6.1.2 政府对企业的环境监管

政府对企业的环境管理是指政府通过制定和实施一系列法律法规、政策措施、监管制度等，对企业在生产、经营活动中对环境的影响进行管理和控制的过程。其核心目的是确保企业在追求经济效益的同时，履行环境保护的社会责任，减少对环境的负面影响，促进可持续发展。政府对企业的环境管理涉及企业建设过程和企业生产过程。

（1）企业发展建设阶段环境监管

企业发展建设活动的全过程大体可以分为四个阶段：筹划立项阶段、设计阶段、施工阶段、验收阶段。

筹划立项阶段政府对企业进行环境管理的中心任务是对企业建设项目进行环境保护审查，组织开展建设项目和规划的环境影响评价，以保证建设项目和规划布局合理，制定恰当的环境对策，选择能够减轻对环境产生不利影响的措施，减少资源消耗和污染排放。

设计阶段环境管理的中心工作是促进建设项目将环境目标和环境污染防治对策转化成具体的工程措施和设施。因此，在企业建设项目的初步设计中，要把规定的各项环境保护要求、目标和标准贯彻到项目具体设计中，即"三同时"制度的"同时设计"。

施工阶段环境管理的中心工作是督促检查环境保护设施的施工情况，以及防止施工现场对周围环境产生不利影响。

验收阶段环境管理是"三同时"制度落实的一个重要环节，其主要内容是验收环境保护设施的完成情况。一般环境保护设施必须与主体工程一起进行验收。建设项目配套建设的环境保护设施验收合格后，其主体工程方可投入生产或使用；未经验收或验收不合格的，不得投入生产或者使用。

（2）企业生产经营阶段环境监管

企业进入生产经营阶段后，政府环境管理内容是对企业生产活动进行环境监督。主要管理内容包括实施排污许可、征收排污费（环境税）、要求环境信息披露、开展现场执法检查、指导企业环境风险管理、支持环保产业发展等。

① 环境监管和执法：对企业违法排污、破坏生态等行为进行严厉打击。通过现场检查、监测、处罚等手段，确保企业依法履行环保义务。

② 排污许可管理：要求企业依法取得排污许可证，并按照许可证规定排放污染物。

③ 征收环境税（排污费）：通过让企业为其排放污染物支付费用，激励企业减少污染物排放，从而促进污染治理。

④ 环境信息公开：推动环境信息公开，包括发布环境综合性报告、重大环境信息等，让公众了解企业环保情况，并接受社会监督。

⑤ 环境风险管理和应急响应：指导企业建立环境风险管理体系，制订应急预案，提高应对突发环境事件的能力。

⑥ 支持环保产业发展：支持企业开展环保技术研发和应用，推动环保产业发展，提供技术支持和市场激励。同时推进环境污染治理第三方、政府和社会资本合作，引导和鼓励技术与模式创新，提高区域化、一体化服务能力。

此外，随着现代企业环境保护工作的开展，政府对企业环境管理的内容已经不局限于单纯的污染控制。一些与企业环境保护相关的新生事物，如企业环境管理体系构建、企业环境绩效评估、企业环境行为评价、企业环境责任、企业循环经济和企业绿色营销等不断出现，这些新出现的企业环境活动需要政府相关部门的协调、协作、监督和管理，由此成为政府环境管理的新内容。如政府鼓励企业开展清洁生产审计、推动企业环境信息公开、开展企业环境安全监察、规范环境信用评价、推广环境信用承诺制度等。

6.1.3　企业内部环境管理

以企业为主体的环境管理指企业内部环境管理，是企业为了改善环境质量，加强对污染物排放控制、防止生态环境破坏所进行的管理工作。

（1）制定企业环境方针

企业环境方针从企业发展战略的高度全面规定了企业环境管理的基本原则和方向，是企业环境管理的根本保证，体现了一家企业在环境管理方面总的理念和看法。一般企业环境方针在内容上表现为在遵纪守法、预防污染、节能降耗、持续改进等方面的承诺，为企业提供了一个明确的环境保护方向，并指导着企业在生产经营活动中减少对环境的负面影响，提升企业的社会形象和市场竞争力。

（2）实施清洁生产

清洁生产是从生产的全过程来控制污染物的一种综合措施，旨在通过改进设计、使用清洁能源和原料、采用先进工艺技术和设备、改善管理、综合利用等措施，从源头削减污染，提高资源利用效率，减少或避免生产、服务和产品使用过程中污染物的产生和排放，减轻或消除对人类健康和环境的危害。开展清洁生产的本质在于实行污染预防和全过程控制。通过实施清洁生产,企业可以提高资源利用效率,减少环境污染,提升市场竞争力,并促进可持续发展。

(3) 建立环境管理体系

环境管理体系(environmental management system,EMS)是一个组织内部用于管理环境因素、履行合规义务,并应对风险和机遇的管理体系。环境管理体系的目的是帮助组织实现自身设定的环境表现水平,并不断地改进环境行为。

ISO 14001 是国际标准化组织(ISO)制定的环境管理体系标准,是目前世界上最全面和最系统的环境管理国际标准,适用于任何类型和规模的组织。ISO 14001 标准提供了一个框架,根据"计划(plan)-执行(do)-检查(check)-行动(action)"(PDCA)循环过程,帮助组织设计和实施环境管理体系,并持续改进环境绩效,其核心思想是强调系统管理、预防为主、持续改进。内容包括资源使用和废物管理、监控环境绩效、涉及利益相关者的环境承诺等多个方面。

(4) 开展绿色设计、绿色制造、绿色营销

绿色设计(green design),也称为生态设计(ecological design)或环境设计(design for environment),是一种在产品设计阶段就考虑环境影响和资源效率的现代设计方法。它的核心是在满足产品功能、质量和成本的同时,优化设计因素,减少产品及其制造过程对环境的总体影响和资源消耗。绿色设计是面向产品从设计、制造、使用到回收再利用的全生命周期,与传统的串行设计过程不同,绿色设计是一个并行的闭环过程,考虑产品报废后的回收利用。此外,绿色设计以改善生态环境、满足人们需求为目标,设计出既环保又有益于人体健康的产品。

绿色制造(green manufacturing)是一种低消耗、低排放、高效率、高效益的现代化制造模式。它的本质是在制造业发展过程中统筹考虑产业结构、能源资源、生态环境、健康安全、气候变化等因素,将绿色发展理念和管理要求贯穿于产品设计、制造、物流、使用、回收利用等全生命周期。绿色制造的实现路径包括:推动产业结构高端化、能源消费低碳化、资源利用循环化等;从产品设计到回收利用的全过程进行绿色化改造;引领带动产业链供应链深度绿色变革等。

绿色营销(green marketing)是一种能辨识、预期及符合消费者的社会需求,并且可带来利润及永续经营的管理过程。它以满足社会和企业的共同利益为目的,以保护生态环境为宗旨,是一种市场营销模式。绿色营销主要内容包括以社会绿色需求为导向,管理产品和服务的构思、设计、制造和销售;在其营销过程中选择比类似产品更有利于环保特性的产品;引导消费者进行绿色消费,即选择对环境影响较小的产品。

绿色设计、绿色制造和绿色营销相互关联,绿色设计为绿色制造和绿色营销提供基础,绿色制造确保产品在生产过程中的环保性,而绿色营销则将这些环保产品推向市场,引导消费者做出环保选择。

(5) 开展企业环境污染治理

企业环境保护应坚持预防为主、防治结合、综合治理的方针,减少能源与原材料消耗,采用清洁生产工艺,促进资源回收与循环利用。由于受经济、技术等条件的制约,企业在生产过程中仍有一定量的废物产生。因此,在合理利用环境自净能力的前提下,企业对产生的废物进行厂内治理,将其所产生的外部不经济性内部化,以达到国家或地方规定的有关排放

标准和污染物排放总量的要求。

企业环境污染治理具体包括废水、废气、固体废物和噪声污染治理，具体涉及改变能源结构、采取新工艺、建设末端治理设施等技术手段。

(6) 企业环境信息披露

企业环境信息披露是企业按照法律规定，向公众、政府和其他利益相关方提供关于其环境影响、环境管理和环境绩效的详细信息。企业环境信息披露是推动企业绿色发展、提高环境治理透明度的重要手段，有助于构建企业与社会、政府和市场之间的信任关系，促进环境保护和可持续发展。

根据《企业环境信息依法披露管理办法》，披露的环境信息包括：重点排污单位；实施强制性清洁生产审核的企业；上市公司及合并报表范围内的各级子公司；发行企业债券、公司债券、非金融企业债务融资工具的企业；法律法规规定的其他应当披露环境信息的企业。

企业需要披露的环境信息包括但不限于：企业基本信息；企业环境管理信息；污染物产生、治理与排放信息；碳排放信息；生态环境应急信息、生态环境违法信息、本年度临时环境信息依法披露情况、法律法规规定的其他环境信息等。

企业通常需要在每年的规定时间（如 3 月 15 日前）披露上一年度的环境信息。披露形式可以是环境信息披露报告，环境、社会和治理（ESG）报告，社会责任报告，可持续发展报告等非财务报告的形式。

6.2 清洁生产和循环经济

6.2.1 清洁生产概述

(1) 清洁生产概念

清洁生产是在微观和宏观上实现绿色可持续发展的有效途径。从 20 世纪 70 年代末期开始，不少国家的政府和各大企业集团都纷纷研究和采用清洁生产，开辟污染预防的新途径，把清洁生产作为经济和环境协调发展的一项战略措施。

1989 年，联合国环境规划署在总结了全球各类污染预防活动及成效后，提出清洁生产是一种新的创造性思想，该思想将整体预防的环境战略持续地应用于生产过程、产品和服务中，以增加生态效率和减少人类和环境的风险。

《中华人民共和国清洁生产促进法》指出清洁生产是指不断采取改进设计、使用清洁的能源和原料、采用先进的工艺技术与设备、改善管理、综合利用等措施，从源头削减污染，提高资源利用效率，减少或者避免生产、服务和产品使用过程中污染物的产生和排放，以减轻或者消除对人类健康和环境的危害。

清洁生产从本质上来说，就是强调整体预防的环境策略，减少或者消除生产、产品与服务对人类及环境的可能危害。对于生产过程，要求节约原材料和能源，淘汰有毒原材料，减少所有废物的数量和降低废物的毒性；对于产品，要求减少从原材料提炼到产品最终处置的全生命周期的不利影响；对于服务，要求将环境因素纳入设计和所提供的服务中。

(2) 清洁生产内容

由清洁生产的定义可知，清洁生产内容包括：清洁的原材料和能源、清洁的生产和服务过程以及清洁的产品。

① 清洁的原材料和能源。尽可能采用无毒无害或者低毒低害的原材料，利用二次资源作原材料；尽可能使用清洁能源；原材料和能源合理化利用，尽可能节省原材料的使用，尽可能降低能耗。

② 清洁的生产和服务过程。选用少废、无废工艺和高效设备，采用新工艺和新设备，提高生产效率，削减生产过程中废物的数量和毒性；尽量减少生产过程中的各种危险性因素，如高温、高压、低温、低压、易燃、易爆、强噪声、强振动等；采用可靠和简单的生产操作和控制方法；对物料进行内部循环利用；完善生产管理，不断提高科学管理水平。

③ 清洁的产品。产品在使用过程中及使用后不会危害人体健康和生态环境，易于回收、重复使用和再生；合理包装；具有合理的使用功能和使用寿命；易处置、易降解。

（3）清洁生产实施途径

清洁生产是一个系统工程，是对生产全过程以及产品的整个生命周期采取污染预防的综合措施。工业生产过程千差万别，生产工艺繁简不一，因此推行清洁生产应该从各行业或企业的特点出发，在产品设计、原料选择、工艺流程、工艺参数、生产设备、操作规程等方面分析减少污染物产生的可能性，寻找清洁生产的机会和潜力，促进清洁生产的实施。其主要实施途径如下。

① 改进产品设计。改进产品设计旨在将环境因素纳入产品开发的所有阶段，使其在使用过程中效率高、污染少，同时使用后便于回收，即使废弃，对环境产生的危害也相对较少。近年来出现的"生态设计""绿色设计"等，就是将环境因素纳入设计中，从产品整个生命周期减少对环境的影响，促使形成一个具有可持续性的生产和消费体系。

② 选择环境友好材料。这是实施清洁生产的重要方面，主要包括：选择清洁原料，避免使用在生产过程或产品报废后处置过程中可能产生有害物质排放的原材料；选择可再生原料，尽量避免使用不可再生或需要很长时间才能再生的原料；选择可循环利用原料，减少原材料的使用量，在不影响产品技术性能和寿命的前提下，使用的原材料越少，说明产生的废物越少，同时运输过程的环境影响也越少。

③ 改进技术工艺、更新设备。在工业生产工艺过程中最大限度地减少废物的产生量和毒性是清洁生产的主要目的。调整生产计划，优化生产程序，合理安排生产进度，改进、完善、规范操作程序，采用先进的技术，改进生产工艺和流程，淘汰落后的生产设备和工艺路线，合理循环利用能源、原材料、水资源，提高生产自动化的管理水平，提高原材料和能源的利用率，减少废物的产生。

④ 资源综合利用。首先是通过资源、原材料的节约和合理利用，使原材料中的所有组分通过生产过程尽可能地转化为产品，最大限度地减少废料的产生；其次是对流失的物料加以回收，返回生产流程中或经适当处理后作为原料回用，使废物得到循环利用；最后通过跨区域、跨部门和跨行业之间的协作，构建以物料、资源和能源的循环流动为核心的生态工业链网体系，推进资源综合利用。

⑤ 加强科学管理。国内外情况表明，工业污染源有 $30\% \sim 40\%$ 是由于生产过程管理不善造成的，只要改善管理，不需要花费很大的经济代价，便可获得明显削减废物和减少污染的效果。加强科学管理途径包括：安装必要的高质量监控仪表，加强计量监督，及时发现问题；落实岗位和目标责任制，杜绝跑冒滴漏；完善可靠翔实的统计和审核；产品的全面质量管理，有效的生产调度；改进操作方法，实现技术革新，节约用水、用电；原材料合理购进、贮存与妥善保管；加强人员培训，提高职工素质；建立激励机制和公平的奖惩制度；组

织安全生产；等等。

⑥ 提高技术创新能力。企业要做到持续有效地实施清洁生产，达到"节能、降耗、减污、增效"的目的，必须依靠科技进步，开发、示范和推广无废、少废的清洁生产技术、装备和工艺。加快自身的技术改造步伐，积极引进、吸收国内外相关行业的先进技术，提高整个工艺的技术装备和工艺水平。

6.2.2 清洁生产审核

清洁生产审核是指按照一定程序对生产和服务过程进行调查和诊断，找出能耗高、物耗高、污染重的原因，提出减少有毒有害物料的使用，降低能耗、物耗以及废物产生的方案，进而选定技术可行、经济及环境效益最佳的清洁生产方案的过程。清洁生产审核的核心工作在于找出组织所存在的问题，并提出可行的清洁生产实施方案。

清洁生产审核包括三个步骤（图 6-1）：问题在哪里产生（where）？为什么会产生这些问题（why）？如何解决这些问题（how）？具体来说，借助物质代谢分析技术手段，建立物料平衡、水平衡、能量平衡，开展污染因子分析，摸清物质流、能量流、废弃物流等流动方向、方式和数量，对企业从原辅材料、能源、产品、技术工艺、设备、过程控制、管理、员工等八个方面进行系统分析，深入分析物料损耗、能量损失、废弃物产生的原因，结合国内外先进水平，系统、全面又突出重点地进行分析，找出存在的差距和问题，制订解决存在问题的清洁生产方案。通过实施可行的清洁生产方案，最终达到节能、降耗、减污、增效的目的。

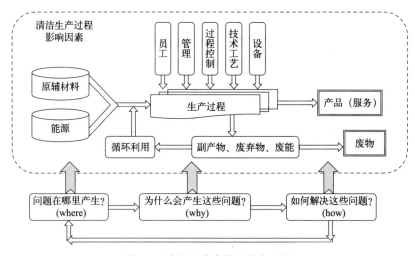

图 6-1 清洁生产审核思路与环节

根据《清洁生产审核办法》，清洁生产审核程序原则上包括审核准备、预审核、审核、方案的产生和筛选、方案的确定、方案的实施、持续清洁生产等。

① 审核准备阶段（筹划和组织）。审核准备阶段要使企业管理层和职工对清洁生产有初步正确的认识，消除思想和观念上的障碍；了解清洁生产审核的工作内容、要求和程序，并做好充分准备。具体工作包括宣讲清洁生产思想与效益、政策法规等内容，取得企业管理者的支持和参与；在企业内部组建有权威性的审核小组；制定详细的审核工作计划；加强宣传教育活动，争取企业内各部门和广大职工，尤其是操作工人的支持和参与。

② 预审核阶段。该阶段需对企业全貌进行调查分析，发现和分析清洁生产的潜力和机会，确定本轮审核的重点和清洁生产目标。工作重点包括对企业进行现场考察和现状调研，评价企业的物耗、能耗、产排污和碳排放等状况；了解企业生产运行及管理模式，评价运行效果，明确高物耗、高能耗环节和产排污重要节点；确定审核重点并设置清洁生产目标。

③ 审核评估阶段。审核评估主要是通过对生产和服务过程的投入产出进行分析，建立物料平衡、水平衡、资源平衡以及污染因子平衡，找出物料流失、资源浪费环节和污染物产生的原因，为清洁生产方案的产生提供依据。工作重点包括：实测输入输出物流，建立物料平衡，进行物质流分析，分析资源浪费环节和废弃物产生原因。

④ 方案产生和筛选阶段。根据审核评估阶段分析结果，产生审核重点的清洁生产方案；在分类汇总前期全部清洁生产方案（包括非审核重点的清洁生产方案，主要是无/低费方案）的基础上，筛选确定两个以上初步可行的中/高费方案供下一阶段进行可行性分析；对已实施的无/低费方案进行实施效果核定与汇总；编写清洁生产中期审核报告。

⑤ 可行性分析阶段。在调研基础上进一步明确方案内容，对方案进行技术、环境、经济等方面的可行性分析与比较，从中选择和推荐最佳的可行方案。

⑥ 方案实施阶段。通过推荐方案在生产过程中的实施，提高企业的清洁生产水平，并获得显著的经济和环境效益；同时通过评估已实施清洁生产方案的效益，提升企业推行清洁生产的信心和积极性。

⑦ 持续清洁生产。组建推行和管理清洁生产工作的组织机构；建立和完善促进实施清洁生产的管理制度；制定持续清洁生产计划以及编写清洁生产审核报告，使清洁生产工作在企业内长期、持续地推行下去。

6.2.3　循环经济概述

6.2.3.1　循环经济概念

循环经济是一种经济模式，它旨在通过设计和实施废物和资源的更有效利用，以减少资源输入、增加服务和产品输出、回收和再利用废物来实现环境再生。这种经济模式强调在生产和消费过程中废物和污染最小化，同时保持和增强经济价值和自然资源的生产力。

循环经济在组织生产、消费和废物处理等经济活动时尊重生态原理和经济规律，运用生态经济学原理将清洁生产、生态设计、资源综合利用和绿色消费等融为一体，转变传统经济的资源-产品-污染物排放的线性流程，形成资源-产品-污染物排放-再生资源的反馈式流程，以生态产业链为发展载体，使物质和能量能够在不断流动和交换中得到充分、合理和持续的利用，最终实现资源的有效利用和经济与生态的可持续发展。

6.2.3.2　循环经济基本准则及技术特征

循环经济要求人类经济活动按照自然生态系统模式，组成一个"资源产品-再生资源-再生产品"的物质反复循环流动过程，所有的原料和能源都能在这个循环中得到最合理的利用，从而使经济活动对自然环境的影响控制在尽可能低的程度。循环经济要求社会的经济活动应以"减量化、再利用、再循环"为基本准则（"3R"原则）。

① 资源利用的减量化（reduce）原则。减量化原则是循环经济的第一原则。它要求在生产过程中通过管理技术的改进，采用先进的生产工艺或实施清洁生产，减少进入生产和消费过程的物质和能量，减少单位产品生产的原料使用量和污染物排放量。此外，减量化原则

要求产品包装应该追求简单朴实，从而达到减少废弃物排放的目的。

② 产品生产的再利用（reuse）原则。通过再利用，防止物品过早成为垃圾。在生产中，要求制造产品和包装容器能够以初始的形式被反复利用，尽量延长产品的使用期；鼓励再制造工业的发展，以便拆卸、修理和组装用过的和破碎的东西。在生活中，反对一次性用品的泛滥，鼓励人们将可用的或可维修的物品返回市场体系供别人使用或捐献自己不再需要的物品。

③ 废弃物的再循环（recycle）原则。该原则是指尽可能地通过对"废物"的再加工处理（再生）使其作为资源，制成使用资源、能源较少的新产品而再次进入市场或生产过程，以减少垃圾的产生。

循环经济三个原则相互关联，共同构成了循环经济的框架。从资源利用的技术层面来看，循环经济"3R"原则表现为资源的高效利用、循环利用和无害化生产等技术特征。

① 循环经济追求提高资源和能源的利用效率，最大限度地减少废弃物的产生和排放。依靠科技进步和制度创新，提高资源的利用水平和单位要素的产出率。

② 延长和拓宽生产技术链，减少生产过程的污染排放。通过构筑资源循环利用产业链，建立起生产和生活中可再生利用资源的循环利用通道，实现资源的有效利用，进一步提高资源能源利用效率，减少向自然资源的索取。

③ 对生产和生活活动中用过的废旧产品进行全面回收利用。将可以重复利用的废弃物通过技术处理实现多次循环利用。再利用有两种情况：第一种是原级再循环，即将消费者遗弃的废弃物用来形成与原来相同的新产品，如利用废纸生产再生纸，利用废钢铁生产钢铁；第二种是次级再循环，是将废弃物用来生产与其性质不同的其他产品原料的再循环过程，如将制糖厂所产生的蔗渣作为造纸厂的生产原料，将糖蜜作为酒厂的生产原料等。

④ 对生产企业无法处理的废弃物进行集中回收、处理。循环经济不排斥末端治理。末端治理是循环经济的重要一环。通过对废弃物的无害化处理，减少生产和生活活动对生态环境的影响。

6.2.3.3 循环经济主要模式

综观国内外循环经济实践，基本形成了以"小循环-中循环-大循环"为基础的多种循环经济发展模式，使循环经济在企业、区域和社会多个层面扎实有效地展开。

（1）企业内部的循环经济模式——杜邦模式

该模式是通过组织企业内各生产工艺之间的物料循环，延长生产链，减少生产过程中物料和能源的使用量，尽量减少废弃物和有毒有害物质的排放，最大限度地利用可再生资源，提高产品的耐用性。美国杜邦化学公司模式是最具代表性的企业内部循环经济模式，创造性地把循环经济"3R"原则发展成为与化学工业相结合的"3R"制造法。通过放弃使用环境有害型化学物质、减少化学物质使用量以及发明回收本公司产品的新工艺，到1994年已经使该公司生产造成的废弃塑料物减少了25%，空气污染物排放量减少了70%。同时，从废塑料如废弃的牛奶盒和一次性塑料容器中回收化学物质，开发出了耐用的乙烯材料Tyvek（特卫强）等新产品。

（2）企业（或产业）间的循环经济模式——生态工业园区

生态工业园是一种新型工业组织形态，按照工业生态学的原理，通过企业间的物质集成、能量集成和信息集成，形成产业间的代谢和共生耦合关系，使一家工厂的废气、废水、废渣、废热或副产品成为另一家工厂的原料和能源，实现物质闭路循环和能量多级利用，形成相互依存、类似自然生态系统食物链的工业生态系统。生态工业园区具有横向耦合性、纵向闭合性、区域整合性、柔性结构等特征。典型代表是丹麦卡伦堡生态工业园区，该工业园是世界上最早和目前国际上运行最为成功的生态工业园。该园区以发电厂、炼油厂、制药厂和石膏制板厂四个厂为核心，通过贸易的方式把其他企业的废弃物或副产品作为本企业的生产原料，建立工业共生和代谢生态链关系，最终实现园区的污染"零排放"，取得了巨大的环境效益和经济效益。

（3）社会层面上循环经济模式——DSD

德国的包装物双元回收体系（DSD）体现了"生产者责任延伸"原则，是一个面向家庭和小型团体用户的专门回收处理包装废弃物的非营利社会中介组织，其运作的资金来源于向生产厂家授予"绿点"标志时收取的注册费。企业缴纳"绿点"费，在其包装物上打上"绿点"标记，由 DSD 负责收集包装垃圾，然后进行清理、分拣和循环再生利用。该组织由产品生产厂家、包装物生产厂家、商业企业以及垃圾回收部门联合组成网络，由 DSD 委托回收企业进行处理。政府只规定回收利用的任务指标，其他一切均按市场机制运行。该系统的建立大大促进了德国包装废弃物的回收利用，不仅带来了资源的高效利用，产生了积极的生态效应，且为社会提供了成千上万的就业机会。

6.2.4　循环经济发展路径

实现循环经济是一个系统工程，需要政府、企业和公众的共同努力。政府要加强政策和法规的制定和执行，推动循环经济发展，企业要加强创新和转型升级，实施循环经济模式，公众要提高对循环经济的认识和意识，积极参与循环经济实践。国内外发展循环经济措施主要体现在法律、经济、教育、技术及市场等方面。

（1）依法推进循环经济

发达国家在发展循环经济中，首先把立法放在第一位，以立法为先导，把循环经济全面纳入强有力的法制化轨道加以推进。

德国通过法制化发展循环经济走在世界前列。早在 1972 年德国就已经制定了《废弃物处理法》，1986 年又将该法修订为《废弃物限制处理法》，首次规定了预防优先和废弃物处理后的重复使用要求，并首次对生产者责任进行了规定。在此基础上，德国先后通过了《包装废弃物处理法》《避免和回收包装品垃圾条例》《限制废车条例》等。1996 年又颁布了新的《循环经济与废弃物管理法》，规定对废弃物实行"避免产生-循环使用-最终处置"，即通过预防减少废弃物的产生，尽可能多次地使用各种物品，尽可能使废弃物资源化，对最终根本无法减少、再使用、再循环的废弃物则进行妥善处理。

日本是世界上循环经济立法最为完善的国家，其法律体系大致可以分成三个层次：一是基本法，即 2000 年实施的《推进循环型社会形成基本法》；二是综合性法律，包括《废弃物处理法》和《资源有效利用促进法》；三是专项法规，包括《容器包装再生利用法》《家电再生利用法》《建筑废弃物再生利用法》《食品再生利用法》《绿色采购法》《汽车回收再利用法》等。上述法规从不同层面、不同行业对循环经济发展、废弃物处理和资源再生利用等作了具体规定，形成了一个比较完整的法律体系。

我国循环经济立法相对较晚。2004 年将循环经济思想纳入《中华人民共和国固体废物污染环境防治法》；2005 年国务院发布了《关于加快发展循环经济的若干意见》；2008 年《中华人民共和国循环经济促进法》颁布，明确了循环经济的定义，基本管理制度，减量化、再利用和资源化的要求，以及激励措施和法律责任等。其他相关的法律法规还包括《中华人民共和国清洁生产促进法》《废弃电器电子产品回收处理管理条例》《中华人民共和国节约能源法》等。这些法律法规和政策文件共同构成了中国循环经济的法律框架。

（2）建立激励与约束机制

政策激励和约束是促进循环经济的重要手段，具体包括政府奖励政策、税收优惠政策、政府优先采购政策、价格优惠政策等。

发达国家政府奖励政策中比较有影响力的是美国的"总统绿色化学挑战奖"、英国的Jerwood-Salters 环境奖以及日本的资源回收奖。"总统绿色化学挑战奖"旨在奖励研究、开发和应用具有基础性、创新性和实用价值的化学工艺新技术和新方法，以从源头减少甚至消除环境污染的产生。日本资源回收奖主要是提高市民回收有用物质的积极性。

对发展循环经济企业，政府给予税收方面的优惠，如日本对废塑料制品类再生处理设备在使用年度内，除了普通退税外，还按取得价格的 14% 进行特别退税。对发展循环经济有利的项目或产品，政府通过优先采购行为来予以鼓励。美国几乎所有的州都制定了对使用再生材料的产品实行政府优先购买的相关政策或法规。

废弃物收费是发达国家鼓励发展循环经济的又一重要政策。如日本有关法规中规定废旧物资要实行商品化收费，即废弃者应该支付与废旧家电收集、再商品化等有关的费用。美国多个城市根据所倾倒垃圾数量进行收费，美国一些州和某些欧洲国家对饮料瓶罐采用了垃圾处理预交金制。

（3）计划推进与市场机制并举

在推进循环经济过程中，各国政府发挥了积极的引导作用，不仅在立法和政策方面营造环境，按照计划有序推进，而且与市场机制结合，完善废旧物资回收网络，提升再生资源加工利用水平，规范发展二手商品市场，有效地促进了循环经济发展。

巴西利用市场机制和经济手段，探索出一条符合本国国情的垃圾回收体系，该体系的特点是强调政府、企业和社会三方面的参与和合作，通过综合开发利用垃圾创造就业机会，既保护环境又促进经济发展，帮助解决失业和贫困问题。瑞典工商界各行业协会通过和一些大包装公司协调，根据包装的不同种类成立了五家包装回收企业，即玻璃回收公司、纸板回收公司、塑料循环公司、波纹纸板回收公司和金属回收公司，五大公司的业务涵盖了包装材料的回收和再利用。法国于 1993 年成立了一家私营公司——"生态包装"集团，该公司的作用就是协调废弃物处理企业与各个城市和地区政府的关系。

（4）注重科技研发与技术进步

技术进步是促进循环经济发展的主要动力之一，许多国家在发展循环经济过程中十分重视技术进步对循环经济的支撑作用，对循环经济关键技术加大投入资金。如法国政府成立了环境与能源控制署，每年投入 2 亿～3 亿欧元用于组织和协调政府、企业及公众在循环经济技术研发和关键技术上的攻关；加拿大注重新技术开发和利用，促使企业和学术团体用新技术手段探索循环经济新的发展模式。

此外，为加速循环经济发展，各国鼓励企业开展科技攻关，包括重新设计产品，使之容易拆卸和再循环利用；重新设计工艺流程，使其不产生或少产生废弃物；开发和使用需要较少材料的新技术等。例如，美国杜邦公司已将污染物零排放作为很多生产工艺的目标；日本电气公司（NEC）在建工业园时，首先就考虑将几家相关联的工厂建在一起，以便充分利用废弃物。

（5）发挥不同主体的积极作用

不同主体在循环型社会建设中具有不同的作用。政府在发展循环经济中具有引导、监督、管理和服务作用，政府不同部门根据各自的职责分别制定相关法规、规划，并使之相互协调。企业是循环经济的主体，几乎每个跨国公司都能总结出类似"3R"的经验。此外，在发展循环经济中非营利性社会中介组织可以起到政府公共组织和企业营利性组织所没有的作用。如美国的社区中介机构代表政府与厂矿企业及社区联系，采取多种方式加强废弃物的回收处理和污染源的治理，使废弃物的回收和排放逐步走上规范有序的轨道；日本大阪建立了一个畅通的废品回收情报网络，专门发行旧货信息报《大阪资源循环利用》，及时向市民发布信息并组织旧货调剂交易会。循环经济发展离不开公众参与，因此要重视运用各种手段和舆论传媒开展社会宣传活动，以提高市民对建设循环型社会的意识。

6.3　环境管理体系

企业环境管理作为企业管理的一个方面，越来越成为企业关注的重要内容。大部分企业都建立了内部环境管理制度，许多企业积极开展 ISO 14001 环境管理体系认证，以国际通行的标准化的环境管理方法进行企业环境管理。

6.3.1　环境管理体系概述

20 世纪 80 年代起，美国和欧洲的一些企业为提高公众形象，减少污染，率先建立起自己的环境管理模式。同时一些发达国家以环境保护为前提，提出了新的贸易保护条件，形成了非技术型绿色壁垒，导致一些不满足环保条件的企业无法进入国际贸易市场。国际标准化组织（ISO）在汲取发达国家多年环境管理经验的基础上，制定了 ISO 14000 环境管理系列标准，以确保组织行为能够满足法律和环境方针的要求，并具有持续改进的动力。

（1）ISO 14000 环境管理系列标准框架结构

ISO 14000 系列标准是一套科学化、系统化、规范化的管理标准，是由最高管理者承诺与支持的，一个组织有计划、协调运作的管理活动，它通过有明确职责的组织结构来贯彻落实，目的在于防止对环境的不利影响。ISO 负责起草 ISO 14000 环境管理系列标准的技术委员会（TC207）安排了 100 个标准代号，即 ISO 14000～ISO 14100，其基本构成如表 6-1 所示。

表 6-1　ISO 14000 环境管理系列标准的基本构成

分委员会	主题及标准号	已有标准
SC1	环境管理体系（EMS） ISO 14000～ISO 14009	ISO 14001 环境管理体系　规范与使用指南 ISO 14002 环境管理体系　针对环境主题领域应用 ISO 14004 环境管理体系　通用实施指南 ISO 14005 环境管理体系　阶段性实施灵活方法指南 ISO 14006 环境管理体系　纳入生态设计的准则 ISO 14007 环境管理　环境成本与效益确定指南 ISO 14008 环境影响及相关环境领域货币估值 ISO 14009 环境管理体系　物质循环纳入设计与开发指南

分委员会	主题及标准号	已有标准
SC2	环境审核（EA） ISO 14010～ISO 14019	ISO 14010 环境审核指南　通用原则 ISO 14011 环境审核指南　审核程序　环境管理体系审核 ISO 14012 环境审核指南　环境审核员资格要求 ISO 14015 环境管理　环境尽职调查评估指南 ISO 14016 环境管理　环境报告保证指南 ISO 14017 环境管理　水声明的验证和确认的要求及指南
SC3	环境标志（EL） ISO 14020～ISO 14029	ISO 14020 环境标志和声明　通用原则 ISO 14021 环境标志和声明　自我环境声明（Ⅱ型环境标志） ISO 14024 环境标志和声明　Ⅰ型环境标志　原则与程序 ISO 14025 环境标志和声明　Ⅲ型环境标志　原则与程序
SC4	环境行为评价（EPE） ISO 14030～ISO 14039	ISO 14031 环境管理　环境表现评价　指南 ISO 14033 环境管理　环境技术验证 ISO 14034 环境管理　定量环境信息　指南和示例
SC5	生命周期评价（LCA） ISO 14040～ISO 14049	ISO 14040 环境管理　生命周期评价　原则和框架 ISO 14044 环境管理　生命周期评价　要求与指南 ISO 14045 环境管理　产品系统生态效率评估　原则、要求与指南 ISO 14048 环境管理　生命周期评价　数据文件格式
SC6	术语与定义（T&D） ISO 14050～ISO 14059	ISO 14050 环境管理　词汇 ISO 14053 环境管理　物料流成本核算　组织分阶段实施指南
WG1	产品标准中的环境因素 ISO 14060	ISO 导则 64 产品标准中环境因素导则
	备用 ISO 14061～ISO 14100	ISO 14063 环境管理　环境交流　指南与示例 ISO 14064-1 温室气体　第 1 部分　在组织层面指导温室气体排放和清除的量化和报告的规范 ISO 14064-2 温室气体　第 2 部分　温室气体对项目排放和减排的量化和报告指南性规范 ISO 14064-3 温室气体　第 3 部分　温室气体声明的核查和验证规范与指南 ISO 14065 温室气体　对从事温室气体合格性鉴定或其他形式认可的确认与验证机构的要求

（2）ISO 14000 环境管理系列标准适用范围

ISO 14000 环境管理系列标准是 ISO 制定的第一套组织内部环境管理体系的建立、实施和审核的通用标准。它可以指导并规范组织建立先进的管理体系，指导组织取得和表现出正向的环境行为，引导组织建立自我约束机制和科学管理行为标准。

ISO 14000 环境管理系列标准具有极其广泛的适用性，具体表现在以下几个方面。

① 规定的环境管理体系既适用于任何类型与规模的组织，也适用各种地理、文化和社会条件。

② 在管理对象上，它适用于那些可以被组织所控制，以及希望组织对其施加影响的因素。

③ 适用于任何具有下列愿望的组织：实施、保持并改进环境管理体系；自己确信能符合所声明的环境方针；向外界展示这种符合性；寻求外部组织对其环境管理体系的认证/注册；对符合该标准的情况进行自我鉴定和自我声明。

④ ISO 14000 环境管理系列标准不但可以在整个组织层面实施，也可以选择特定的设

施、部门或运作单元开展实施。

⑤ 在系列标准中，ISO 14001 环境管理体系标准是唯一能用于第三方认证的标准，其附录为其使用提供了指南。

(3) ISO 14000 环境管理系列标准特点

① 以市场驱动为前提，强调自愿性。"绿色消费"浪潮促使企业在选择产品开发方向时越来越多地考虑人们消费观念中的环境原则。ISO 14000 系列标准一方面满足了各类组织提高环境管理水平的需要，另一方面为公众提供了一种衡量组织活动、产品、服务中所含有的环境信息的工具。此外，ISO 14000 环境管理系列标准并不具有强制性，企业可以根据自身经济、技术等条件自愿选择是否采用。这种自愿性使得企业能够更加灵活地根据自身情况进行环境管理。

② 强调全过程预防。ISO 14000 系列标准强调环境保护的预防为主原则。它要求企业从产品的开发设计、加工制造、流通使用、报废处理到再利用的全过程都要考虑环境保护，并采取相应的措施来预防环境污染和生态破坏，从根本上解决资源浪费和环境污染问题。

③ 强调守法。ISO 14000 系列标准要求组织遵守适用的法律法规，并确保其环境管理体系符合这些要求。

④ 强调持续改进。ISO 14000 环境系列标准注重持续改进的理念。它要求企业定期对环境管理体系进行审核和管理评审，以发现存在的问题和不足，并采取相应的措施进行改进和完善，不断提高企业环境管理水平，实现经济的可持续发展。

⑤ 具有灵活性和广泛的适用性。ISO 14000 环境管理系列标准并没有建立具体的环境行为标准，而是提供了一种系统建立并管理行为承诺的方法。这种灵活性框架允许企业可以根据自身的实际情况和要求进行调整和应用。同时环境管理体系适用不同类型和规模的企业和组织，并且与其他管理体系（如质量管理体系 ISO 9000）具有良好的兼容性。

ISO 14000 环境管理系列标准通过这些特点，为组织提供了一套有效的工具和方法，以实现环境管理的系统化、规范化和持续改进。

6.3.2 ISO 14001 环境管理体系

ISO 14001 环境管理体系作为 ISO 14000 系列标准的核心，为组织提供了建立、实施、维护和改进环境管理体系的框架。自 1996 年发布草案以来，2004 年正式版发布，成为全球范围内企业实施环境管理体系的依据。2008 年 ISO 14001 进行了第一次修订，以适应环境保护和可持续发展的最新趋势；2015 年对 ISO 14001 进行了第二次修订，进一步强调企业内部环境绩效的持续改进，并引入了基于风险的思维，以及与 ISO 其他管理体系标准（如 ISO 9001）的兼容性。

(1) ISO 14001 环境管理体系 PDCA 模式

ISO 14001 环境管理体系运行模式按照"计划-执行-检查-行动"（PDCA）管理思想，从策划、实施与运行、绩效评价、改进等要素来推进体系"系统管理、预防为主、持续改善"（图 6-2）。

ISO 14001 的 2015 版标准框架具体内容见图 6-3。

ISO 14001 标准除对范围、规划性引用文件、术语和定义进行规范外，重点对组织所处的环境、领导作用、策划、支持、运行、绩效评价和改进进行了规范。其中，组织环境主要指组织所处的外部环境；领导作用则强调组织对环境保护的领导力和对环境方针的承诺；策

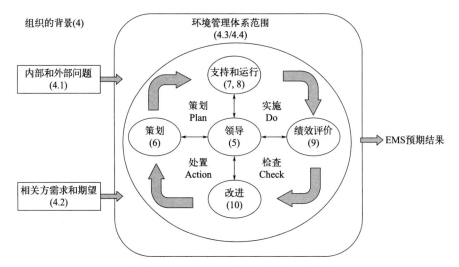

图 6-2　ISO 14001 环境管理体系运行模式

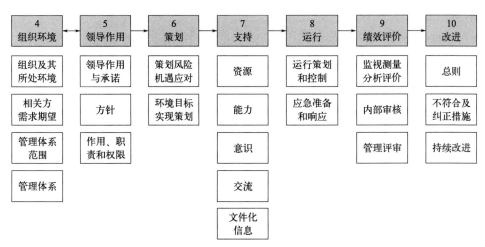

图 6-3　ISO 14001 环境管理体系标准框架（2015 版）

划包括环境方针、目标、指标和管理方案；支持指提供必要的资源、培训、意识和能力等；运行则描述了日常运营中的各项环境管理活动；绩效评价包括监测、测量和评估环境绩效；改进指通过评审和改进措施，不断提高环境绩效。

（2）ISO 14001 环境管理体系实施

实施 ISO 14001：2015 标准通常包括以下步骤。

① 制定环境方针：明确组织对环境管理的总体意图和方向。

② 识别环境因素：评估组织活动、产品和服务中的环境影响。

③ 确定法律和其他要求：识别并遵守相关的法律和法规。

④ 建立管理方案：制定具体的环境目标和指标，并实施相应的管理方案。

⑤ 监测和测量：定期监测和评估环境绩效，确保符合目标和指标。

⑥ 评审和改进：通过评审和改进措施，不断提高环境管理水平。

环境管理体系在完成一轮 PDCA 循环后，组织在实施改善的同时，环境管理体系进入了新一轮循环。

6.3.3 环境、社会及治理（ESG）体系

自 2004 年联合国提出 ESG 概念以来，ESG 日益成为企业经营的重要组成部分。ESG 评级从金融市场的"决策工具"转变为企业行为改善的"驱动力"。

6.3.3.1 ESG 定义及内容

ESG 是环境（environmental）、社会（social）和治理（governance）的缩写，它是一种关注企业在环境、社会和治理绩效的投资理念和企业评价标准。ESG 的核心观点在于企业经营活动和金融行为不应仅追求经济绩效，而应同时考虑环境责任、社会责任和公司治理等多方面因素，以实现企业的可持续发展。

ESG 作为一种衡量可持续经营能力的综合指标，为金融机构在优质项目筛选、投资产品设计等方面提供参考依据。同时，ESG 实践也是企业自身在环境、社会责任和公司治理方面所做的努力和改变，有助于企业在立足自身高质量发展的同时，满足各方利益相关者的期望与要求。

（1）企业环境责任

企业环境责任是企业在经营决策中对自然环境保护和维护所承担的责任，它涉及企业在运营过程中对环境的影响和对环境问题的响应，是企业社会责任中的重要内容，也是 ESG 的核心内容。

目前国际上许多标准和指引给出了 ESG 的环境议题，如 ISO 14000 系列标准中关于温室气体排放标准（ISO 14064）、社会责任指南（ISO 26000），全球报告倡议组织（GRI）的《可持续发展报告指南》，中国香港联合交易所的《环境、社会及管治报告指引》，可持续发展会计准则委员会（SASB）的可持续发展会计准则等。根据以上标准及指引，ESG 视角下应关注的环境议题见表 6-2。

表 6-2　ESG 视角下应关注的五大环境议题

环境议题	标准或指引		
	ISO 26000《社会责任指南》	GRI Standards《可持续发展报告指南》	中国香港联合交易所《环境、社会及管治报告指引》
E1 资源利用	2 资源可持续利用	301 物料 302 能源 303 水资源	层面 A2 资源利用 层面 A3 环境及天然资源
E2 污染物	1 防止污染	305 排放物 306 废污水与废弃物	层面 A1 排放物
E3 废弃物	1 防止污染	306 废污水与废弃物	层面 A1 排放物
E4 气候变化	3 减缓并适应气候变化	305 排放物 307 有关环境保护的法规遵循	层面 A4 气候变化
E5 生物多样性	4 环境保护、生物多样性与自然栖息地恢复	304 生物多样性	层面 A3 环境及天然资源

根据上述标准，企业环境责任主要包括优化资源使用，减少浪费，提高水资源、能源和材料的使用效率；减少污染物的排放，实施有效的废弃物管理策略；关注其运营活动对气候变化的影响，特别是温室气体（GHG）排放，应采取措施减少碳足迹；评估其活动对生态

系统和生物多样性的影响，并采取措施保护自然环境，如保护关键生态系统和濒危物种等。

此外，为实现这些环境议题，企业需要制定和执行环境政策，确保其运营符合相关的环境法规和标准，并持续监控环境绩效；识别和把握环境规制背景下的潜在机遇，如开发绿色产品和服务，投资清洁技术，以及通过环境友好的实践获得竞争优势；定期披露其环境绩效和相关数据，增强与投资者、消费者和其他利益相关者之间的信任和透明度；评估和管理其供应链中的环境风险，推动供应商采取可持续的实践，以实现整个供应链的环境责任；通过绿色债券、绿色信贷和其他金融工具来筹集资金，用于环境友好项目和业务；与当地社区合作，参与环境保护项目，提高环境意识，并共同解决环境问题。

企业的环境责任不仅是法律和道德的要求，也是实现可持续发展和长期商业成功的关键。通过积极履行环境责任，企业可以减少环境风险，提高品牌声誉，吸引投资者，并为社会和环境的改善作出贡献。

（2）企业社会责任

ESG 中的社会责任主要关注点在于"人"，即与企业发展密切相关的利益相关方，包括产品与客户、劳工实践、供应链责任、公益慈善等四个维度。

ESG 视角下技术因素不再是衡量产品市场竞争力的唯一标准，产品经济价值之外的社会价值、伦理价值则成为一种最终决定产品市场竞争力的核心因素。此外，客户责任要求企业除了在技术层面保证产品和服务质量外，更需要在价值层面将包括伦理、法律、经济等多元价值的社会关系纳入与客户更宽泛的"社会交往"过程。ISO 26000：2010 提出产品与客户责任的七大议题，包括：公平营销、真实公正的信息和公平的合同实践；保护消费者健康与安全；可持续消费；消费者服务、支持和投诉及争议处理；消费者信息保护与隐私；基本服务获取；教育和意识。《可持续发展报告指南》提出客户健康与安全、营销与标识、客户隐私、社会经济合规等四大议题及相应的指标。

员工作为企业利益相关方之一，一直以来都是企业社会责任理念中的一个重要方面。劳工实践是国际社会广为接受的一个概念。从 ESG 视角下，劳工实践体现了国际规范及各国法律法规中通行的对于员工重要权益的保护，是企业依法合规经营必须遵循的，主要涉及平等雇佣及权益保障、健康与安全、培养和发展三个方面。

供应链是向组织提供产品或服务的活动或活动伙伴所组成的功能网链结构，由在社会中具有能力提供产品或服务的伙伴关系实体组成。ESG 管理要求供应链在传统管理基础上，增加对环境、社会和治理因素的考量。它不仅关注效率和效益最大化，还涉及社会和环境维度的关注，以降低潜在风险并提升企业的市场竞争力。全球多个国家和地区已经出台了供应链管理相关的法规，要求企业在供应链中进行环境和人权等方面的尽职调查。供应链 ESG 管理主要包括明确责任行为要求、敦促责任绩效改进、助力责任能力提升三个环节，最终实现供应链企业共赢共生。具体见图 6-4。

从 ESG 的视角来看，公益慈善活动是企业社会责任的重要组成部分，是企业以可持续方式回馈社会最直接的途径之一，尤其在解决环境问题方面，企业通过参与慈善项目，建立"政府＋社区＋企业"的合作模式，可以改善与社会的关系，塑造更正面的企业形象。

（3）企业 ESG 治理

治理（governance）是 ESG 核心维度之一，它涉及企业如何被管理和监督，以确保其行为符合法律法规、道德标准和最佳实践。因此 ESG 治理涉及的主题广泛，包括 ESG 治理架构、战略规划与目标、风险管理与表现追踪、报告及信息披露等。

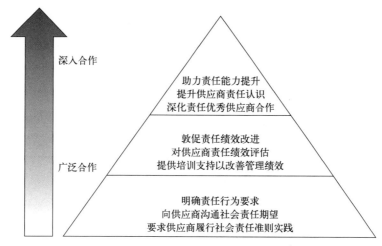

图 6-4 ESG 供应链社会责任管理

ESG 治理架构是传统公司治理架构的有益补充。将 ESG 事项提升至公司治理的重要位置，建立覆盖决策层、管理层、执行层且分工负责、权责清晰的 ESG 治理架构。一般决策层由公司最高管理机构担任，分析公司潜在的风险与机遇，对 ESG 相关行动或规划做出战略决策，指导管理层落实相应决策等。管理层是在公司内部开展 ESG 工作的主要统筹协同部门，主要负责公司 ESG 管理状态监控，对相关风险与机遇及时做出反应；根据决策层的决策制定 ESG 管理执行方案，并监督执行单位具体落实 ESG 管理的整体协调；通过 ESG 信息管理体系对执行层的相关工作实施实时监控，保证 ESG 目标与计划的落实等。执行层由各业务部门组成，主要负责定期收集并汇总 ESG 相关信息及数据供管理层进行实时监控，对 ESG 管理风险与机遇做出判断；落实管理层 ESG 工作执行计划，并及时反馈 ESG 工作状态及利益相关方的诉求。

ESG 战略规划与目标是引领公司在企业可持续发展和实现 ESG 承诺方面的实现路径、行动和行为，帮助企业在环境、社会和治理三个维度上实现长期价值。ESG 战略制定与公司的使命、愿景、价值观吻合，结合利益相关方关注的"社会-经济-环境"重大问题，围绕着业务发展和 ESG 的双重维度，识别和衡量关键风险与机遇，以及与公司相关的议题，将公司的增长策略、组织能力、企业文化、核心竞争力、经营管理、品牌和影响力等有机整合，制定关键绩效指标（KPI）、短中长期行动路线以及实施 ESG 工作的方向及领域。

在 ESG 战略指引下，ESG 管理工作侧重于五个方面：健全 ESG 目标和制度化管理体系，ESG 议题管理和风险管控，将 ESG 纳入业务全流程和价值创造活动，ESG 信息披露，与利益相关方的系统沟通互动。因此 ESG 能力建设需要从以上五个方面入手提升，即战略议题目标（实质性议题、目标确立、对标、实施路径）、管理组织体系（ESG 管理机制和全面责任管理体系、风险管控、组织架构、职责分工、考核）、融入经营活动（目标分解、部门和资源协调）、利益相关方、数据和信息披露，沿着"计划-执行-检查-完善"持续改善循环过程，在"行动-复盘"的滚动中不断推进（图 6-5）。

6.3.3.2 ESG 信息披露

ESG 生态正在逐渐形成，走上主流的 ESG 投资趋势也在进一步加强，对于整个 ESG 生态来说，企业的 ESG 信息披露是基础设施，是整个 ESG 生态形成的先导和基石，是推动

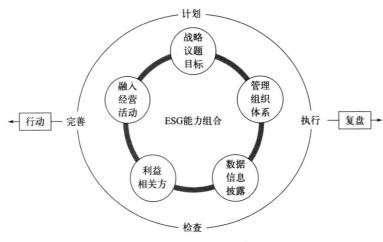

图 6-5　ESG 能力组合

ESG 评级、ESG 投资的必要条件。

　　企业披露 ESG 信息的首要推动方是投资者。企业系统披露 ESG 信息可以降低投资者因不了解企业的环境、社会、治理等要素而带来的投资风险，有利于投资者掌握更全面的企业信息并在市场上选择合适的投资标的。对于企业来说，系统披露 ESG 信息可以吸引优质的投资者，是企业市值管理提升的重要方式。随着国际上越来越多的证券交易所或者监管机构推出上市公司 ESG 信息披露，对上市公司控制环境和社会风险，为其更好地管理非财务绩效提出更为明确的指引。

　　ESG 报告是企业向投资者、监管机构等利益相关方披露其在环境、社会及治理等方面的理念、措施、表现及重大影响的工具和载体。企业通过定期发布 ESG 报告可以加强风险管理、改善集资能力、满足供应链需求等。

　　ESG 报告通常会采用多个标准和框架，主要是因为不同框架在披露内容和目标受众上各具优势。全球报告倡议组织（GRI）、可持续发展会计准则委员会（SASB）、气候相关财务信息披露工作组（TCFD）、联合国全球契约（UNGC）以及联合国可持续发展目标（SDGs）等多个标准和框架在国际范围内得到广泛应用，并为投资者提供了多角度的分析工具。例如，SASB 框架专注于行业特定的 ESG 问题，尤其在能源或化工等高风险行业，帮助投资者识别特定的 ESG 风险。GRI 则更加广泛，帮助企业在全球范围内展示其可持续性措施。这些标准相互补充，全面呈现企业在气候风险管理、可持续性治理和社会责任方面的表现。不同国际组织提供的 ESG 信息披露标准和框架如表 6-3 所示。

表 6-3　不同国际组织提供的 ESG 信息披露标准和框架

国际组织	全球报告倡议组织（GRI）	可持续发展会计准则委员会（SASB）	国际综合报告委员会（IIRC）	气候披露标准委员会（CDSB）	碳信息披露项目（CDP）	气候相关财务信息披露工作组（TCFD）
类型	标准	标准	框架	框架	事实上的标准	框架
信息范围	环境、社会、运营治理和经济	环境、社会和运营治理	环境、社会、经济，针对物理性资产和知识性资产	环境	环境	气候
目标受众	所有利益相关者	资本提供者	资本提供者	资本提供者	所有利益相关者	资本提供者

续表

国际组织	全球报告倡议组织（GRI）	可持续发展会计准则委员会（SASB）	国际综合报告委员会(IIRC)	气候披露标准委员会(CDSB)	碳信息披露项目(CDP)	气候相关财务信息披露工作组(TCFD)
行业适用性	行业普适性及新兴行业特定	行业特定	行业普适性	行业普适性	行业普适性及行业补充	行业普适性及行业补充
实质性评估	对经济、环境和人民的重大影响	企业价值创造	企业价值创造	企业价值创造	对经济、环境和人民的重大影响	企业价值创造

投资者不仅需要通过ESG报告获取企业在环境、社会责任和治理方面的表现，还需要具备深入理解这些报告背后的披露框架的能力。熟悉这些标准和框架，除了能够帮助投资者分析企业的可持续发展能力，还能够揭示企业在某些特定领域中的不足，甚至是潜在的隐瞒或信息披露不充分的风险。

6.3.3.3　ESG评级

ESG评价体系是一种通过独立第三方机构对企业的可持续发展表现进行综合评价的工具。通过这种工具，企业可以了解自身在可持续发展和社会责任方面的表现，同时帮助投资者和其他利益相关方更好地评估企业的非财务表现。因此，ESG评级不仅仅是一份企业报告，它是市场、投资者、消费者等利益相关方对企业整体健康度的综合评判。在这一背景下，企业想要在复杂的市场环境中脱颖而出，良好的ESG评级显然成为了"硬通货"。

ESG评级机构通常会基于全球报告倡议组织（GRI）、可持续发展会计准则委员会（SASB）等的ESG披露标准，根据行业分类选取不同的指标并构建方法论，形成评价体系。评级机构通常通过公开披露的企业报告、行业研究、媒体报道，甚至通过问卷调查等方式获取信息。对收集到的数据信息进行定量和定性分析，评估企业在各个ESG维度上的表现。除了共性指标，很多评级机构还会根据企业所在行业的特性，设置不同的权重。最终ESG评级结果会通过综合各个维度的评分得出，并对外公布。这不仅为企业提供了改进方向，也为投资者提供了参考依据。例如，富时罗素的ESG评级体系包含了14个领域300个指标，可以帮助投资者从多维度了解企业的ESG表现。

ESG评级并非一成不变，评级机构会定期更新企业的ESG表现数据。像MSCI这样的机构每天都会监控全球公司发生的ESG事件，确保评级的实时性。

目前，全球的ESG评级机构数量超过600家。在全球范围比较有影响力的评级机构如MSCI、Sustainalytics、富时罗素等。尽管国内的ESG评级体系起步较晚，但近年来发展迅速。目前国内已有多个有影响力的ESG评级体系，如商道融绿、中证ESG评级、华证ESG评级等。

6.4　绿色低碳评价及标识

6.4.1　生命周期评价

6.4.1.1　生命周期评价定义

生命周期评价（life cycle assessment，LCA）是对一个产品系统的生命周期中输入、输出及其潜在环境影响的汇编和评价，是一种用于评价产品或服务相关环境因素及其整个生命周期环境影响的工具，在清洁生产、绿色产品开发与设计、节能减排等领域应用发展迅速，成为一项重要的决策工具。

1969 年美国中西部资源研究所针对可口可乐公司的饮料包装瓶开展了最早的 LCA 研究，该研究从原材料采掘到废弃物最终处置，进行了全过程的跟踪与定量研究，揭开了生命周期评价的序幕。1990 年由国际环境毒理学与化学学会（SETAC）首次主持召开了有关生命周期评价的国际研讨会，首次提出了生命周期评价的概念，即"生命周期评价是一个评价与产品、工艺或活动相关的环境负荷的过程，它通过识别和量化能源与材料使用和环境排放，评价这些能源与材料使用和环境排放的影响，并评估和实施影响环境改善的机会。该评价涉及产品、工艺或活动的整个生命周期，包括原材料提取和加工，生产、运输和分配，使用、再使用和维护，再循环以及最终处置"。1993 年出版的纲领性报告《生命周期评价纲要：实用指南》，提供了 LCA 的基本技术框架，将生命周期评价的基本结构归纳为四个有机联系的部分（图 6-6）：定义目标与确定范围、清单分析、影响评价和改善评价。

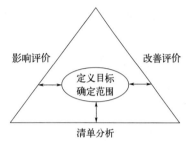

图 6-6　生命周期评价技术框架
（SETAC，1993）

国际标准化组织（ISO）认为生命周期评价是对一个产品系统的生命周期中输入、输出及其潜在环境影响的汇编和评价，这里的产品系统是指具有特定功能的、与物质和能量相关的操作过程单元的集合，在 LCA 标准中，"产品"既可以指一般制造业的产品系统，也可以指服务业提供的服务系统；生命周期是指产品系统中连续的和相互联系的阶段，它从原材料的获得或者自然资源的产生一直到最终产品的废弃为止。ISO 标准中把生命周期评价实施步骤分为目标和范围定义（ISO 14040）、清单分析（ISO 14041）、影响评价（ISO 14042）和结果解释（ISO 14043）四个部分（图 6-7）。2006 年将上述四项标准合并为 ISO 14040《环境管理　生命周期评价　原则与框架》和 ISO 14044《环境管理　生命周期评价　要求与指南》，为全球 LCA 评价提供了指导。我国于 2008 年将这两项标准同等转化为我国的国家标准并颁布实施。

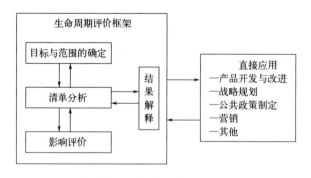

图 6-7　生命周期评价技术框架（ISO 14040，1997）

6.4.1.2　生命周期评价特点

① 生命周期评价以产品为核心，面向的是产品系统。产品系统是指原材料采掘与生产、产品制造、产品使用和产品使用后处理相关的全过程。从产品系统角度看，以往的

环境管理焦点常常局限于"产品生产"和"废物处理"过程，忽视了"原材料生产"和"产品使用"阶段。一些综合性的环境影响评价结果表明，重大的环境压力往往与产品的使用阶段有密切关系。仅仅控制某种生产过程中的排放物，已很难减少产品所带来的实际环境影响，从末端治理与过程控制转向整个产品系统环境影响全过程管理是可持续发展的必然要求。

② 生命周期评价是对产品或服务"从摇篮到坟墓"的全过程评价。生命周期评价对整个产品系统全生命周期内各环节环境负荷进行分析的过程，可以从每个环节找到环境影响的来源和解决方法，从而综合性地考虑资源的使用和排放物的回收、控制。

③ 生命周期评价是一种系统性、定量化的评价体系。生命周期评价以系统的思维方式去研究产品或行为在整个生命周期中每个阶段的所有资源消耗、废弃物产生情况以及对环境的影响，定量评价这些能量和物质的使用以及所释放废物对环境的影响，来辨识和评价改善环境影响的成效。因此对于产品系统，所有系统内外的物质流、能量流也都必须以量化的方式表达。

④ 生命周期评价是一种充分重视环境影响的评价方法。生命周期评价注重研究系统或服务对自然资源、生态系统、人类健康等领域的影响，从独立的、分散的清单数据中找出有明确针对性的环境关联，通过这些方面的研究可以帮助我们找到解决产品系统或服务对环境影响的关键。

6.4.1.3　生命周期评价技术框架

（1）目标与范围界定

生命周期评价第一步是确定研究目的与界定研究范围，它通过系统边界和功能单位来描述产品系统，这是其后的评估过程所依赖的出发点和立足点，也决定了生命周期评价的深度和难度。目的和范围确定作为生命周期评价中的一个过程，重点确定目标、范围、功能单元、系统边界等。

生命周期评价研究目标包括探索现有产品改进的可能性、提高产品的市场竞争力和同行业产品比较等。

系统边界的界定决定了 LCA 研究需要考虑生命周期中的哪些单元过程。在很多现实情况下，为了实现 LCA 在实践中的可操作性，需要对实际研究的产品系统生命周期作一定的限制和假设，简化研究范围内的生产过程或者忽略某些环境影响以降低成本。

环境问题的影响能够发生在不同的地域范围内和时间跨度上。如臭氧层损害潜力评估分别放置在 100 年和 50 年的时间跨度范围内，那得到的评估结果就有较大区别。但目前生命周期评价时空边界的划定是一个难以统一的问题，不同的时空边界的选取应取决于生命周期评价的分析范围。

生命周期评价的边界选择对评价的周期、费用、结果、意义和研究难易程度等方面都会产生巨大的影响，因此边界选择最好尽量与生命周期评价的目的相一致。

功能单位表示系统的功能度量，是度量产品系统输出功能时所采用的单位，目的是为有关的输入和输出数据提供参照基准，以保证 LCA 结果的可比性。功能单位可以描述为一定数量的产品或服务，如评价火电厂发电时可以描述为 $1kW \cdot h$ 火力发电；对比研究提供"干手"功能的纸巾和空气干气机时，功能单位可以分别描述为一次擦干手所需纸巾的平均质量和一次烘干手所需的热空气的平均体积。

（2）生命周期清单分析（LCI）

LCI 包括数据的收集和量化，是一种定性描述系统内外物质流和能量流的方法。通过对产品生命周期每一过程负荷的种类和大小登记列表，对产品或服务的整个周期系统内资源、能源投入和废物排放进行定量分析，可以清楚确定系统内外的输入和输出关系。其核心是建立以产品功能为单位表达的产品系统的输入和输出（即建立清单），清单分析的简化程序如图 6-8 所示。清单分析是一个不断重复的过程。当取得了一批数据，并对系统有进一步的认识后，可能会出现新的数据要求，或发现原有的局限性，因而要求对数据收集程序作出修改，以适应研究目的，有时也会要求对研究目的或范围加以修改。

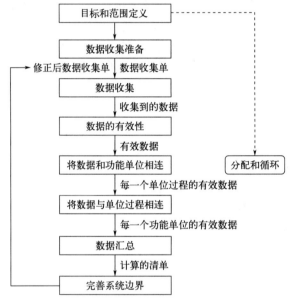

图 6-8　清单分析的简化程序

（3）生命周期影响评价（LCIA）

生命周期影响评价是将清单分析得到的资源消耗和各种排放物对现实环境的影响进行定性定量评价，如温室气体排放、臭氧层破坏等。它是生命周期评价的核心内容，也是难度最大部分。生命周期影响评价方法和科学体系仍在不断发展和完善中，ISO、SETAC 和美国 EPA 都倾向于把影响评价分为三个阶段：分类、特征化和量化（加权评估）。

分类指根据不同的环境影响类型，对清单分析阶段的数据结果进行归类，一般包括环境影响类型定义和数据分类。环境影响类型一般可分为三类，即资源消耗、对生态系统的影响和对人体健康的影响。数据分类就是将清单中的输入和输出数据归到不同的影响类型中，如将排放的 CO_2、CH_4 归为对全球变暖的影响，将 SO_2 归类到可能产生酸沉降的影响。

特征化是在每种环境影响类型内部建立环境负荷与环境影响之间的剂量反应关系模型，如 CO_2、CH_4 等温室气体与全球变暖之间的剂量关系，SO_x、NO_x 等酸性气体与酸沉降的剂量关系。然后根据这些剂量关系模型计算清单数据各类影响大小，最后按不同的影响类型进行汇总，如将清单中所有温室气体对全球变暖的贡献量加起来，就得到该产品系统生命周期对全球变暖的影响大小。

加权评估指根据一定的加权方法，确定不同环境影响类型的相对严重程度，对标准化后的环境影响进行修正。数据经特征化后，仅仅表征了某种环境影响类型的相对大小，并不能说明环境影响的严重性；而且特征化过程得到的清单数据反映的是不同影响类型的贡献大小，如全球变暖潜值、臭氧耗竭潜值、生命毒理效应等，这些影响类型之间并无直接联系，其相对严重性并不相通，很难在各类影响之间进行比较。因此，还必须确定不同影响类型的权重，常用的方法有专家咨询法、层次分析法（AHP）、目标距离法和技术削减法等。

（4）生命周期解释

生命周期解释是指对清单分析和影响评价的结果进行辨识、量化、核实和评价的系统过程，以透明的方式分析结果、形成结论、解释局限及提出建议，最后提交一份完整的 LCA 报告。主要包括以下步骤：根据生命周期评价或清单研究结果对重大环境问题进行辨识；在完整性、敏感性和一致性分析基础上对生命周期评价或清单研究结果进行评价；得出解释结论、建议和最终报告。

6.4.2　环境标志

（1）环境标志由来

环境标志（environmental label，EL），也称绿色标志（green label）、生态标志（Eco-label），是指由政府管理部门或公共或私人团体依据一定环境保护标准、指标或规定，向有关自愿申请者颁发其产品或服务符合要求的一种特定标志。标志获得者可以把标志印在所申请的产品及其包装上，向消费者表明该产品或服务与其他同类产品、服务相比，从研制、开发、生产、使用、回收利用到处置的整个过程符合环境保护要求，不危害人体健康，对环境无害或损害极少，有利于资源的再生和回收利用。其目的是引导消费者在做出采购决策时更多地考虑该类产品，从而有利于提高消费者环境保护意识，促进制造商生产出更多对环境有利的产品。

德国是第一个制定环境标志制度的国家。1987 年该国实施一项被称为"蓝色天使"的计划，对在生产和使用过程中都符合环保要求，且对生态环境和人体健康无损害的商品，由环境标志委员会授予绿色标志，这就是第一代绿色标志。此后，许多国家颁发了环境标志制度，如北欧的"白天鹅"、美国的"绿色印章"、加拿大的"环境选择"、日本的"生态标章"、中国的"十环环境标志"等，见图 6-9。环境标志作为一种指导性、自愿、控制市场的手段，成为保护环境的有效工具。有关环境标志的内容也被列入了 ISO 14000 系列标准之中。

德国　蓝色天使标志	北欧　白天鹅标志	加拿大　环境选择标志	美国　绿色印章
(a)	(b)	(c)	(d)
法国　NF环境标志	日本　生态标章	新加坡　绿色标签	俄罗斯　生命之叶标志
(e)	(f)	(g)	(h)

图 6-9　环境标志示例

（2）环境标志类型

国际标准化组织 1998 年发布了 ISO 14020 环境标志系列国际标准，将环境标志分为环境标志（Ⅰ型）、自我环境声明（Ⅱ型）和环境产品声明（Ⅲ型），与之对应的，中国环境标志也可分为Ⅰ型、Ⅱ型和Ⅲ型（图 6-10），相应发布了四个国家标准，分别是《环境管理 环境标志和声明 通用原则》（GB/T 24020—2000）、《环境管理 环境标志和声明 Ⅰ型环境标志 原则和程序》（GB/T 24024—2001）、《环境管理 环境标志和声明 自我环境声明（Ⅱ型环境标志）》（GB/T 24021—2001）❶ 和《环境标志和声明 Ⅲ型环境声明 原则和程序》（GB/T 24025—2009）。

Ⅰ型环境标志计划是指自愿的、基于多准则的第三方认证计划，以此颁发许可证授权产品使用环境标志证书，表明在特定的产品种类中，基于生命周期考虑，该产品具有总体环境优越性。常见的"十环"标识属于Ⅰ型环境标志。

Ⅱ型环境标志，即自我环境声明，是指不经第三方认证，由制造商、进口商、销售商、零售商或其他任何能从中获益的一方自行作出的环境声明。

Ⅲ型环境声明是提供基于预设参数的量化环境数据的环境声明，必要时包括附加环境信息，Ⅲ型环境声明是基于全生命周期评价基础上的一种环境声明。

Ⅰ类型环境标志　　　　Ⅱ类型环境标志　　　　Ⅲ类型环境标志

图 6-10　中国环境标志

（3）环境标志认证

实施环境标志认证，实质上是对产品从设计、生产、使用到废弃处理处置，乃至回收再利用的全过程环境行为进行控制。它由国家指定的机构或民间组织依据环境产品标准（也称技术要求）及有关规定，对产品的环境性能及生产过程进行确认，并以标志图形的形式告知消费者哪些产品符合环境保护要求，对生态环境更为有利。

环境标志产品认证的意义主要体现在以下几个方面。

第一，环境标志引领了产业绿色发展。环境标志产品认证引导生产企业合理使用资源和能源，减少生产过程中的污染排放，限制产品中有毒有害物质的含量，有效推动了企业形成绿色发展方式。

第二，环境标志推动了政府绿色采购。2006 年我国财政部、国家环境保护总局联合发布了《关于环境标志产品政府采购实施的意见》。近 10 年来，我国政府采购环境标志产品规模已达 1.3 万亿元，其中 2020 年政府采购的环境标志产品达到 813.5 亿元，占同类产品采购的 85.5%。

第三，环境标志促进了绿色贸易发展。2008 年中国环境标志加入了全球环境标志网络（GEN）。目前中国环境标志已与北欧、新加坡、美国等 13 个国家和地区签署了互认合作协

---

❶ GB/T 24021—2001 已废止，现行标准为 GB/T 24021—2024。

议，成为促进中国产品走向世界、促进中国对外贸易发展的有力工具。

第四，环境标志推动了消费模式的转变。环境标志产品认证促进了消费者对高品质产品的消费选择，有效推动了人们由"数量消费"向"品质消费"的消费模式转变，对引导社会公众形成绿色消费的生活方式发挥了积极促进作用。

6.4.3　产品生态设计

（1）生态设计产品

"生态设计"，也称"绿色设计"，根据《生态设计产品评价通则》（GB/T 32161—2015），生态设计是指按照全生命周期的理念，在产品设计开发阶段系统考虑原材料选用、生产、销售、使用、回收、处理等各个环节对资源环境造成的影响，力求产品在全生命周期中最大限度降低资源消耗，尽可能少用或不用含有有毒、有害物质的原材料，减少污染物产生和排放，从而实现保护环境的活动。生态设计产品是指符合绿色设计理念和评价要求的产品。

在国际上，生态设计是 20 世纪 80 年代末出现的一股国际绿色浪潮。伴随着资源的日渐消耗以及全球环境的不断恶化，产品生态设计越来越受到各国政府和企业的重视。欧盟率先发布了 ErP（Energy-related Products）指令，将生命周期引入产品设计环节，从产品整个生命周期角度提出全方位的环保要求，以减少产品对环境的影响。

研究表明，产品全生命周期 80％的资源环境影响和 90％的制造成本取决于产品设计阶段。大力推行工业产品绿色设计是实现产品绿色化的重要手段，也是推动绿色生产消费模式、提升产品竞争力的客观要求。2015 年国务院印发《中国制造 2025》，明确提出要"积极构建绿色制造体系"，"走生态文明的发展道路"。工信部围绕加快推进工业绿色发展，颁布了多项推进绿色制造体系建设的相关文件，并要求在重点行业出台生态设计产品评价标准。截至 2022 年 9 月，我国已发布了 161 项生态设计产品标准清单，其中包括《生态设计产品评价通则》（GB/T 32161—2015）、《生态设计产品标识》（GB/T 32162—2015）以及 159 项具体产品标准。生态设计产品标准大多为行业标准或团体标准，具体产品标准涉及石化行业、钢铁行业、有色行业、建材行业、机械行业、轻工行业、纺织行业、通信行业、包装行业及其他等 10 个行业。

（2）绿色产品评价

绿色产品指全生命周期符合环境保护要求，对生态环境和人体健康无害或危害小、资源能源消耗少、品质高的产品。

绿色产品评价和生态设计产品评价具有一定的相似性，二者都是采用系统方法科学客观地评价产品从"摇篮到坟墓"的影响，以引导并促进绿色发展，因此二者评价指标几乎完全一致，但在目标定位方面，生态设计产品更关注产品的生产端，着重将生态设计理念融入产品设计阶段，从而在产品全生命周期减少资源消耗和环境影响；而绿色产品认证更强调通过自愿性的认证活动引领绿色消费方式。

自 2017 年我国首次发布《绿色产品评价通则》以来，近年有关绿色产品的标准陆续出台，涵盖了家具、纺织产品、人造板和木质地板等种类。2024 年新修订的《绿色产品评价通则》（GB/T 33761—2024）确立了由基本要求、评价指标和鼓励性要求组成的绿色产品评价体系（图 6-11）。其中基本要求包括生产企业污染物排放要满足相关环境保护法律法规及污染物排放标准要求、企业污染物总量要符合国家和地方污染物排放总量控制指标，生产企业须建立并运行质量管理体系、环境管理体系和/或能源管理体系，产品质量水平要符合相关产品国家标准或行业标准要求等；评价指标包括资源属性指标、能源属性指标、环境属性指标、品质属性指标和低碳属性指标五个方面。在确定评价指标分级时，绿色产品原则上不超过同类产品的30%，绿色标杆产品原则上不超过同类产品的5%。此外，新修订的标准增加了鼓励性要求，如使用再生原料或可再生原料，建立并运行碳排放管理等管理体系，实施生产者责任延伸制度，使用绿色电力等清洁能源。

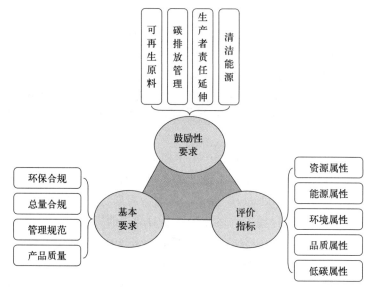

图6-11　绿色产品评价指标体系

6.4.4　低碳产品

（1）低碳产品及认证

低碳产品是指与同类产品或相同功能的产品相比，碳排放数据符合该类产品低碳评价指标要求的产品。2015年国家发展改革委等颁布了《节能低碳产品认证管理办法》。通过向产品授予低碳标志，从而向社会推进一个以顾客为导向的低碳产品采购和消费模式。以公众的消费选择引导和鼓励企业开发低碳产品技术，向低碳生产模式转变，最终达到减少全球温室气体排放的效果。

低碳产品的评价和认证通常依据一系列标准进行。这些标准规定了产品的碳排放量值应符合相关低碳产品评价标准或技术规范要求。例如，北京市地方标准《低碳产品评价技术通则》（DB11/T 1418—2017）就涵盖了低碳产品评价要求、评价方法、数据质量管理和验证、产品碳排放计算方法和低碳产品评价报告等内容。我国低碳产品认证实施以目录化管理的方式，将评价标准成熟、符合行业管理的产品纳入到目录中。

（2）碳标签及碳足迹核算

碳足迹标识，即碳标签，是产品或服务碳足迹量化的注释和标识。碳标签将单个产品从原料加工开采、运输、生产、使用和废弃的全生命周期中的全部或部分阶段所产生的碳排放以量化的形式标注在产品上，以告知消费者产品碳排放信息。

作为标签的一种，碳标签可以直观地向消费者传递相关产品或服务的碳排放信息，引导其做出对气候和生态环境友好的选择。同时消费者对低碳产品的需求倾向会引导和倒逼企业改进工艺、节能减排，从而形成一个减排良性循环。

碳标签的推行使用有助于改善企业和消费者之间信息不对称的问题，为企业和消费者共同参与低碳发展搭建一座桥梁，对缓解气候变化、减少温室气体排放具有积极意义。英国是全球最早开始推行碳标签制度的国家。随后，碳标签的做法逐步被美国、加拿大、日本、韩国、澳大利亚等越来越多的国家和地区所推崇，并相继付诸行动。然而，当前各国执行的碳标签制度有所差异，尚无统一的标准和标识（见图6-12）。

图6-12　不同国家和地区碳标签标识

我国碳标签的起步和发展稍慢于发达国家。在我国提出"双碳"目标后，碳标签才渐入企业视野，开始受到大众重视。2018年，我国在电器电子行业先行开启碳标签认证试点计划。中国电子节能技术协会低碳经济专业委员会牵头组织制定了《电器电子产品碳足迹评价通则》《中国电器电子产品碳标签评价规范》等一系列团体标准。目前，已有多个企业的产品被认证碳标签标识。

对于碳足迹核算，很多国家、地区与组织已陆续制定和出台了一系列国际标准，如英国标准协会（BSI）发布的《PAS 2050产品与服务生命周期温室气体评估规范》，世界资源研究所（WRI）与世界可持续发展工商理事会（WBCSD）发布的《产品生命周期核算与报告标准》，国际标准化组织（ISO）发布的产品碳足迹核算标准ISO 14067。

PAS 2050是由英国标准协会于2008年发布（2011年更新）的世界首个针对产品与服务的碳足迹评价标准。PAS 2050提出的产品碳足迹评价方法以ISO 14040和ISO 14044所确立的生命周期评价方法为基础，并额外制定了针对温室气体评价关键方面的原则和技术手段。2009年中国标准化研究院和英国标准协会共同发布了PAS 2050中文版，成为中国首个产品碳足迹领域标准。

2011年世界资源研究所和世界可持续发展工商理事会联合发表了温室气体核算体系。该标准的制定主要参考了ISO 14040、ISO 14044、PAS 2050以及ILCD（International Reference Life Cycle Data System）手册等相关标准和公告，提供了一种详细的碳足迹评价和报告准则，协助企业开展产品生命周期温室气体核算。该标准被认为是对碳足迹核算指导最为详细的标准。

由于各个国家或机构颁布的产品碳足迹评价标准和规范存在明显的理念和核算方法差异，且存在不同标准或规范核算的产品碳足迹结果难以有效比较的缺点，因此国际标准化组织编制了产品碳足迹的国际标准ISO 14067。ISO 14067以生命周期评价方法作为产品碳足迹的量化方法，温室气体核算部分以及标识部分借鉴ISO 14064系列标准和ISO 14020标准，其他相关内容借鉴 ISO 14040 标准。ISO 14067 标准的发布为增强产品层面碳足迹的量化和沟通的可信性、一致性以及透明度提供了公认依据。该标准因其发布单位的国际权威性而被视作更具普适性的标准。

在企业碳排放核算标准方面，目前我国已发布《工业企业温室气体排放核算和报告通则》（GB/T 32150—2015）及发电、电网、钢铁、化工、铝冶炼、镁冶炼、平板玻璃、水泥、陶瓷、民航、煤炭、纺织服装等 12 个行业温室气体排放核算与报告要求标准。此外，多个行业的温室气体排放核算标准正在制订和修订的过程中。温室气体排放核算和报告、减排、核查、温室气体管理体系、碳排放信息披露等国家标准的制定，有效解决了温室气体排放标准缺失、核算方法不统一等问题，为碳排放交易中"怎么测""怎么算""怎么分""怎么减""怎么查""怎么管"等问题，提供了解决方案。

思考题

1. 政府对企业环境监督管理的内容有哪些？
2. 企业如何建立环境管理体系？
3. 什么是清洁生产？如何实施清洁生产？
4. 什么是循环经济？如何发展循环经济？
5. 什么是 ESG？ESG 评级的内容和框架是什么？
6. 生命周期评价的主要环节有哪些？
7. 如何开展生态设计与绿色低碳产品评价？

7

区域生态环境管理

区域生态环境管理是实现区域可持续发展、提高居民生活质量、增强区域竞争力、实现环境公正和社会和谐的重要手段。我国环保法规定各地人民政府对本辖区环境质量负责。区域性质不同，其产生的生态环境问题也不同，因此相对应采取的管控手段与技术方法也不一致。本章围绕着城市、农村以及流域生态环境问题，介绍了不同类型区域生态环境质量管理主要内容与技术手段。

7.1 城市生态环境管理

7.1.1 城市生态环境问题

城市是指人口密集、工商业发达、文化活动丰富、基础设施完善，具有一定行政界定边界的大型人类聚居地，也是区域发展的极核。城镇化是指从农业为主的乡村型社会向工业和服务业为主的现代城市型社会转变的过程，表现为农村人口向城镇转移，土地空间结构的变化，第二、三产业向城镇聚集，城镇规模和数量增加。

城镇化是社会经济发展的必然趋势，也是实现中国式现代化的必由之路。改革开放以来，我国城镇化建设成效显著，城镇化率由 1978 年的 17.92％上升至 2023 年的 66.16％，城市个数由建国时期的 129 个增加到现在的 694 个。2023 年，我国地级以上城市常住人口已达到 67313 万人，常住人口超过 500 万的城市有 29 个，超过 1000 万的城市有 11 个。城镇化水平不断提高、城市规模逐步扩大是我国综合实力显著增强的生动缩影。然而，长期以来我国城镇化发展重视规模和速度增长，忽视了城镇化质量，造成资源浪费、环境污染、城市拥挤和地区发展不平衡等一系列问题，严重制约区域经济社会和环境可持续发展。

（1）水资源短缺与水环境污染

水是城市发展的重要物质基础。许多城市因水而起，因水而兴，因水而美。然而我国人均水资源占有量不足世界平均水平的三分之一，且时空分布不均。在区域分布上，南方水多、北方水少，东部多、西部少，山区多、平原少。北方地区（长江流域以北）面积占全国的 63.5％，2023 年人口约占全国的 41.13％、GDP 占 25％，而水资源仅占 22.4％。其中，华北地区（京、津、冀、豫、蒙）国土面积占全国 16.2％，2023 年人口全国占比 15.96％，GDP 全国占比 12.3％，水资源量仅占全国的 3.6％，人均水资源量仅为 416 立方米，是我国水资源最紧缺的地区。

城镇化粗放型发展导致了城市水危机的出现。据"十五"期间一项重要调查显示，在被统计的我国 131 条流经城市的河流中，严重污染的有 36 条，重度污染的有 21 条，中度污染的有 38 条。近年来国家出台"水十条"、污染防治攻坚战等一系列举措，城市污水治理设施不断完善，城市水环境状况有了一定程度的改善，全国地表水环境质量总体向好，但仍面临诸多挑战，部分城市水体污染问题依然突出。

我国现阶段城市水资源水环境问题主要表现为城市用水量大且再生利用率低、生活污水收集处理能力有待提升、部分地区工业废水排放量大且污染严重、城镇降雨带来的面源污染影响突出、城市水生态退化降低水环境承载能力等。

（2）大气环境污染

密集的城市分布和连片的城镇地区减少了稀释污染物的缓冲空间，污染在城市间及城区内相互传输、互相影响的作用加大，使得城市、城市群大气污染尤为突出。2013 年我国遭遇了大范围、严重的雾霾污染，采用 2013 年新修订的环境空气质量标准对全国 74 个城市空气环境质量进行评估，优良率只有 60.5%；而京津冀、长三角、珠三角 47 个城市空气环境质量评估结果显示，综合达标的只有 1 个城市（浙江省舟山市）。

以霾为特征的大气环境问题也推动了一系列政策措施出台，2013 年《大气污染防治行动计划》出台，2015 年《中华人民共和国大气污染防治法》修订，2018 年《打赢蓝天保卫战三年行动计划》发布等等，中国城市大气污染防治取得一定成效，尤其是在 $PM_{2.5}$ 和 PM_{10} 治理方面，我国 $PM_{2.5}$ 年均浓度从 2015 年的 $46\mu g/m^3$ 降到了 2021 年的 $30\mu g/m^3$，历史性地达到了世界卫生组织第一阶段过渡值；2021 年空气优良天数比率提高到 87.5%，成为世界上空气质量改善最快的国家。然而受工业排放、机动车尾气、燃煤等各类污染源影响，我国重点地区、重点领域大气污染问题仍然突出，个别区域 $PM_{2.5}$ 浓度仍处于高位，秋冬季重污染天气依然高发、频发，空气质量离发达国家水平还有差距。特别是臭氧污染问题，在许多城市夏季仍较为突出，部分城市的挥发性有机物（VOCs）控制力度不足，导致大气光化学污染加剧。

（3）垃圾处理与固体废物管理

城市垃圾与固体废物管理是中国城市环境治理的重要组成部分。然而随着城镇化的快速推进、经济发展和人们生活消费模式改变，城市各类固体废物产生量也逐年增加，使得环境污染与生态保护问题日渐突出。相关统计数据显示，全国范围内的城市每年会产生约 23 亿吨固体废物，其中大、中城市一般工业固体废物产生量为 13.8 亿吨，工业危险废物产生量为 4498.9 万吨，医疗废物产生量为 84.3 万吨，城市生活垃圾产生量为 2.36 亿吨。

为有效管理城市生活垃圾，国家推行垃圾分类制度。近年来，我国在生活垃圾分类和处理方面取得了显著进展。城市生活垃圾无害化处理率逐年升高，2020 年达到 99.7%。然而，一些中小城市和欠发达地区的垃圾分类和处理设施仍显不足，填埋场的渗滤液污染和焚烧厂的二噁英排放问题仍需加强监管。

现阶段，我国对工业固体废物的主要管理原则是减量化、资源化和无害化。为从源头上减少固体废物产生，近几年我国通过推动绿色制造、发展循环经济、推动大宗工业固体废物综合利用等措施减少固体废物产生量、提升固体废物资源化利用率。然而城市工业固体废物管理仍存在一系列问题，包括管理缺乏系统性未形成有效合力；工业固体废物产生量大、积存量多，企业污染防治主体责任落实不到位；固体废物资源化利用出路不多，难以实现高值利用等，从而对城市环境管理造成较大的压力。

（4）城市生态系统功能退化

我国城市生态安全面临的主要问题包括自然生态环境破坏、土地退化、气候和大气环境变化、淡水短缺和水污染、人口密集以及绿地缺乏等。这些问题相互关联，共同影响了城市居民生活质量和区域可持续发展。

城镇化伴随着城镇建设用地的扩张，不可避免地会挤占林地、草地、湿地等生态用地，使得原本良好的自然生态系统出现结构破碎、功能受损等问题，甚至导致生态系统服务功能下降，影响城市生态安全。此外，粗放型的城镇化表现为土地开发强度低、土地浪费和耕地侵占为特征的低密度土地利用，以及城市盲目开发导致功能区混乱。"十五"期间我国城市建成区面积增长了 35.4％，部分地区增幅超过了 50％。同时城镇化"摊大饼"式扩展也占据了生态空间，1990—2000 年十年间，我国湿地面积减小了约 5 万平方公里，2000—2013 年间又减少了约 3.4 万平方公里。城市绿地、湿地等生态要素减少，导致生态系统功能退化，调节能力下降，城市内涝、城市热岛效应、地面沉降等灾害频频出现。

7.1.2 城市环境管理主要措施

快速城镇化虽然推动了经济发展，但也带来了空气污染、水资源短缺、土地利用过度、垃圾处理压力增加、生物多样性减少、土地资源侵占等问题。长期以来我国高度重视城市环境保护，自"七五"开始将城市环境综合整治列入环境保护的工作重点，创新一系列城市环境管理机制，推动城市环境管理水平提升。

（1）落实环境保护目标责任制

环境保护目标责任制是中国环境管理体系的重要组成部分，特别在城市治理中有着重要应用。《中共中央　国务院关于全面加强生态环境保护　坚决打好污染防治攻坚战的意见》（2018 年）明确要求各级政府对其所辖区域的生态环境质量负责，将其纳入领导干部的政绩考核中。近年来，城市逐渐将环境保护目标责任制作为治理核心机制。例如，《"十四五"生态环境保护规划》明确指出，水、土壤等关键指标成为城市环境质量考核的重要依据。通过签订环境保护目标责任书，各城市确保环境质量与政府绩效紧密挂钩。

（2）实施城市环境综合整治定量考核制度

城市环境综合整治定量考核制度，是指我国 20 世纪 80 年代在开展城市环境质量综合整治实践的基础上，对城市环境综合整治规定出可比的定量指标，定期进行考核评比，促进环境质量改善的一项重要制度。进入 21 世纪后，我国继续加强和完善这一制度，"十二五"提出了 16 项考核指标。"十三五"后，随着污染防治行动计划的实施，城市环境综合整治定量考核制度由各地自行实施，国家制定了以环境质量为核心的考核制度。如 2018 年发布的《城市环境空气质量排名技术规定》，推动了城市环境综合整治定量考核制度的逐步标准化。通过空气质量的定量化考核，强化了城市治理的责任。2021 年出台的《中共中央　国务院关于深入打好污染防治攻坚战的意见》进一步扩展了考核范围，纳入碳排放、固废处理等新指标。这些量化考核制度不仅增强了各地环境治理的精准度，还提高了考核的透明度，促使城市在环境管理中更具责任感和执行力。

（3）实行城市环境监测与信息公开制度

2008 年 5 月 1 日，国家环境保护总局（现生态环境部）正式实施了《环境信息公开办法（试行）》，该办法分别针对地方政府和企业作出了规范性要求，要求其主动披露环境信息，旨在规范地方政府环境保护工作和企业绿色生产。2014 年修订的《中华人民共和国环境保护法》，进一步明确了城市需要定期公开环境质量信息，特别是在重大环境事件的报告上，鼓励公众通过政府平台参与监督。如我国实行城市空气质量报告制度，要求生态环境部和地方生态环境局定期发布城市空气质量报告，包括月度、季度和年度报告，向公众通报空气质量状况。这一机制不仅提升了环境信息的透明度，还推动了环境信息在城市层面的及时反馈和整改。

（4）推动城市环境综合整治

从整体出发，以最佳的方式利用城市环境资源，综合运用各种手段对城市系统进行调控、保护和塑造，全面改善环境质量，使城市生态系统实现良性发展。具体措施包括深化城市环境规划，创建和谐人居环境；调整城市产业结构和生产布局，改善城市环境；加强城市基础设施建设，提高环境保护设施水平；强化生态环境部门治理能力与治理水平，引入大数据、物联网和人工智能技术，强化智慧管理等。

7.1.3　生态型城市建设模式

为打造宜居的城市环境，"九五"期间我国实施了国家环境保护模范城市创建行动，"十五"期间提出生态城市创建，"十二五"又提出生态文明城市创建，另外聚焦城市环境问题，不同部门又推出海绵城市、低碳城市、"无废城市"等一系列创建活动，以创建推进城市生态环境的全面改善。

（1）生态城市

20世纪70年代，联合国教科文组织（UNESCO）发起的"人与生物圈计划"（MAB）中，明确指出生态城市是"从自然生态和社会心理两方面去创造一种能充分融合技术和自然的人类活动的最优环境，诱发人的创造性和生产力，提供高水平的物质和生活方式"。这一观点的提出，立即受到了全球广泛关注，并出现了一系列的城市改造运动，如伯克利型城市、健康城市、清洁城市、绿色城市等，同时也开启了对生态城市的探讨。如美国生态学家Richard Register认为生态城市即生态健康的城市，是低污染、紧凑、节能、充满活力并与自然和谐共存的聚居地，认为每个城市都有可能利用其自然禀赋，将原有城市建设转变成生态城市，实现城市生态化和生态城市普遍化，促进城市健康可持续发展。P. F. Downton认为生态城市就是人与人之间、人类与自然之间实现生态平衡的城市，并指出创建有活力的人居环境、构建与生态原则一致的健康经济、促进社会公平与改善社会福利是生态城市建设的关键。

我国学者在生态城市实践中也提出了许多观点，如我国著名生态学家王如松提出了建设天城合一的中国生态城市思想，认为生态城市建设要引进天人合一的系统观、道法天然的自然观、巧夺天工的经济观和以人为本的人文观，实现城市建设的系统化、自然化、经济化和人性化。也有学者认为生态城市是一个经济发达、社会繁荣、生态保护高度和谐、技术与自然达到充分融合，城市环境清洁、优美舒适，从而能最大限度地发挥人的创造力和生产力，并且有利于提高城市文明程度的稳定、协调、持续发展的人工复合生态系统。

综上所述，生态城市是文明、健康、和谐、充满活力的复合系统，是一种生态良性循环的理想区域形态。生态城市具备高度生态文明的人文环境系统，生态城市建设是摆脱区域发展困境的根本途径，是人类发展的生态价值取向的必然结果，是生态价值观、生态哲学和生态伦理意识的综合体现。

2003年我国发布了《生态县、生态市、生态省建设指标（试行）》，要求建设"生态环境良好并不断趋向更高水平的平衡，环境污染基本消除，自然资源得到有效保护和合理利用；稳定可靠的生态安全保障体系基本形成；环境保护法律、法规、制度得到有效的贯彻执行；以循环经济为特色的社会经济加速发展；人与自然和谐共处，生态文化有长足发展；城市、乡村环境整洁优美，人民生活水平全面提高”的生态市。2003 年起，全国各城市纷纷投入生态城市创建中，截至 2016 年 10 月，授予“全国生态市（县、区）”的地区已达 110 余个。

（2）海绵城市

海绵城市的概念源于对城市水循环系统的深刻理解，它利用自然积存、自然渗透和自然净化的方式，通过建设雨水花园、透水铺装、湿地公园等绿色基础设施，增强城市的雨水吸纳和渗透能力，实现城市雨水的有效管理和利用。海绵城市建设体现了生态城市理念，主要表现在提高城市水资源利用效率、改善城市水环境质量、增强城市防洪排涝能力、优化城市生态系统。

国际上类似海绵城市的城市水循环管理模式包括美国的低影响开发（Low-Impact Development，LID）、英国的可持续性城市排水系统（Sustainable Urban Drainage System，SUDS）以及澳大利亚的水敏城市设计（Water Sensitive Urban Design，WSUD）。LID 通常采取土地规划和工程设计的方法来管理雨水径流，强调现场自然属性的保持和利用，从而保护水质；SUDS 城市设计旨在减少新的和现有的开发对地表水排放的潜在影响；WSUD 则将城市设计与城市水循环管理、保护和保存相结合，包括雨水、地下水、废水管理和供水，为城市设计减少环境退化、提高审美和娱乐的吸引力，从而确保城市水循环管理实现自然生态循环过程。

2014 年住房和城乡建设部发布了《海绵城市建设技术指南——低影响开发雨水系统构建（试行）》，指导全国海绵城市建设。截至 2022 年底，全国已有超过 30 个城市开展了海绵城市建设试点，覆盖面积超过 450 平方公里。这些试点城市在降低城市内涝风险、改善水生态环境、促进水资源利用等方面取得了显著成效。例如，武汉市作为中国首批海绵城市试点，通过建设雨水花园、透水路面和人工湿地等设施，大幅提高了雨水滞留和渗透能力，2022 年武汉市的城区内涝点数量较 2015 年减少了 70%，极大改善了居民的生活环境。此外，海绵城市建设还涉及水环境、水资源、水安全和水生态等多个领域，其发展趋势强调遵循因地制宜原则，积极响应多尺度气候变化，科学认知城市水文过程并完善城市生态系统构建。

（3）“无废城市”

“无废城市”是以创新、协调、绿色、开放、共享的新发展理念为引领，通过推动形成绿色发展方式和生活方式，持续推进固体废物源头减量化和资源化利用，最大限度减少填埋量，实现固体废物“零增长”，将固体废物环境影响降至最低的城市发展模式。“无废城市”建设体现了城市生态管理理念，主要表现在：发展循环经济推动产业结构向绿色化和低碳化转型提高资源利用效率，减少污染物排放改善城市环境质量，培养公众环保意识，推广绿色生活方式。

我国自 2019 年启动“无废城市”试点以来，已在多个省市取得显著进展。2023 年发布的《区块链＋无废城市建设白皮书》显示，全国固体废物综合利用率已超过 70%，其中深圳、广州等城市的建筑垃圾资源化利用率更是超过 90%。深圳市通过实施严格的垃圾分类制度、建设智能化的固废处理设施，推广绿色消费理念，2023 年生活垃圾分类达标率达到 95%，固体废物综合利用率达到 75%，逐步实现了生活垃圾的"零增长"目标。另外，青岛市在"无废城市"建设中，以"无废工厂""无废园区"等建设为依托，推动形成由少到多、由点及面的绿色发展格局，探索形成"无废城市"建设的新路径。中新天津生态城则通过建立合作机制、开展专项合作，推动了固废管理、绿色建筑、海绵城市等多项具体工作的国际合作，充分吸收了先进技术和管理经验，助力生态城的"无废城市"试点建设。

（4）低碳城市

低碳城市是指在城市发展过程中，通过采取各种措施，尽量减少温室气体排放，提高能源利用效率，发展清洁能源，实现城市可持续发展的一种模式。低碳城市的建设包括开发低碳能源，实行清洁生产，推进物质循环利用，促进城市可持续发展。

2009 年 11 月国务院提出我国 2020 年控制温室气体排放行动目标后，各地纷纷主动采取行动落实党中央决策部署。不少地方提出发展低碳产业、建设低碳城市、倡导低碳生活，积极探索我国工业化城镇化快速发展阶段既发展经济、改善民生，又应对气候变化、降低碳强度、推进绿色发展的做法和经验。为此，经国务院领导同意，国家发展改革委组织开展低碳省区和低碳城市试点工作。2022 年中国标准化研究院联合其他单位发布了《绿色低碳城市评价技术要求》，从经济、社会、环境、能源、管理等多个维度构建了绿色低碳城市建设指标，具体包括产业结构、建筑、交通、大气环境、水体环境、能源总量、能源结构、排放状况、政策措施等方面。

自 2010 年以来，我国开展了 81 个低碳城市试点工作，涵盖了不同地区、不同发展水平、不同资源禀赋和工作基础的城市。这些试点城市因地制宜，积极探索绿色低碳发展路径。中国城市在低碳消费方面整体表现较好，但在低碳生产、低碳环境和低碳进程方面还需进一步提高。

7.2 农村生态环境治理

农村环境治理是中国可持续发展战略中的重要组成部分。近年来，随着经济快速发展和城镇化快速推进，农村地区面临着农业面源污染、工业转移污染和农村生态系统退化等多重挑战。为应对这些挑战，中国政府采取了一系列措施，如实施农村人居环境整治，开展美丽乡村建设，打造和美乡村，推动乡村振兴。

7.2.1 农村环境问题

农村环境作为城市生态系统的支持者，一直是城市污染的消纳方。随着我国社会经济快速发展，个别地区出现了城乡失衡：一方面，城市土地过度开发导致乡村空间失序，工业化快速发展导致污染转移，使农村生态环境问题不断加剧；另一方面，农村基础设施建设及投入相对滞后、公共服务不均等，导致一些村落环境恶化。

（1）农村饮用水安全保障程度有待提高

我国水资源时空分布不均，农村水环境污染以及供水基础设施建设相对滞后，导致我国农村饮用水安全问题一直是农村首要环境问题。近几年通过农村饮用水安全工程的全面实施，我国农村饮水安全得到一定保障。根据水利部数据，截至 2021 年底，全国农村自来水普及率达到84%，较2015年的76%有所提高，但仍有部分农村地区未实现安全饮水。

（2）农村村落环境建设相对滞后

我国农村村落环境面临的主要问题有规划滞后于发展、基础设施建设滞后、公共服务不均等。据2008年一项全国农村人居环境调查，我国52%的村庄基本生活条件还没有完全得到保障；42%的村庄垃圾、污水等环境治理设施还不完善。近年来全国大力开展农村人居环境整治，我国农村村落环境整体好转，但部分地区农村生活污水及生活垃圾处理体系依然不完善。据住房和城乡建设部数据，截至2021年底，全国农村生活污水治理率为28%，农村生活垃圾收运处理率达到90%，与城市相比仍有较大差距。

（3）农业面源污染问题较为突出

"十二五"期间，我国化肥用量约占世界的三分之一，化肥利用率仅为33%，农药利用率为35%左右。2016年我国地膜用量达到147万吨，回收率不足60%。第一次全国污染源普查结果显示，我国年排放畜禽粪污约38亿吨，有效处理率42%；农业源主要污染物如化学需氧量、总氮、总磷分别占全国总排放量的43.7%、57.2%和67.3%。近几年农业部门不断推进测土配方施肥、减肥降药增效、畜禽生态化养殖等行动，2021年我国化肥使用量比2015年减少了近10%，农药使用量连续六年下降，畜禽粪污综合利用率已达到76%，农膜回收率为80%。但部分地区化肥农药过度施用对水体环境造成的负面影响依旧严峻，一些中小型养殖场粪污排放尚未得到充分处理，有些地方农田残膜污染问题依然突出，土壤中残膜污染影响农作物生长。

（4）工矿企业污染影响依旧

乡镇企业在我国经济发展，特别是在农村经济发展中起到了重要作用。它们不仅促进了当地经济增长，吸收了农村剩余劳动力，还增加了农民收入。然而，由于部分乡镇企业在创办时缺乏统筹规划、布局不尽合理，加上某些乡镇企业为获取最大利益，片面追求经济效益，肆意排放污水、废气等，使得乡镇企业成为农村环境的最主要污染源。有数据显示，全国乡镇企业的污染物排放量已经占工业污染物排放总量的50%。此外，随着全国环保工作的稳步推进，一些在城市或其近郊无法生存的污染企业，借着农村招商引资的东风，纷纷来到农村安营扎寨。由于个别地区相应的环保政策、环保机构、环保人员以及环保基础设施建设等较为薄弱，这些外来的企业也成为当地的污染大户。

（5）农村生态系统功能退化

土地是农业生产的重要资源。但当前我国土地资源面临着土地地力退化、土壤污染严重、土地资源被蚕食等问题。2021年全国耕地有机质含量为2.1%，处于较低水平，而水土流失、土壤酸化和盐碱化等现象进一步加剧土地地力的退化。此外，全国耕地土壤污染形势依然严峻，根据全国土壤污染状况调查，19.4%的耕地土壤点位超标，镉、镍、砷、汞等重金属为主要污染物，有影响粮食安全与农产品质量的风险。城镇化和工业化的快速推进导致耕地面积大幅度减少，1999年至2009年的10年间就减少了1亿亩，耕地面积已接近18亿亩红线。近年来虽然随着各类耕地保护政策的有效实施，2023年我国耕地总量达到了19.29亿亩，较第三次全国国土调查（2019年）时的数据增加了1120.4万亩，扭转了此前耕地持续减少的趋势，但守住18亿亩耕地红线仍面临着较大的压力。

另外，过去长期农业生产方式的集约化和单一化导致农田生态系统生物多样性下降；不合理的耕作方式和植被破坏导致水土流失问题严重；农业开发和城镇化导致湿地面积减少和功能退化。2021年全国湿地保护率提升至52.2%，但湿地生态系统的功能退化仍是长期挑战。

7.2.2 农村环境治理体系

（1）农村环境治理体系基本框架

国家治理体系是管理国家的制度体系，包括经济、政治、文化、社会、生态等各领域体制机制、法律法规安排。乡村环境治理体系是国家治理的基石，既是乡村治理体系的一部分，也是生态环境治理体系的一部分，是国家治理体系在"三农"和生态环境交叉领域的重要应用（图7-1）。

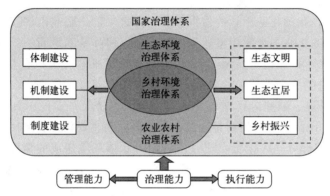

图 7-1 乡村环境治理体系在国家治理体系中的定位

现代乡村环境治理体系在遵循共生治理、依法治理、系统治理与智慧治理等"四维治理原则"基础上，通过社会化、法治化、智慧化与绿色化路径，不断提升乡村环境治理能力。

一是以社会化路径构建乡村环境多元治理体系。乡村环境治理主体涉及政府、农民、企业和社会化服务组织等。其中，农民既是农业生产和农村生活的主体，也是乡村治理的主要利益相关者，是多元治理体系的核心。政府主要起引导、规范和监督的作用。同时，由于农村生态环境治理具有复杂性、分散性和长期性等特征，需要全社会多方面力量的参与，充分发挥市场主体在农村生态环境治理中的作用，提高治理效率。

二是以法治化路径构建乡村环境法治体系。农村环境法治建设是农村生态环境保护的重要手段。我国农村环境立法向来薄弱，农村环境问题又复杂多变，构建一套针对性的污染防治、生态建设制度体系，包括农业污染防控制度、农业废弃物资源化制度、农业生态环境治理资金投入机制、监管处罚制度、处罚与责任追究制度等，为乡村环境治理提供法律依据。

三是以智慧化路径构建乡村环境技术体系。利用科技创新防治环境污染，防范、化解环境风险，不断提升乡村环境治理现代化水平。借助大数据信息技术对乡村生态环境信息进行收集、计算、分析与处理，为农村农业环境污染风险预测、防范与防治提供治理依据；构建农村环境污染监测体系，形成污染风险评估系统，确保环境治理工作的开展有据可依，提高实施措施的针对性；创新农村环境污染防治及资源化利用技术，建立农村农业科技创新和技术推广体系，提升乡村环境治理水平。

四是以绿色化路径构建乡村环境市场体系。充分运用市场经济调控手段，完善多元环保投入制度体系，建立健全以绿色为导向的生态补偿制度。培育新型市场主体，促进需求与供给、环境要素与生态区域有机结合，引导乡村产业结构调整，坚持绿色兴农与产业生态化。

利用市场激励机制，在日常生活中引导农民树立绿色消费观念，根据自身消费需求与消费能力树立以"自然"与"自我"为核心的绿色消费观。

（2）农村环境治理政策聚焦领域

针对农村环境问题的复杂性和系统性，国家加大了对乡村环境治理的投入力度，通过加强顶层设计、加大资金投入、创新与整合技术以及创新治理机制等举措，切实推进了农村生态环境治理进程。尤其是乡村振兴战略提出后，一系列有关农村生态环境治理的政策法规相继出台实施，农村整治内容从局部到综合，由水环境、土壤等单要素向社会、经济和环境多要素协同整治转型，整治范围由示范点扩至连片整治和整村推进，相关政策由解决单领域问题逐步走向生产、生活与生态"三生"协调发展，农村生态环境持续好转，治理成效明显。

当前农村环境治理主要聚焦领域如下。

① 乡村人居环境整治。生态宜居是乡村振兴的内在要求，是农村生态文明建设的重要体现。2007 年以来根据小康社会和社会主义新农村建设的总体要求，保障农村居民住房安全、饮水安全、出行安全，开展农村"脏乱差"环境整治成为农村环境治理政策的总体导向。为此加快农村基础设施建设，推进农村环境连片整治，全面改善农村生产生活条件成为乡村环境治理的重点。党的十九大以后随着乡村振兴战略的提出，乡村人居环境整治更成为中央和地方乡村环境治理的关注重点。中央一号文件中多次对乡村人居环境整治进行部署，先后出台了《农村人居环境整治三年行动方案》和《农村人居环境整治提升五年行动方案（2021—2025 年）》等，从顶层设计上把农村人居环境整治作为乡村环境治理的重要抓手。在工作内容上，因地制宜推进农村改厕、生活垃圾处理和污水治理，实施河湖水系综合整治，全面改善农村人居环境。

② 农业面源污染治理。农业面源污染治理一直以来是乡村环境治理工作的重点之一。国家从项目层面、技术层面、资金投入层面出台了各类政策，包括"以奖促治""以考促治""以创促治""以减促治"的"四轮驱动"等，持续推进农业面源污染治理。同时，为加强农业面源污染治理与监督指导，保护生态环境，维护国家粮食安全，促进农业全面绿色转型，发布了《农业面源污染治理与监督指导实施方案（试行）》《农药包装废弃物回收处理管理办法》《农业农村污染治理攻坚战行动方案（2021—2025 年）》等一系列文件。

③ 乡村产业绿色发展。生态资源富集是乡村最大优势。通过释放生态红利变生态优势为经济优势是实现乡村产业振兴的最佳选择。2005 年习近平同志在浙江提出的"绿水青山就是金山银山"的科学论断，把生态资源优势转化成经济社会发展优势作为乡村振兴的重要基石。《乡村振兴战略规划（2018—2022 年）》《关于促进乡村产业振兴的指导意见》《全国乡村产业发展规划（2020—2025 年）》等一系列文件都要求践行绿色发展理念，聚焦重点产业，聚集资源要素，强化创新引领，推进农业农村绿色发展。"生态保护、绿色生产"已经成为乡村产业发展的基本准则，也是乡村环境治理的重点领域。

7.2.3　农村环境治理路径

纵观我国乡村环境治理历程，乡村环境治理的发展路径大致可以划分为三步走。第一阶段是基础设施建设阶段，完善的基础设施能够为人们日常生产生活提供良好的条件；第二阶段是乡村人居环境整治阶段，通过农村污水垃圾治理、厕所革命以及村容村貌提升等措施，改善乡村人居环境，提升农村居民的生活质量；第三阶段是美丽乡村全面建设阶段，在改善人居环境的基础上，因地制宜推进生产、生活、生态和谐发展。

（1）基础设施建设

农村基础设施建设是乡村环境治理的首要环节，我国在农村水、电、路、气、房、讯等基础设施建设领域实施了多项行动，致力于满足农村居民基本的生活需求，提高农民的居住环境和生活质量，提升农村的整体面貌风貌。

我国农村环境整治第一阶段主要是解决农民饮水难、住房难和出行难问题。因此自"十二五"开始，先后实施了农村饮水安全工程、农村危房改造、"四好农村路"建设、农村信息化等工程。伴随着农村饮用水安全工程、电网改造升级工程、村内道路硬化工程、户户通电工程、危房改造工程等一系列有关工程行动的开展和实施，各地农村地区的基础设施建设得到了长足的发展。东部地区等较发达地区农村路、供水、供电、住房、通信等基本生活条件都已具备，中部地区的生活基础设施建设的主要项目正接近完成，而西部地区的生活基础设施建设相对落后，仍有一定的提升空间。

（2）人居环境整治

针对农村环境脏乱差的局面，"十一五"期间我国启动了农村人居环境治理。2006年中央一号文件第一次提出"加强村庄规划和人居环境治理"，要求各级政府切实加强村庄规划工作，安排资金支持编制村庄规划和开展村庄治理试点。随后在多个中央一号文件中对加强农村人居环境规划、开展农村人居环境整治进行了部署。进入"十三五"以来，乡村振兴战略实施，"生态宜居"成为乡村人居环境整治的重要目标，在巩固提升农村基础设施建设水平的同时，以农村垃圾污水治理、厕所革命和村容貌提升为重点，先后实施了农村人居环境整治三年行动方案、农村人居环境整治提升五年行动方案。通过实施农业农村污染治理攻坚战、农村生活垃圾收运处置体系建设、农村黑臭水体治理等专项行动，我国农村人居环境不断改善。

（3）美丽乡村建设阶段

党的十八大把生态文明建设放在突出地位，推进"五位一体"建设美丽中国。基于此，我国于2013年起，大力推进农村生态文明建设，统筹开展农村生态建设、环境保护和综合整治，努力建设美丽乡村。美丽乡村是指规划科学、生产发展、生活宽裕、乡风文明、村容整洁、管理民主、宜居、宜业的可持续发展乡村。创建美丽乡村是新时代背景下新农村建设理念的全面提升，不仅能够改善农村地区的人居环境质量，而且能够全面发挥生态环境的生态效益，带动当地经济的发展，实现"绿水青山就是金山银山"的和谐统一。现阶段，我国的美丽乡村建设正在稳定推进，全国各地不同乡村立足于乡村现实基础，结合各自的自然资源禀赋、地理位置、社会经济发展水平、产业特点和文化风俗等因素，开展了产业发展型、生态保护型、社会综治型、文化传承型、环境整治型、休闲旅游型、高效农业型等多种不同模式美丽乡村的创建，为各地建设美丽乡村提供了有益启示和有效借鉴。

7.3 流域环境管理

流域作为一个完整的自然地理单元，其环境问题具有系统性、复杂性和动态性等特征。随着经济社会的快速发展，流域环境管理也面临着一系列的压力与挑战。一方面经济社会发展对水环境保护的压力不容忽视，另一方面流域水生态保护和修复任务艰巨，环境风险防范面临严峻挑战。随着人们对流域水环境质量改善的需求日渐迫切，流域环境管理已成为区域环境管理的重要环节。

7.3.1 流域环境管理特点

流域环境管理与其他区域环境管理一样，具有复杂性、综合性、协同性特点。

（1）流域环境管理的复杂性

流域环境管理的复杂性主要体现在流域水体功能的多样性、水体组成的复杂性、污染来源的多样性。流域水体功能的多样性指流域水体在不同时空范围内有不同的功能，如供水、灌溉、航运、生态等。同时流域内水体因其汇水来源不一，属于多个不同的环境单元（汇水单元），且不同汇水单元可能属于不同的行政单元，导致管理上具有复杂性。此外，与其他区域一样，流域环境污染来源多样，污染源种类繁多，治理难度大。

（2）流域环境管理的综合性

流域环境管理的综合性主要体现在以下几个方面：以流域为基本单元，全面考虑与水有关的自然、人文、生态等多类因素进行综合管理；流域的多功能性导致流域管理需要多个部门协同工作，涉及水资源、水环境、水生态等多个方面；流域的跨行政区特点也导致流域管理需协调不同区域的管理工作，确保整体效果。

（3）流域环境管理的协同性

流域环境管理的协同性主要体现在要素协同性、区域协同性、部门协同性以及政策协同性。流域环境管理须统筹水资源、水环境、水生态协同治理；针对流域跨区域的特点，构建上下游贯通、多部门协作的一体化协同机制；同时通过政策协同，优化资源配置和产业结构，提升治理效能，促进流域、区域协调发展。

7.3.2 流域环境管理模式

由于流域环境管理的复杂性、综合性和协同性特点，流域环境管理体制问题一直以来是流域管理中亟待解决的深层次问题。近几十年来，世界各国结合自己的国情对流域管理体制、政策、制度进行了不断的探索和调整，大大丰富了流域管理理论和实践。

（1）职权高度集中流域管理模式

这类管理模式最具有代表性的是田纳西河流域管理。1933 年美国国会通过了《田纳西河流域管理局法案》，成立了田纳西河流域管理局（Tennessee Valley Authority，TVA），旨在通过综合治理和开发田纳西河流域资源来促进该地区的经济复苏和社会发展。TVA 的管理措施和政策涵盖了广泛的领域，包括但不限于防洪、航运、土壤保护、农业生产、电力生产和供应以及文化和教育项目。田纳西河流域管理模式主要内容包括以下几个方面。

① 实行地区性综合治理。TVA 实施了一种地区性综合治理和全面发展规划，这是美国历史上第一次对整个流域及其居民命运进行有组织的综合治理尝试。

② 具有多样化职能。TVA 主要管理职能涉及防洪、航运、环境保护、农业生产支持、电力生产等。

③ 实行独立经营权。TVA 拥有自主的经营权，可以进行土地买卖、生产与销售化肥、输送与分销电力等。同时它是一个非政治化的机构，能够跨越一般的程序，直接向总统和国会汇报。

④ 具有多元决策的机构。决策机构由总统任命的三人董事会组成，包括主席、总经理和总顾问。设有咨询性质的"地区资源管理理事会"，提供决策咨询。同时根据业务需要，TVA 可以适时调整其组织机构，以适应不同的开发和管理需求。

TVA 的管理模式体现了一种综合、多元和灵活的特点，它不仅关注经济效益，还兼顾社会、文化和环境的可持续发展，虽然也面临一系列挑战，却被一些国家作为流域综合治理的典范，印度、墨西哥、斯里兰卡等国相继推行该流域管理模式。

（2）协调式流域管理模式

该模式以立法或法律授权的方式组建由流域内各地方政府和有关中央部门参加的流域协调组织，也称为流域协调委员会。该协调组织主要负责流域规划、政策制定，以及对流域水量分配等事务进行协调。法国流域管理模式是该模式的典型代表。法国在每个流域都设立了流域委员会，流域委员会成员由地方政府、用水户协会和国家政府代表组成，负责制定和修改流域水资源开发和管理总体规划（SDAGE），并提供子流域水资源管理规划（SAGE）的指导性建议。此外，法国还设置国家公共管理机构水管局，负责促进水资源和水环境的平衡发展、财务管理、保障饮用水供应、实现流域社会经济可持续发展和防洪等事务。通过流域委员会和水管局的合作，法国能够在保护水资源的同时，满足经济发展和环境保护的需求。

（3）综合性流域管理模式

综合性流域管理模式是世界上较为流行的一种模式。其流域管理机构既不像田纳西河流域管理局那样职权高度集中，也不像协调委员会那样职能单一。它具有广泛的水管理职责和控制水污染职权。该类管理模式综合性强，对流域内供水、排水、防洪、污水处理，甚至水产和水上娱乐等河流管理的所有方面都进行管理；具有部分的行政职能又有非营利性的经济实体的特征；此外还具有控制水污染的职权。

典型的综合性流域管理模式如英国的泰晤士河水务局。欧共体各国及东欧一些国家也普遍实行这种综合性流域管理模式。

（4）"集成化"流域管理模式

为了克服统一规划、经营与管理的单主体管理模式带来不可避免的集权和难以兼顾多方利益的问题，西方有些国家正推行流域集成管理模式。流域水资源集成管理是一种"集中-分散"的管理模式，具体由国家设立专门机构对流域水资源实行统一管理，或者由国家指定某一机构对水资源进行归口管理，协调各部门的水资源开发利用。这一管理机构的主要职能是制定有关流域管理方面的法律、法规与标准，而不直接参与水资源开发。流域水资源集成管理通过利用市场调节开展水资源使用权与排污权的拍卖，以及流域内水资源管理中各方的磋商与仲裁等手段，实现流域水资源统一管理。

（5）中国流域环境管理模式

根据《中华人民共和国水法》《中华人民共和国水污染防治法》以及其他相关法律法规，我国采用了流域管理和区域管理相结合的流域水资源管理体制。同时在长江、黄河、淮河、海河、珠江、松辽、太湖七大流域，设立了水利部派出的流域机构——长江委、黄委、淮委、海委、珠江委、松辽委、太湖局，主要任务是负责对流域内江河治理和水资源综合开发利用与保护的规划、管理、协调、监督和服务。2018 年在这七大流域（海域）设立生态环境监督管理局，按流域海域开展生态环境监管和行政执法，形成流域海域生态环境保护统一政策标准制定、统一监测评估、统一监督执法、统一督察问责的新格局。

虽然我国已设立了相应的流域管理机制，但我国流域管理涉及水利、环保、建设、农业、林业等多个部门，流域日常管理仍以区域管理为主。而这种多部门分工负责制存在造成职能部门职责交叉、权责不一、部门协作机制缺失等问题的风险，可能会导致部门之间扯皮，阻碍部门之间的协调。为了增强部门之间的有效协同，提高部门之间的合作效率，我国建立了以目标责任制为核心的河长制，构建跨区域跨部门的协调机制。

7.3.3 流域环境管理对策与措施

从各国流域管理经验可知，流域管理须注重从经济、环境、社会问题的角度进行流域水资源保护、水质改善、水污染控制等管理，并采用多种手段推进流域跨区域、跨部门协调协作机制建设。其主要对策措施如下。

（1）注重流域立法

依法治水、依法管水已成为各国水管理体制改革的重要方向。如为了控制琵琶湖富营养化，日本出台了《琵琶湖富营养化防止条例》；美国为治理 Apopka 湖，佛罗里达州政府专门通过了《Apopka 湖法案》以及《地表水改善和管理法案》，同时指派圣约翰斯河水资源管理局具体负责整治工作。我国关于流域立法最早是 1995 年出台的《淮河流域水污染防治暂行条例》（后于 2011 年修订），2011 年又出台了《太湖流域管理条例》。近年来我国流域立法进入了整体发展新时代，先后颁布了《中华人民共和国长江保护法》（2020 年）和《中华人民共和国黄河保护法》（2022 年）。

然而现行流域立法规范中除《中华人民共和国长江保护法》《中华人民共和国黄河保护法》外，其余的流域立法多是针对于流域某一涉水要素而单独制定相关规范，如《淮河流域水污染防治暂行条例》《太湖流域管理条例》等，虽然以"流域管理"命名，但实际以水污染防治为主，很少涉及流域水资源保护、开发、利用、水量调度、水生态保护与修复等。

（2）推进流域综合规划

流域综合规划是流域保护与治理的重要依据，旨在解决流域内水资源、水环境和水生态问题，具有战略性、宏观性、基础性。我国当前流域规划主要是以水资源保护为主导的流域水资源规划以及以污染防治为重点的流域水污染防治规划。自"九五"开始，我国开始编制流域水污染防治规划，在国家五年环境保护规划体系中，重点流域水污染防治规划占据重要地位。自"十四五"开始，流域水污染防治规划改为流域水生态环境保护规划，全过程统筹水资源、水生态、水环境，注重保护和治理的系统性、整体性、协同性，从各流域的实际出发，深入分析流域存在的突出问题，明确流域生态环境保护工作的总体布局，突出"一河一策"，体现不同流域特色。

（3）开展流域综合治理

流域综合治理是一项系统工程，因此流域综合治理须从流域水文循环全过程综合治理理念出发，以保护水资源、保障水安全、提升水环境、修复水生态、彰显水文化为目的，合理制定各项工程措施，系统全面解决流域水问题。

① 水资源保护：严守水资源开发利用红线，严格控制区域用水总量。以水资源、水生态、水环境承载力为刚性约束，做到以水定规模、以水定目标、以水定产业，严格实行用水总量与用水强度控制。针对江河源头区、水源涵养区、生态敏感区、饮用水水源地等生态保护区，做到优先"保"、严格"限"；针对水资源开发利用过度、水污染严重、水生态退化的河湖水体及区域，做到逐步"退"、持续"减"、合理"增"、系统"治"，全面推进水资源整体保护和系统治理。

② 水环境治理：因地制宜采取截污控源、生态扩容、科学调配、精准管控等措施，统筹推进污染防治与绿色发展。一方面全面推进点、面、内三源齐治，通过入河排污口排查整治、工业污染源治理、城镇污染源治理、农村面源污染治理等措施，实现污染物源头削减；

另一方面因地制宜采取以水质改善为目标的水力调度、水生植被重建、原位水质净化等技术，提升水体自净能力，拓展河湖水环境容量。

③ 水生态修复：强化重要水源涵养区保护和监督管理，开展河湖生态缓冲带保护与修复，因地制宜通过就地保护、迁地保护、栖息地恢复等措施保护水生生物多样性，从陆域到水域全方位保护生态系统完整性；推进生态流量管理全覆盖，并通过加强生态流量监测、江河湖库水资源配置与调度管理等措施予以保障。

（4）协调流域上下游生态利益

协调流域上下游之间的生态利益，需要综合考虑各方的需求和责任，通过合作和补偿机制来实现共赢：建立流域协调机制，成立流域协调委员会或类似机构，由流域内各行政区域的代表组成，共同决策流域管理的重大问题；根据"谁受益谁补偿"的原则，建立流域上下游之间的生态补偿机制，以经济手段调节生态利益分配；鼓励流域上下游地区在水资源保护、水污染治理、生态修复等方面开展合作等。

为协调流域上下游生态利益，生态补偿机制是我国当前最主要的协调机制。如新安江流域跨省流域横向生态补偿机制，通过资金补助、对口援助、产业转移等方式推动横向协同综合治理体系建设，同时也有效地协调流域上下游之间的生态利益，促进水资源的合理利用和生态保护。

思考题

1. 城市环境管理的主要内容及相关制度有哪些？
2. 如何建设生态文明城市？
3. 如何实现乡村生态振兴？
4. 当前流域环境面临的压力与挑战是什么？
5. 讨论不同流域管理体制的优缺点。

8

生态环境规划概述

　　规划是从理念到行动、从理论到实践的政策载体与桥梁，是国家治理体系的重要组成部分。生态环境规划作为我国环境治理体系中的一项基础制度，是生态环境管理的重要手段，具有很强的统领性和战略性，推动了不同时期我国环境保护系统施策，为实现社会经济和生态环境协调发展提供了有效途径。本章概述了生态环境规划概念与特征、规划类型与体系、编制程序与主要内容等，为生态环境规划编制提供了指引。

8.1　生态环境规划概念与类型

8.1.1　生态环境规划概念与特征

　　规划是某一特定领域的发展愿景，是基于对未来整体性、长期性和基本性问题等思考来设计的未来整套行动方案。规划包含两层含义：一是描绘未来，即人们基于规划对象现状认识来对未来目标和发展状态进行构思；二是行为决策，即人们为达到或实现未来发展目标所应采取的行动。

　　生态环境规划是国家规划体系的组成部分之一，是指人类为使生态环境与经济社会协调发展，把"社会-经济-环境"作为一个复合生态系统，依据社会经济规律、生态规律和地学原理，对自身活动和生态环境在时间、空间上所作出的合理安排，是对一定时期内生态环境保护目标和措施所作出的规定。生态环境规划既是一定时间内生态环境保护的方针、战略、指导思想，也是对未来一定时期内生态环境保护目标、任务、工程、措施所作出的具体规定，具有强制性。

　　生态环境规划作为调控社会经济环境复合系统的重要手段，具有以下基本特征。

　　① 整体性与关联性。整体性反映在规划对象环境要素和各个组成部分之间具有相对确定的分布结构和作用关系，从而构成一个整体性强、关联度高的有机整体；生态环境规划的关联性反映在规划过程各技术环节之间关系紧密、关联度高。

　　② 综合性与交叉性。规划综合性反映在其涉及领域广泛、影响因素众多、对策措施综合、部门协调复杂。近年开展的生态环境规划在内容上综合了自然、工程、技术、经济、社会等多学科知识，同时也要与建设、水务、气象、国土、经济、发改、农林等多部门进行协调，是一个融合多部门成果的集成产物。此外规划所依据的技术方法和支撑软件环境具有多学科特性。因此生态环境规划无论在内容还是在方法上都体现了综合性、交叉性。

　　③ 区域性与类别性。生态环境问题呈地域特异性，因此生态环境规划必须注重"因地

"制宜"。同时，空间布局和结构理论及环境问题种类繁多的特点也要求在规划方案中体现分区分类特征，满足我国生态环境管理差异化要求。

④ 动态性与不确定性。生态环境规划是对一定时期内环境保护目标和措施所作出的规定，具有较强的时效性。但外部影响因素不断变化，往往带来了生态环境规划的不确定性。因此，从理论、方法、原则、工作程序、支撑手段等方面逐步建立起一套滚动的环境规划管理系统，以适应生态环境规划不断更新调整、修订的需求，减少随机性影响。

⑤ 政策性与约束性。生态环境规划作为我国各项生态环境保护工作开展的重要依据，具有明确的指导性，从而带有很强的政策性特征。同时规划一经制定，并经权力机关讨论通过颁布，就具备了法律性质，具有较强的约束性。

生态环境规划将生态环境问题与社会经济问题一起综合考虑，并在经济社会发展中求得解决，以取得经济社会与生态环境的协调发展。因此，生态环境规划已成为我国生态环境保护工作的重要组成部分和手段，其作用主要体现在以下几方面。

① 促进环境与经济、社会可持续发展。大量事实表明，生态环境问题源于社会经济发展过程，因此生态环境问题的解决必须从源头入手，注重预防为主，防患于未然。生态环境规划的重要作用就在于协调环境与经济、社会的关系，预防环境问题的发生，促进环境与经济、社会的可持续发展。

② 保障环境保护活动与经济社会发展活动相协调。《中华人民共和国环境保护法》明确规定，县级以上人民政府应当将环境保护工作纳入国民经济和社会发展规划。生态环境规划将生态环境保护纳入了国民经济和社会发展计划，使生态环境保护目标与国民经济和社会发展相适应，实现生态环境保护工作与社会建设、经济建设、制度建设等活动相协调。

③ 改善环境质量，维护生态服务功能。改善环境质量，防止生态破坏是生态环境规划的重要目标。生态环境规划根据区域生态环境承载能力规范人类活动，并采取有效措施解决环境问题，开展环境建设活动，从而推动区域环境质量改善，提升区域生态服务功能，实现生态系统良性循环。

④ 指导各项环境保护活动有序进行。生态环境规划制定的功能区划、质量目标、控制指标和各种措施及工程项目，给人们提供了环境保护工作的方向和要求，可以指导各项环境保护与生态建设活动开展，对有效实现科学环境管理起着决定性作用。

⑤ 以最小的投资获取最佳的环境效益。任何环境保护活动，都需要有人力、物力和财力的投入。生态环境规划正是运用科学的方法，保障在发展经济的同时，以最小的投资获取最佳环境效益的有效措施。

8.1.2　生态环境规划类型与体系

（1）生态环境规划分类

依据不同的划分准则，生态环境规划可分为多种类型（图8-1）。

① 按规划时间跨度分，可分为长（远）期生态环境规划、中期生态环境规划以及短期生态环境规划。长（远）期生态环境规划一般指跨越时间比较长，通常是10年以上，以纲要性计划为主，主要确定生态环境保护战略目标及重大政策措施等。中期生态环境规划时间跨度一般在5~10年，是数量较多的一类规划，主要内容包括环境保护目标和指标、生态功能区划、环境保护任务以及相应支撑项目、投资计划等。短期生态环境规划一般指时间跨度在5年以下的规划，是中期规划的实施计划，包括三年行动计划、年度计划等，内容相比中

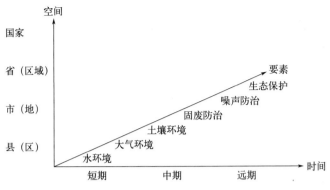

图 8-1　生态环境规划分类

期规划更为具体，可操作性强且有所侧重。

② 按环境要素分，可分为水生态环境保护规划、大气环境保护规划、土壤污染防治与修复规划、固体废物污染防治规划、环境噪声污染防治规划、生态保护规划等。环境要素保护类规划内容以提升改善环境质量为目标，提出污染防治及生态修复的任务与措施；生态保护类规划是指侧重于生态系统保护与修复，强调生态系统服务功能和价值恢复的规划，包括自然保护区建设规划、生物多样性保护规划、重要生态功能区建设规划等。

③ 按地域和管理层次分，可分为国家、省级（区域）、地市级、县（市、区）级及乡镇等生态环境规划。国家生态环境规划是国家发展规划的重要组成部分，对全国的环境保护工作起着指导性作用，也是各级政府和生态环境部门制定规划的重要依据。省级（区域）生态环境规划一般是针对省级或相当于（或大于）省级的经济协作区，如长三角、珠三角、京津冀、长江经济带等，其综合性和地区性很强，是国家生态环境规划的基础，又是制定城市生态环境规划、县（市、区）环境规划的前提。地市级、县级生态环境规划则是在国家或省级生态环境规划基础上，结合地方特征及生态环境保护要求而制定的生态环境规划，该类规划目标明确、内容针对性强。乡镇生态环境规划是县（市、区）生态环境规划在乡镇范围内的任务分解，其目标和任务明确，同时又结合乡镇特点对乡镇生态环境保护工作进行总体安排。

④ 按规划侧重内容划分，有污染防治规划、生态建设规划、核及辐射安全规划、环保能力建设规划等。目前受关注较多的是污染防治规划与生态建设规划。污染防治规划按规划对象又可分为工业污染防治规划、农业面源污染防治规划、城镇污染综合整治规划等；或分为水污染防治规划、大气污染防治规划、土壤污染防治规划、固体废物污染防治规划以及噪声污染防治规划等。生态建设规划是根据生态规律及社会经济发展计划，对一定地域生态平衡的维系、保护所作的具体安排，如城市生态规划、农村生态建设规划等。

（2）我国生态环境规划体系

我国生态环境规划经历了从无到有、从简单到完善的发展过程，逐步形成了有层次、分类型、多样化的规划体系。不同行政级别、空间载体的规划形成了纵向规划体系，不同环境要素、功能性质的规划又形成了横向规划层次，最终形成了覆盖全环保领域的"行政层级＋要素＋空间＋功能体系"多维的纵横交错生态环境规划体系（图 8-2）。

根据生态环境保护的特点及我国目前规划体系的实际情况，生态环境规划编制按"两层两类"推进实施。"两层"是指首先进行生态环境综合区划，划出生态保护红线及环境管制

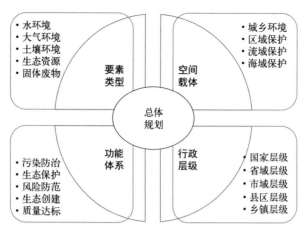

图 8-2　生态环境规划体系

区域，在此基础上进行各类生态环境规划；"两类"是以规划编制角度来划分的，分为战略性生态环境规划和操作性生态环境规划，见图 8-3。

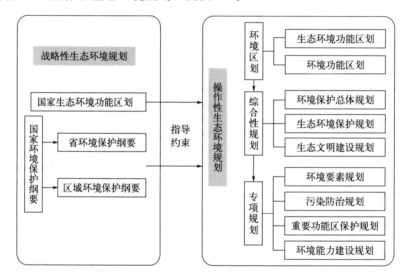

图 8-3　环境规划编制体系

战略性生态环境规划对整个生态环境保护工作具有宏观的、全面的指导作用。该规划强调前瞻性、战略性、长期性、全局性和导向性，为环境保护及自然资源开发利用提供战略部署和全局性安排。战略性规划一般都是长远规划，包括国家、省级和区域（流域、海域）三个层面。

操作性生态环境规划是对生态环境保护的宏观战略、指导性思想和基本原则的具体落实，以一定时间内具体的环境保护与生态建设要求为目标导向，提出具体的工程项目、对策措施。操作性环境规划一般具有目的性、可操作性、针对性较强的特点，在时间跨度上以中期和短期规划为主，在内容层次上分为环境区划、环境综合规划和环境专项规划，在行政层级中通常以地市级、县（市、区）级为主。

"十一五"以来，我国环境保护规划"纵横"交错的多层级多类型体系日益完善。内容上从传统的污染防治规划、生态建设规划开始向环境风险、有毒有害物质等非传统领域延伸。进入"十二五"，环境保护规划内容上以"削减排放总量-改善环境质量-防范环境风险-提升环境公共服务"四大战略任务统揽全局。"十三五"以来，我国环境规划转向以生态环境质量为核心，规划内容基本围绕着环境质量、风险健康、生态安全三大目标，基于结构调整、污染控制、生态保护和支撑保障展开相应的调控。

8.1.3 生态环境规划与其他规划关系

国家规划体系对推进国家治理体系和治理能力现代化的作用日益显现。目前，我国已形成了以国民经济和社会发展为核心的国家发展规划，以土地资源合理开发利用为核心的土地利用总体规划，以空间合理布局、城乡功能提升为核心的城乡发展规划，以国土空间优化为核心的空间规划等组成的规划体系。生态环境是经济和社会发展的基础和支撑条件，生态环境问题与经济和社会发展直接相关，因而生态环境规划也与国家规划体系中其他规划有着非常紧密的联系。

（1）生态环境规划与国民经济和社会发展规划

国民经济和社会发展规划是国家或区域对未来一段时期内经济和社会发展的全局安排，是保证国民经济持续、稳定、协调发展的重要手段。它规定了经济和社会发展的总目标、总任务、总政策，包括所要发展的重点领域、所要采取的战略部署和重大政策与措施，是一个指令性与指导性并重的计划。防治环境污染、改善生态环境是国民经济和社会发展的重点任务之一。

生态环境保护是国民经济和社会发展的重要组成部分。生态环境保护目标要与国民经济和社会发展目标相协调，并且纳入国民经济和社会发展规划目标体系中；生态环境保护规划确定的环境污染防治、生态建设的重要举措及工程项目，也应纳入国民经济和社会发展规划中，并参与资金综合平衡，确保项目同步实施。而国民经济和社会发展规划则以生态环境规划为基础，只有合理利用自然资源、维护生态平衡、改善环境质量，为民众提供优质的生态环境，经济才能持续发展、社会才会趋于和谐。因此，生态环境规划对国民经济和社会发展起着重要的补充作用，生态环境规划的制定和实施是保证国民经济和社会发展规划目标得以实现的重要条件。

（2）生态环境规划与国土空间规划

国土空间规划以空间治理和空间结构优化为主要内容，为国家发展规划确定的重大战略任务落地实施提供空间保障，为其他规划提出的基础设施、城镇建设、资源能源、生态环境等开发保护活动提供指导和约束。国土空间规划是国土资源开发、利用、整治和保护实施的综合性战略部署，其中含有多重生态环境保护的内涵，包括生态安全底线、生态保护红线、生态修复任务和目标、资源环境承载力等。

生态环境规划与国土空间规划不是简单的包含关系，而是交叉关系。生态环境规划是生态环境安全格局和健康发展在时间、空间上的具体安排，也是国土空间高质量发展的决定要素。为保障"一张蓝图绘到底"，推进高质量发展，生态环境保护规划的重要结论，特别是各要素保护的空间落实结论应纳入国土空间规划中。在当前规划体系转型过程中，生态环境保护规划应在为高质量发展服务、构建分区分类治理体系、推进差异化管控等方面有所创新，将生态保护红线、环境承载力、生态容量、生态布局等要素融入国土空间规划。

（3）生态环境规划与城市总体规划

城市总体规划是指城市人民政府根据国家对城市发展和建设方针政策、国民经济和社会发展的长远规划，按城市自身建设条件和现状特点，合理制定城市经济和社会发展目标，确定城市发展性质、规模和建设标准，安排城市用地功能分区和各项建设总体布局。城市生态环境规划既是城市总体规划的主要组成部分，又是独立规划，并参与城市总体规划目标的综合平衡，两者互为参照和基础。城市生态环境规划与城市总体规划的主要差异在于从保护人的健康出发，以保持和创建清洁、优美、适宜的人居环境为目标，进而促使经济社会与环境的可持续发展；而城市总体规划所涵盖的内容较多，对城市总体发展指导性更强，是一种更深、更高层次的城市经济和社会发展规划。

（4）生态环境规划与土地利用规划

土地利用规划作为配置和合理利用土地资源的重要手段，是指在一定区域内对土地开发、利用、治理、保护在空间上、时间上所作的总体安排和布局，是国家实行土地用途管制的基础。土地资源是生态环境资源中的一种，而土地利用方式也反映出人类社会经济活动的类型，因此土地利用规划与生态环境规划关系密切。

当前生态环境规划与土地利用规划主要衔接点在于"三界四区"与环境功能分区、生态红线等的衔接。在"多规合一"的态势下，生态环境规划与土地利用规划将进一步衔接。土地利用规划与生态环境规划相互协调和统一的结合点在于注重保护和改善生态环境，减轻自然灾害及污染对土地的毁损。土地利用规划目标需要将环境现状评价及环境预测结果作为其制定目标的参考依据，同时生态环境规划目标的确定也需要依据土地利用规划中土地生态建设目标来制定，增强生态环境规划的可操作性。

8.2 生态环境规划内容与程序

8.2.1 生态环境规划工作内容

生态环境规划的主要任务是摸清生态环境现状，尤其是区域主要环境污染源、产业结构和布局等现状，开展环境经济综合分析、环境承载力分析，预测生态环境经济发展趋势及发展瓶颈。在此基础上，结合生态环境功能区划提出产业布局及结构优化的建议，并针对生态环境质量改善要求，从污染控制与生态修复等角度提出相应的对策及支撑项目。

生态环境规划主要工作内容包括：区域生态环境现状及存在问题、压力和制约因素分析；区域环境承载力（环境容量）分析；区域发展主体功能区、生态分级控制区、环境功能区等划分；生态环境规划目标及指标体系确定；基于环境承载力及功能分区的产业结构调整及布局优化，生态环境调控总体策略研究；区域污染物总量控制规划；各要素污染控制规划；生态保护（建设）规划；重点工程规划；规划实施保障体系制定；等等。

不同类型和层次的生态环境规划重点内容不完全相同，规划编制时根据规划目的选择相应内容，做到因地制宜。

8.2.2 生态环境规划编制程序

生态环境规划是一个科学决策过程，其涉及范围广、涵盖内容多。由于规划种类较多，内容侧重点也各不相同，目前尚无普适性的技术规范与导则。从工作流程来看，生态环境规划一般分为四个阶段，分别是规划准备阶段、规划编制阶段、规划实施阶段、规划评估阶段。从规划编制基本程序来看，一般包括工作大纲编制、现状调查与评价、环境预测、生态功能区划、规划目标确定、规划方案拟定与确定、规划实施与评估。具体见图8-4。

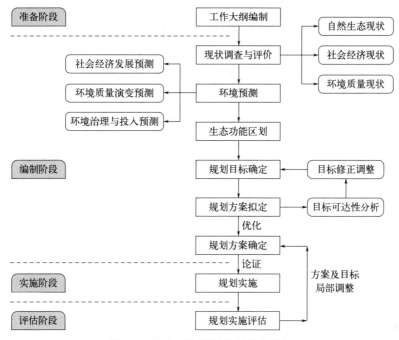

图 8-4   生态环境规划编制基本程序

（1）准备阶段

规划具有科学性和指令性，编制生态环境规划是为了适应区域经济社会发展而对环境污染控制和生态健康维护作出时间和空间上的科学安排和规定，是一个科学决策过程。

由于生态环境问题的广泛性、复杂性及与社会经济的关联性，为了让生态环境规划有序进行，在开展规划之前，规划部门将会对整个规划工作进行组织和安排。具体包括下达规划任务、收集相关资料、制订规划工作计划、拟订规划编制大纲、明确编制任务。对于一些复杂的规划，或牵涉面比较广、站位比较高的战略性规划或概念规划，一般在规划编制前，还需要开展一些专题研究，为规划的编制提供理论基础。

（2）编制阶段

规划编制阶段主要是围绕着规划任务开展相应的工作，包括现状调查与评价、环境预测与压力分析、生态功能区划及规划目标制定、规划方案设计与优化。

环境现状调查和评价是编制生态环境规划的基础。通过对规划区域社会经济发展现状、环境质量状况与自然生态状况调查，分析评价区域社会经济发展水平和环境演变特征，提出规划需要重点解决的问题。而环境预测是环境决策的重要依据，通过科学预测，分析区域生态环境保护面临的压力与挑战，为规划目标和规划方案制定提供依据。

为落实和强化生态环境分区分类管理要求，一般生态环境规划将结合国家提出的区域发展主体功能区划，对生态环境从空间上按功能进行区划，形成分类管控目标及要求。在此基础上，对接上位规划目标要求以及区域生态环境特征，设定规划区域生态环境保护与建设目标。

生态环境规划方案是整个规划成果的集中体现，是达到目标的具体途径。在前期调查评估分析基础上，围绕着环境目标开展规划方案的设计。一般要在草拟规划方案基础上进行筛选、优化，再确定规划方案，并形成规划重点项目清单。

（3）实施阶段

生态环境规划编制完成，再经过专家论证、修改、补充、完善后，分别报国家相关部门综合平衡，进一步修改定稿。规划按法定程序审批通过后，在生态环境部门监督管理下，各级政府和有关部门应根据规划组织各方面力量，将规划付诸实施。为了保证规划能够顺利实施，在规划编制发布后还要有一系列的保障措施。

（4）评估阶段

生态环境规划按照既定程序审批下达后进行实施。但区域发展具有很大的可变性，为了能适应这种变化，规划在实施过程中需不断进行修正与补充。我国建立规划中期评估制度，对规划实施成效进行评估，从目标达标、工程推进、问题解决等方面进行全面分析与评估，在实施过程中对规划进行修正与补充，以引导规划有效实施。

8.3 生态环境规划编制与实施

8.3.1 生态环境调查与评价

在规划编制前期，需对规划区域进行背景资料调查，继而开展实地调查和社会调查。根据调查和监测结果进行统计分析和计算，对生态环境质量、环境影响进行定性和定量的评价。通过评价了解区域生态环境特征、生态环境调节能力和承载能力，识别主要生态环境问题，确定主要污染物和污染源时空分布特征，为规划目标及方案制定提供依据。

8.3.1.1 生态环境现状调查

现状调查一般采用背景资料调查、实地调查、社会调查和遥感调查等方法和手段。背景资料调查和实地调查主要通过资料收集和现场踏勘，了解规划区域现状并发现存在的问题。社会调查主要通过公众参与调查，了解区域内不同阶层对社会和环境发展的要求及关注点。同时通过专家咨询、座谈，将专家的知识与经验结合于规划中。此外，地理信息系统（GIS）和遥感技术能够及时准确获取地形、地貌、土地利用、水系分布、植被覆盖等空间特征，也是生态环境规划中一项重要的资料获取手段。

在调查中，生态环境信息收集是最基础的工作。规划前期信息收集以广而全为原则，应包括与规划相关的一切社会经济类信息，以及自然、地理、生态、环境等相关信息。在对规划区域概况进行初步了解后，根据规划目的和内容，再进一步深入挖掘新的信息。信息收集主要有几种途径：一是规划区域统计数据，如区域统计年鉴、环境统计资料、各类公报（如水资源公报、生态环境质量公报、国民经济和社会发展公报等）；二是各类相关规划计划，区域国民经济和社会发展规划、土地利用规划、城乡一体化发展规划、各部门专项规划等；三是相关研究成果，如与规划内容相关的一些调查研究报告（区域生态环境质量演变研究报告、生物多样性调查报告等）。

8.3.1.2 生态环境现状评估

为识别区域生态环境特征，找出目前存在的各种环境问题及在规划期内亟待解决的主要环境问题，规划过程中一般要开展社会经济现状、环境质量与污染源、生态资源现状等评价。其评价过程及主要内容如图 8-5 所示。

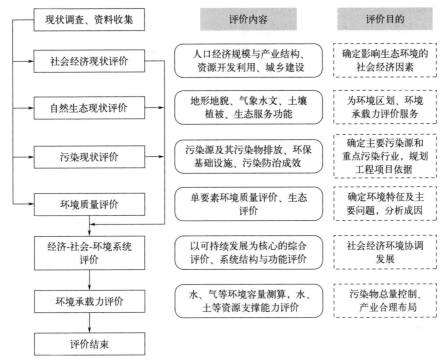

图 8-5　生态环境规划评价过程及主要内容

（1）社会经济现状评价

社会经济现状评价主要是对规划区域社会经济发展特征进行评估，特别是对规划区域生态环境质量有着直接或间接影响的社会经济活动。

规划区域经济现状评价主要对该区域经济规模、产业结构及布局进行重点评价。其中经济规模侧面反映了该区域人类活动强度，也是环保投入的重要保障；而产业结构与布局跟区域环境质量有着直接相关性。合理的产业结构与布局能够最大限度减轻对区域环境的危害，并在有限的环境容量和环境资源条件下，发挥当地最大生产潜力；而不合理的产业结构与布局既不能有效发挥生产潜力，又会严重地降低区域环境质量。通过对产业结构与布局进行合理性评估，为优化与调整产业结构和布局提供思路与着力点。

社会现状评价一般对区域社会发展水平进行评价，包括人口、城乡基础设施建设水平、科技发展水平等。人口评价主要是对人口规模发展趋势、人口空间分布、人口组成结构等进行评估；基础设施评价包括供水排水、能源供应、城镇绿化、污水处理、城镇道路等进行评估，反映区域人居环境建设水平以及对区域人口、经济发展、环境保护的支撑能力。但不同规划的侧重点不一样，评估内容可以根据规划的需要进行选择评估。

（2）环境质量与污染源评价

环境质量评价是对环境质量优劣进行定量、半定量甚至是定性的描述，其目的在于揭示特定地区或区域环境质量水平和差异，较全面地揭示环境质量状况及其变化趋势，找出主要环境问题及主要控制污染物，识别出重大环境问题。同时通过污染源评价，识别重点污染行业及污染源，为制定区域环境污染防治规划提供依据。

环境质量评价内容一般根据多年环境监测数据，对区域内大气、水、土壤、噪声等环境质量现状进行评估，分析其时空演变趋势及其特点，识别主要环境问题及制约区域发展的环境瓶颈。污染源评价主要根据各类污染源相关资料，统计分析区域内各类污染物总量及时空分布特点，根据污染排放强度识别主要控制区域，根据各行业排放量识别区域重点排放行业及排放源。污染源评价不仅是对工业污染源进行评价，还应将生活污染源、农业面源等纳入分析。

（3）生态资源现状评价

生态资源是区域发展的重要支撑，因此需在生态环境规划中对规划区内各类生态资源进行评价，分析资源环境承载能力。一般在对规划区域地质、气候、水文、植被、土壤等自然生态特征进行分析的基础上，分析水资源、土地资源、生物资源等资源禀赋及对社会经济的支撑能力。

水资源包括地表水资源与地下水资源，主要评价水资源开发利用现状、区域供水结构、用水结构及水资源承载能力，重点关注区域饮用水安全保障。

土地资源评价主要是对区域土地利用类型及其变化进行评估，同时通过分析人均耕地拥有量、建设用地人均占有量等指标，评价土地资源利用效率。

生物资源主要包括植被及动物资源。植被评估内容包括植被类型、分布、面积和覆盖率，植物群系及优势植物种，植被主要环境功能，珍稀植物种类、分布及其存在问题等。动物评估主要包括野生动物生境现状、破坏与干扰，野生动物种类、数量、分布特点，珍稀动物种类与分布等。动物有关信息可从动物地理区划资料、动物资源收获、实地考察与走访等调查方式获取，也可根据生境与动物习性相关性等获得。

8.3.1.3　生态分析与评价

生态分析与评价是运用生态学原理方法，对规划区域系统的组成、结构、功能与过程进行分析评价，评估区域发展所涉及的生态系统敏感性与稳定性，了解自然资源生态潜力和对区域发展可能产生的制约因素，为区域空间合理布局、生态环境建设策略制定提供依据。

（1）生态过程分析

生态过程分析是对生态系统类型、组成结构与功能进行分析评价。重点关注受人类活动影响的生态过程及其与自然生态过程的关系，特别是那些与区域发展和环境密切相关的生态过程，如能量流、物质循环、水循环、土地承载力、景观格局等。

（2）生态承载力分析

生态承载力指区域内所有生态资源在自然条件下的生产和供应能力。通过分析区域地质地貌、气象水文、土壤植被等生态系统特征，评估系统的抗干扰能力和受干扰后的恢复能力。

（3）生态格局分析

一般在生态空间规划中，须对区域景观基质、斑块、廊道等结构要素分析，评估土地利用格局改变引起的功能变化，揭示人类活动对区域景观结构与功能的影响，为区域生态环境规划、功能布局提供依据。

（4）生态敏感性分析

生态敏感性是生态系统对区域内自然和人类活动干扰的敏感程度，反映区域生态系统在遇到干扰时，发生生态环境问题的难易程度和可能性大小。生态敏感性评价包括土壤侵蚀敏感性评价、沙漠化评价、盐渍化敏感性评价、石漠化敏感性评价、酸雨敏感性评价、自然灾害敏感性评价、特殊价值生态系统敏感性评价等。

（5）生态适宜性分析

根据区域资源与生态环境特征，从发展需求与资源利用要求出发，综合考虑自然属性和社会经济因素，评估生态系统类型对资源开发的适宜性和限制性，反映出区域开发利用的可能性及开发潜能，进而划分适宜性等级。

8.3.2 生态环境预测分析

生态环境预测是指在生态环境调查和现状评价基础上，运用现代科学技术手段和方法，预测未来社会经济与生态环境发展趋势。预判未来生态环境状况是规划目标可行性分析的基础，也是规划方案制定的指引。

（1）社会经济发展预测

社会经济发展预测内容包括规划期内区域人口总数、人口密度、人口分布及变化趋势，人们生活水平、居住条件，区域生产布局、生产力发展水平、经济规模和经济条件等。其中，人口是社会发展预测的重点，而经济发展预测重点则是经济总量和产业结构。根据规划内容及关注点，也对产业布局、交通和其他重大建设项目进行必要的预测分析。

通过对规划区域经济发展趋势及产业结构变化分析，明确影响经济发展的主要制约因素，包括外在的机遇与挑战、内在的优势与劣势，为协调经济与环境协调发展提供思路。

（2）资源能源消耗预测

资源能源消耗预测包括：区域水资源供需水平以及消耗量；煤炭、燃料油等能源消耗强度及总量；城镇化带来的土地利用结构变化等；农业资源与环境预测，如耕地数量和质量、盐碱地面积和分布、水土流失面积和分布等。此外，还包括区域内森林、草原、沙漠等面积、分布及区域内物种、自然保护区和旅游风景区变化趋势。

根据对规划期内水、土地、能源等资源供给水平的预测，分析规划期内不同时期资源对区域发展的承载能力及制约因子，特别是对制约发展瓶颈进行详细分析。

（3）污染物总量预测

围绕着工业污染源、生活污染源及农业面源等，根据社会经济发展及环境资源（如水、能源等）情景方案，预测不同水平年各类污染物排放量。污染物排放量预测核心是确定合理的排污系数（如单位产品和万元工业产值排污量）和弹性系数（如工业废水排放量与工业产值的弹性系数），从而得到相应污染物排放量。

根据污染物总量预测结果，对比区域污染物总量与上级下达总量控制指标的差距，分析削减压力与潜力，明确需要控制的主要污染物、主要污染源。

（4）环境质量变化预测

环境质量变化预测是基于污染物排放与环境响应关系，预测各类污染物在大气、水、土壤等环境要素中的含量水平及分布。环境质量变化预测是目前生态环境规划中最复杂的一个环节。国家层面上的生态环境规划只在大气污染防治规划领域有所突破，初步建立了国家、区域和城市层面上的大气污染物排放与空气质量模拟平台。国家层面的水和土壤污染防治规划目前很难突破这个技术难题。在流域水污染防治规划中，可以利用相关数据及模型预测水污染物排放与水质改善的关系。

在一些规划中，通常通过对重点区域及环境介质的质量变化趋势分析，指出其与功能要求的差距，确定重点保护对象。

部分规划还包括一些重大环境问题，如全球气候变化、臭氧层破坏或严重环境污染问题等发展趋势进行分析，为有针对性地采取防范措施或应急措施提供依据。

（5）环境治理和投资预测

环境治理和投资预测包括：各类污染物治理技术、装置、措施、方案及治理效果，规划期内环境保护总投资、投资比例、投资重点、投资期限和投资效益等，重点工程项目投资匡算等，环境投资来源等。

8.3.3 生态环境规划目标确定

生态环境规划目标既是制定规划的关键，也是规划的核心内容，它是对规划对象（如区域、城市、农村或工业区等）未来某一阶段生态环境质量发展方向和发展水平所作出的规定。生态环境规划目标体现了规划战略意图，也为环境管理活动指明了方向、提供了依据。

（1）规划目标类型

规划目标应体现规划根本宗旨，即既保障国民经济和社会持续发展，又促进经济效益、社会效益和生态环境效益协调统一。因此生态环境规划目标设置要符合以下基本要求。

① 具有一般发展规划目标的共性。生态环境规划目标必须具有与一般发展规划目标相同的性质，如有时间限定和空间范围约束，可以量化并能反映客观实际，而不是规划人员和决策者的主观要求和愿望。

② 与社会经济发展目标相协调。环境保护和生态建设的根本目的是实现人与自然和谐，保障生态环境与社会经济协调发展，规划目标应集中体现这一方针。因此，规划目标应与社会经济发展目标进行综合平衡，通过规划实施实现生态环境与社会经济的协调发展。

③ 规划目标具有可实施性。规划目标可实施性主要指技术经济可达性、目标时空可分解性，并且要便于管理、监督、检查和实行，与现行管理体制、政策、制度相配合，尤其是与目标责任制挂钩。

④ 体现目标先进性与科学性。规划目标应能满足社会经济健康发展对环境的要求，满足人们对优美环境的追求。因此，规划目标设置时要确保规划目标的先进性，同时也要做到规划目标设置科学合理，具有一定的代表性。

生态环境规划内容涉及面较广，因此目标设置也是多层次多类型的组合。表 8-1 列出了常见的生态环境规划目标类型。

表 8-1 生态环境规划目标的分类

分类	项目	说明
管理层次	宏观目标	对规划区在规划期内应达到的环境目标进行总体上规定
	详细目标	按照规划期对环境要素、功能区划进行具体目标规定
内容	环境质量目标	大气、水、土壤、声等环境介质的质量目标
	污染物总量控制目标	水、大气污染物总量控制或削减目标
	生态建设目标	包括生物丰度、森林覆盖率、水土资源利用等
目的	环境污染控制目标	包括大气、水、固体废物和噪声污染控制目标等
	生态保护目标	包括森林资源、草原资源、野生动植物资源、矿产资源、土地资源和水资源等保护目标
	环境管理目标	包括组织、协调、监督、宣传教育等管理目标

分类	项目	说明
时间	短期目标	目标准确、定量、具体,体现出很强的可操作性
	中期目标	既包含具体的定量目标,也包含定性目标
	长期目标	具有战略意义的宏观要求
空间范围	包括国家、省(自治区、直辖市)、地市、县(区、市)、乡镇各级环境目标,对特定的森林、草原、流域、海域和山区也可规定其相应目标	

生态环境规划目标指标是对生态环境规划目标具体内容、要素特征和数量的表达,能够直接反映环境对象及其特征。一般在确定总体和阶段规划目标基础上,用指标体系表征详细规划目标。

规划指标类型要与规划目标内容相匹配。从内容上看,有数量方面指标、质量方面指标和管理方面指标;从表现形式上看,有总量控制指标和浓度控制指标;从复杂程度上看,有综合指标和单项指标;从范围上看,有宏观指标和微观指标;从地位和作用上看,有决策指标、评价指标和考核指标;从作用上看,有指令性指标和指导性指标。目前生态环境规划指标分类主要采用按其表征对象、作用及在生态环境规划中的重要性或相关性来划分,主要划分为生态环境质量指标、污染物总量控制指标、环境治理与管理指标及其他相关指标。

① 生态环境质量指标。生态环境质量指标主要表征自然环境要素(大气、水、土壤等)和人类生活环境(如安静)质量及主要自然生态系统状况,是生态环境规划的出发点和归宿,一般以环境质量标准为基本衡量尺度。其中环境质量指标通常选择环境要素的污染物水平指标或污染物控制强度指标;生态系统质量指标通常选择一些生态系统的特征性指标,如森林覆盖率、自然保护区面积、绿地面积、生物多样性等。

② 污染物总量控制指标。污染物总量控制指标主要是对各类环境污染物排放总量或管理总量提出的要求,可以是环境容量总量控制指标,也可以是目标管理总量控制指标。"十三五"时期在我国五年环保规划中纳入的污染物总量控制指标有化学需氧量、氨氮、二氧化硫、氮氧化物,此外在重点地区、重点行业实施挥发性有机物总量控制,对部分富营养化湖库实施总氮总量控制,对总磷超标的控制单元及上游相关地区实施总磷总量控制。

③ 环境治理与管理指标。环境治理与管理主要指标是指污染物治理和管理指标及生态管理指标。这类指标有的属于生态环境部门管理,有的属于城市建设部门管理,有的属于资源管理部门,但这类指标与生态环境质量优劣密切相关,因而将其列入生态环境规划中。

④ 其他相关指标。相关性指标主要包括资源、经济和社会三大类。这些指标对大多数生态环境规划来说,通常可以看成规划的外生指标,但对于综合性生态建设规划或生态环境总体发展规划来说,仍是重要组成部分。将社会、经济类指标纳入规划中,能更全面地衡量环境规划指标的科学性和可行性。对于区域来说,资源有效开发利用也是直接与生态环境相关的,在生态环境规划中占有越来越重要的位置。

(2) 规划目标确定及可行性分析

生态环境规划目标的确定既要与区域现状、性质相符,又要与社会经济发展规划目标相衔接,既要有代表性又要可操作。因此,规划目标的确定是一项系统工程,根据多种关系进行统筹、不断反馈,最终得到科学、系统的目标体系。

生态环境规划目标在设置时,一般按宏观目标与详细目标进行设置。宏观目标是从战略高度上提出生态环境保护目标要求。在宏观目标的基础上，再按时间提出阶段性总体目标，一般按近、中、远期设置目标。详细目标通常用指标来表征，这些规划指标也是按规划近、中、远期设置定性或定量的目标值。生态环境规划目标及指标体系确定的基本程序见图 8-6。

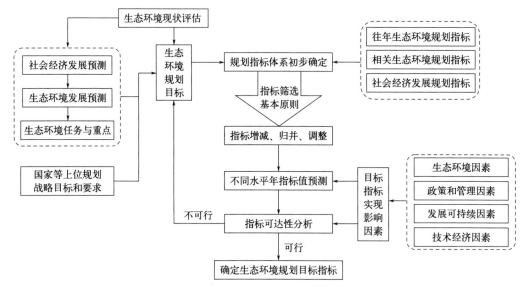

图 8-6　生态环境规划目标及指标体系确定的基本程序

规划总体目标一般要基于生态环境现状分析及社会经济、生态环境发展趋势来确定，同时也要结合国家或区域的一些战略目标和要求，另外规划目标要体现规划内环境保护工作的任务和重点。

目标指标是总体目标的具体体现，是规划方案编制及规划实施考核的重要依据。规划指标类型繁多，选择时要综合考虑指标体系的系统性、科学性、代表性、可操作性等原则。一般指标选择时可以参考往年同类环境规划指标及相关生态环境规划指标，同时参考相关的社会经济发展规划指标，但指标选择要基于总体目标进行。在初步确定指标体系后，综合考虑生态环境因素、政策和管理因素、发展可持续因素及技术经济因素，通过预测各个指标发展趋势及部分指标指令性要求，确定各个指标不同水平年的目标值，并对不同水平年目标值进行可达性分析。如果指标可达性存在问题，则需反馈调整初始设置的目标值；如果符合治理和管理要求，则确定指标目标值。此外基于规划目的，要明确指标属性，即是约束性指标还是参考性指标。

为了确保规划目标可行，目标的可达性分析是重要一环。规划目标可达性分析主要包括技术可达性分析、环境投资可达性分析、政策措施可达性分析、污染负荷削减可行性分析、组织管理可达性分析等。

技术可达性分析主要关注环境污染防治和生态建设（修复）技术可得性、适用性及技术经济性。不同污染治理技术，污染治理效率不同，可采用全生命周期评估来分析其技术经济效益、环境效益，最终比较目标设置的合理性。

环境投资和政策保障是规划目标实现的重要支撑。因此要结合方案对目标进行可达性分析，分析当地环境保护预期投入，进一步从经济角度分析方案合理性及目标可达性，此外要分析实现规划目标已有政策基础、执行实施能力、政策实施绩效及其影响。

环境规划目标可达性分析中，公众的环保意识和素质也是重要因素之一。不同地区、不同社会经济发展阶段，公众对环境问题的态度和关心程度有较大差别。因此，对规划执行的组织机构、组织能力、人力资源配置、公众意识等进行分析，明确区域组织管理、公众意识对规划目标实现的保障程度。

8.3.4 规划方案设计与优化

规划方案是基于国家或地区有关政策要求、区域生态环境问题、规划目标，提出的具体污染防治和生态保护对策措施，是整个规划的核心。

8.3.4.1 规划方案设计原则

① 坚持质量核心、系统施治。生态环境规划方案设计要以问题、目标为导向，从总体上提出生态环境保护方向、重点、任务和步骤。现阶段我国大部分生态环境规划主要是以生态环境质量改善为核心，统筹运用结构优化、污染减排、污染治理、生态保护等多种手段，开展多污染物协同防治，系统推进生态修复与环境治理，确保生态环境质量稳步提升，提高优质生态产品供给能力。

② 坚持空间管控、分类防治。生态环境规划是对未来生态环境保护与建设在时间、空间上的安排。生态环境规划方案设计时必须关注生态环境问题空间属性及区域分异性。按照生态优先，统筹生产、生活、生态空间管理，建立系统完整、责权清晰、监管有效的管理格局，制定分区分类管控、差异化管理、分级分项施策的精细化规划方案。

③ 坚持区域统筹，协同推进。生态环境规划是一项系统工程，在规划方案设计时要基于山水林田湖草沙系统施治原则，采用陆海统筹、上下联动、打破要素、区域界限等手段，对各类生态系统实施统一保护和监管为要求，提出各种措施和对策，增强生态保护的系统性、协同性。

④ 坚持节约优先、绿色发展。规划方案设计要把经济社会发展建立在资源得到高效循环利用、生态环境得到严格保护的基础上，形成资源节约和环境友好的空间格局、产业结构、生活方式；在污染物总量控制、生态保护及污染整治等方面，也要以资源高效循环利用、社会经济绿色低碳发展为核心。

⑤ 坚持制度创新、社会共治。规划方案设计要在现有政策允许的范围内考虑设计方案和情景，提出的对策与措施要避免与之抵触，同时也要通过改革创新来推进生态环境治理制度建设。此外，方案设计要综合考虑全社会参与生态环境保护的积极性，采用激励与约束并举，充分利用政府与市场"两手发力"，构建政府、企业、公众共治的环境治理体系。

8.3.4.2 规划方案设计思路

规划方案编制的核心原则之一是因地制宜。同类型的规划方案在设计思路上类同，但针对不同规划区域、不同规划目标、不同生态环境问题，所采取的措施与对策应有区别。下面介绍一些专项规划方案的设计思路。

(1) 大气环境污染防治规划

大气环境污染防治是我国当前污染防治的重点领域之一，其核心管控思路为"三控"，即污染物协同控制、污染源综合管控、区域联防联控。大气污染综合防治措施可归纳为四个方面：一是统筹区域环境资源，优化产业结构与布局；二是加强能源清洁利用，控制煤炭消耗量；三是深化大气污染治理，实施多污染物协同控制；四是创新区域管理机制，提升联防联控管理能力。

合理利用大气容量是大气污染防治的前提，因此规划方案要在充分考虑大气自净能力基础上，划定功能区，合理布局工业产业、城镇居住区及其他功能区，同时要根据区域大气容量总量控制要求，推动产业结构调整与优化，构建绿色、低碳、循环的产业发展模式。当前大气污染防治的核心是通过减少污染物排放来改善空气环境质量。一方面要从能源结构调整入手，包括采取合理能源政策、开展能源清洁利用等措施，从源头上减少大气污染物产生；另一方面要加大 SO_2、NO_x、PM、VOCs 等多污染物协同控制，以及工业源、面源、移动源等多源综合控制，最终实现减排目的。此外，要将区域大气环境质量监控、预警及区域间联防联控等措施纳入规划方案中。

（2）流域水环境保护规划

随着我国流域水环境保护工作不断推进，流域水环境保护已经从单一的污染治理向"三水"统筹、系统治理转变。流域水环境保护规划方案设计要按照"流域统筹、区域落实"的思路，聚焦重点区域、重点城市、重点领域和重点行业，建立包括"全国—流域—水功能区—控制单元—行政辖区"五个层级、覆盖全国的流域空间管控体系，细化落实"三水"保护要求、实施精细化管理措施。

在具体治理措施方面，一般围绕着"保、截、治、管、用、引、排"等来推进。"保"是指建立饮用水水源保护区，首先保护好饮用水水源；"截"是通过污水截流，使清污分流，为集中治理和科学排放打下基础；"治"指污染源治理与环境治理相结合，推进工业、生活、农业面源等各类污染源的治理，开展水体生态修复与治理；"管"则是指强化环境管理，以管促治；"用"是指推进污水资源化，开展水资源综合利用，节省水资源减少污水排放；"引"是指通过水资源调控，增大环境容量，改善水质；"排"则是指利用环境容量进行污水科学排放，减少污水治理费用。

（3）土壤环境污染防治规划

土壤环境污染防治的总体思路是以改善土壤环境质量为核心，以保障农产品质量和人居环境安全为出发点，坚持预防为主、保护优先、风险管控，突出重点区域、行业和污染物，实施分类别、分用途、分阶段治理，严控新增污染、逐步减少存量，形成政府主导、企业担责、公众参与、社会监督的土壤污染防治体系，促进土壤资源永续利用。

土壤污染防治规划的具体措施包括构建土壤环境质量监控体系，掌握土壤环境质量状况；加强工矿企业、农业生产等土壤污染来源控制，对造成土壤严重污染的工矿企业实行限期治理，对耕地和退役工矿场地的土壤环境安全隐患进行排查和专项整治等；严格管控污染土壤环境风险，强化被污染地块环境监管；积极开展土壤污染治理与修复，根据土壤污染状况，确定治理与修复的优先区域、目标和主要任务；加大土壤污染防治投入，包括土壤修复技术储备、土壤治理资金储备、土壤污染防治环境监管等。

（4）环境噪声污染防治规划

噪声污染控制的总体目标就是给居民提供一个安静的生活、学习和工作环境。环境噪声污染防治规划方案设计可从两个方面进行：一是对区域进行合理功能布局，二是加强各类噪声源控制。工业生产、建筑施工、交通运输和社会生活四类噪声源是规划方案的主要控制对象，具体措施主要围绕着源头控制、过程阻隔及末端防护三个方面来设置。

（5）生态保护规划

生态保护规划侧重生态系统保护与修复，体现尊重自然、顺应自然、保护优先等生态原则，强调生态系统服务功能和价值恢复。生态保护规划在结合区域生态现状，按照生态敏感性、生态系统服务功能空间分异性进行生态功能区划，实行分区管控；应用景观生态学原理对区域生态环境保护与建设提出系统建议方案。方案内容涉及生态系统保护、生态资源利用、生态治理修复、生态经济构建等，具体有生物多样性保护方案、重点和敏感生态区保护和建设方案、重点资源开发管护方案、城市生态体系格局建设方案、农业及农村环境保护方案等。

8.3.4.3 规划方案优化

在制定方案时，一般要有多个不同的备选方案。经过各方案对比，确定经济上合理、技术上先进、满足环境目标要求的最佳方案作为推荐方案，以供决策。

方案优化是编制生态环境规划的重要步骤。规划方案优化方法通常包括情景分析方法、数学优化方法、费用效益分析方法、线性规划方法、非线性规划方法和多目标决策分析方法等。优化时要对所有拟定的环境规划草案进行经济效益分析、环境效益分析、社会效益分析和生态效益分析。比较和论证各种规划草案，选出最佳总体方案，达到投资少、效果好的目的。

8.3.5 规划实施与反馈

8.3.5.1 规划实施

生态环境规划依照法定程序通过审批后即进入实施阶段。目前，我国生态环境规划实施流程大致可以分为三个阶段：目标与任务分解阶段、实施计划制订阶段、计划实施推进阶段。具体见图8-7。

（1）目标与任务分解

由于生态环境问题的综合性和复杂性，一项规划实施往往涵盖多个地区并涉及诸多部门。为了使规划实施的参与主体了解"应该做什么"和"目的是什么"，就必须对规划目标进行分解，明确各个参与主体的任务和职责，以消除操作盲目性，杜绝推卸责任现象。目前，我国生态环境规划目标分解包

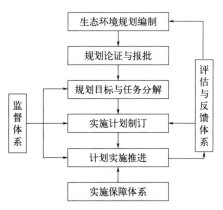

图 8-7　生态环境规划实施流程示意图

括两个阶段：第一阶段是层级政府间传达，指下级政府依据上级生态环境规划来编制本地区生态环境规划的过程；第二阶段是本级政府向参与主体传达，指地方政府将规划目标、任务及相关工程以通告、规定等形式指派给相关部门或企业的过程。第一阶段目的是要把上级规划的目标和任务纳入本级规划，有效贯彻上级规划指标与任务要求。第二阶段通过目标与任务分解，明确主要责任方及相关配合方，以保障规划目标与任务有效落实。

（2）实施计划制订

生态环境规划方案通常比较综合，而且规划时期以五年左右为多，因此要进一步细化规划方案，编制实施计划，如年度计划、三年行动方案等。在明确各个参与主体的责任与义务后，参与主体将通过制订实施计划来明确"如何完成任务"。计划内容包括项目安排、实施

时间、资金保障、责任人、验收方式等。目前,我国规划实施流程中涉及的参与主体大多为相关部门和企业,因此大部分生态环境规划以人民政府名义进行发布和推进,促使各部门能积极参与进来。实施计划要考虑到建设日程与资金保障,尽可能在任务、资金方面做出合理安排,防止实施滞后,资金短缺。对于污染削减企业来说,实施计划中减排任务要明确,但政策、资金、技术等方面也要有一定保障。

(3) 计划实施推进

计划实施推进阶段是参与主体根据实施计划开展工作,履行自身职责。目前我国生态环境规划具体操作实施状况不容乐观:一方面,各级部门对生态环境规划要求重视不足,未把生态环境任务实施摆到自身工作的主要位置;另一方面,环保建设单位往往受制于资金、技术不足等问题限制,无法有效开展工作;此外个别企业对规划要求视而不见,拒不履行环境义务。因此,规划实施必须有一套有效保障措施,包括加强组织领导、落实目标责任、加大资金投入、强化科技支撑、加大宣传教育等。

8.3.5.2 规划实施评估

规划实施评估是指在一定时间节点对规划目标、执行进展进行系统、客观分析,总结经验,查找问题,并提出后续规划实施方向、重点和措施的过程。自"十一五"以来,我国在国家层面建立了环境保护规划实施评估机制,设置了年度调度、中期评估和终期考核制度,对实时掌握规划进展、推动规划落实具有重要保障作用。

目前规划实施评估的内容构成不具有统一性,大多数评估涉及规划中最主要指标的达标、任务推进以及工程完成度,并没有覆盖规划文本全部内容。从现有一些规划评估实践来看,结合规划实施目的和要求,一般规划实施评估包括以下内容。

(1) 分析规划的执行绩效

开展生态环境规划的绩效分析、问题诊断并总结经验是规划实施评估最重要的内容。绩效评估适宜在规划实施中期和末期开展。在实施中期开展绩效评估,可以掌握规划目标和任务进展或执行情况,明确执行情况与规划目标的差距,识别影响规划执行的关键因子,诊断影响规划预期进展的关键问题。通过经验和教训的总结,把评估分析结论落实到后续的生态环境规划调整中,为后续生态环境规划调整提供依据,保证规划的持续性。在实施后期对本轮规划绩效进行综合分析,可以为下一轮环境保护规划编制提供基础信息。

(2) 预测规划目标和任务的可达性

根据社会经济发展形势,预测规划目标和任务的可达性,分析规划的执行情况及有利与不利因素。在此基础上,对不再适合社会经济和环境变化要求的规划内容进行及时调整,是生态环境规划评估的重要内容和必然要求。在评估时,要注意对规划长期、中期和短期目标的评估,保证规划评估时序上的连续性。在短期评估的同时,要注重掌握大的发展方向,根据评估结果及时调整下一个规划短期目标,以满足规划中长期目标。

(3) 提出规划调整意见

生态环境保护规划评估提供的年度或中期阶段性报告将为下一年或后续生态环境保护规划调整提供建议,是后续生态环境保护规划有效实施的重要基础。通过持续性的规划评估机制,可以确保规划动态调整以及规划目标分阶段实施。同时,通过评估,也会发现前期规划在编制内容、方法及实施管理等方面存在的问题,以便在后续规划实施过程中力图避免和不断完善。因此评估报告的这种后续效用性是建立生态环境保护规划评估机制的根本意义。日本的点检报告制度、美国的年度跟踪制度等都是基于这方面考虑而构建的规范性评估制度。我国自"十二五"开始建立起这种类型的评估机制，将会持续推进我国生态环境保护规划目标的顺利实现。

8.3.5.3 规划反馈

目前，我国生态环境规划领域的反馈主要发生在本轮规划实施期结束后和新一轮规划编制开始前。通过对本轮规划实施状况评估，明确存在问题和不足，在新一轮规划编制中针对这些问题提出解决方案。但是在规划实施过程中，有效的反馈机制尚未形成。首先，并非所有的规划都得到了全面的评估；其次，评估结果难以对原规划实施进程施加影响；此外，规划评估单位的权利和义务不明确，评估结果作用较弱。因此，当前规划的反馈时间节点相对滞后，信息量匮乏，反馈回应微弱，反馈机制还有待健全。

思考题

1. 生态环境规划类型及规划体系构成是什么？
2. 生态环境规划的工作内容与编制程序是什么？
3. 生态环境规划目标应包含哪些方面？
4. 论述生态环境规划方案的设计要求。
5. 如何保障生态规划有效实施？

9

生态环境保护规划

生态环境保护规划是国民经济和社会发展规划的重要组成部分，规划年限一般为五年，故也称为五年环保规划，在我国生态环境规划体系中属于综合性规划，处于统领地位。经过多年的发展，目前我国已形成了国家—省—地市—县四级的五年生态环境保护规划体系。本章重点介绍了生态环境保护五年规划战略定位及规划原则，阐述了当前生态环境保护重点领域及主要任务，同时介绍了生态环境保护规划实施评估流程与方法。

9.1 生态环境保护规划概述

我国五年环保规划始于"五五"期间，迄今为止已编制 10 个国家级综合规划，规划名称从环境保护计划、环境保护规划演变为生态环境保护规划，印发层级也从内部计划到部门印发到国务院批复再到国务院印发。生态环境保护规划已成为防治环境污染与生态破坏、提高生态环境质量、提供更多优质生态产品以满足人民日益增长对美好生态环境需要的根本保证。

9.1.1 规划性质与体系

作为我国国民经济和社会发展规划的重要组成部分，五年生态环境保护规划是全国生态环境保护的总体纲要，是对全国五年内生态环境保护行动的统筹安排，全面指导全国生态环境保护工作开展。

（1）规划性质与特点

生态环境保护规划以不断维护和改善区域生态环境质量为出发点，协调区域社会经济发展与环境保护关系，对一段时期内生态环境保护工作及任务提出了具体的要求，绘制了规划期间区域生态环境保护的工作蓝图，是区域生态环境保护工作的指导性文件。其主要特征如下。

① 指导性与指令性相结合。生态环境规划属于指导性与指令性相结合的规划。一方面该规划宣示一段时期内生态环境管理与建设理念以及生态环境保护的基本策略，指导不同层级及相关部门规划制定，以推进区域生态环境质量不断提升，实现社会经济与环境的协调发展；另一方面通过对国家—省—地市—县层级规划体系的编制，将环境目标与指标进行层层分解落实，上位生态环境保护目标通过下位规划得以实现；市级、县级生态环境保护规划在领略了上位规划的精神和要求后，针对当地的环境改善要求，制定指

令性强的目标及对策措施。

② 综合性与专项性相结合。生态环境保护规划对于大气、水、土壤、生态、声等环境要素的专项规划而言，是综合性规划，需要在上位层面进行总体设计，统筹考虑各专项之间、不同区域之间的内在联系，指导区域环境保护工作。然而在国家规划体系中，生态环境规划仍是国民经济和社会发展规划的专项规划。

③ 引导性与协调性相结合。生态环境问题涉及经济、人口、资源等方面，生态环境保护规划要与其他规划（如产业发展规划、基础设施规划、土地利用规划、城乡发展规划等）相互衔接、补充和完善。同时作为一项综合性的生态环境保护规划，在指导思想、产业结构优化、产业布局、空间管控、污染物总量控制、环境基础设施建设、重大工程项目等方面，实行综合规划和引导，体现专业性、引导性和协调性。

（2）规划体系

五年国家生态环境保护规划体系主要包括以下四个层次。

第一层次是国家生态环境保护规划，是国家生态环境保护的总体规划，主要确定国家层面的生态环境保护目标与指标，明确国家生态环境保护的主要任务与措施，主要指标纳入国民经济和社会发展规划纲要。

第二层次是由生态环境部牵头编制的国家环境保护专项规划，包括重点流域水污染防治规划、酸雨控制规划、核安全及辐射防治规划、生态保护规划、重点海域环境保护规划等，以解决生态环境保护重点领域的突出问题。

第三层次是由其他部门牵头、生态环境部参加的有关生态环境保护的专项规划，包括重点行业污染防治规划、城市污水处理和中水回用设施建设规划、城市生活垃圾处理设施建设规划、环保产业规划、矿产资源勘察与保护规划、资源综合利用规划、水资源综合规划等，这些规划体现了环境保护与资源、水利、住建等部门规划的衔接。

第四层次是生态环境部门发展规划，包括国家环境监管能力建设规划、环境科技发展规划、生态环境人才规划、生态环境保护标准发展规划、生态环境保护宣传教育规划等，这些规划突出生态环境部门自身能力建设与提升，依法完善与强化生态环境部门的职责与功能，提高自身实力。

9.1.2 规划理念与原则

作为生态环境保护五年规划，规划的战略指导思想虽然会随着管理理念变化而转变，但从"九五"以来的生态环境保护五年规划的理念与宗旨总体上是一贯的、连续的。

（1）战略引领，问题导向

可持续发展、人与自然和谐共生是生态环境保护与建设的终极目标，也是生态环境保护规划的重要理念。当前更是围绕着美丽中国建设的战略节点，坚持以改善生态环境质量为核心，以解决突出生态环境问题为重点，谋划未来五年乃至更长一段时期生态文明建设和生态环境保护的战略布局、目标指标、重点任务和保障措施。

（2）绿色发展，生态优先

绿色发展是构建高质量现代化经济体系的必然要求，也是解决生态环境问题的治本之策。用绿色发展协同推进经济高质量发展和生态环境高水平保护。坚持保护生态环境就是保护生产力、改善生态环境就是发展生产力的理念，建立生态优先的决策机制，实行严格的环境保护制度，充分发挥环境保护优化经济发展的综合作用，着力推进绿色发展、循环发展、低碳发展，构建生态文明的新景观。

（3）全面统筹，彰显特色

生态环境保护五年规划是环境保护的综合性规划，涉及各类环境要素的保护、生态环境管理能力的提升、优质生态产品的提供。生态环境保护规划不单单是环境要素领域的改善，更重要的是如何与社会经济系统统筹，因此在近年以生态文明理念为核心的生态环境保护规划中，要求全面统筹生态空间、生态经济、生态环境、生态制度与生态文化，通过优化国土空间格局，推进产业转型升级，大力提升环境质量，传承优秀生态文化，构建和谐优美的生态人居体系，探索和实施系列生态文明建设体制机制改革，充分体现质量和创新驱动的特色，探索具有生态文明特色的环境保护模式。

（4）政府主导，共治共享

综合运用政府"有形之手"、市场"无形之手"和社会"自治之手"，建立健全紧密联系的制度框架，对政府、企业和社会的生态环境行为进行有效规范、引导和监督，加强政府和企业事业单位环境信息公开，强化环境监管执法，构筑多渠道公众参与机制，形成政府、企业和社会多元主体参与及多方互动的"共治共享"的生态环境治理模式。

9.1.3 规划编制程序

与其他规划一致，生态环境保护五年规划按特定程序进行编制与实施，具体见图9-1。

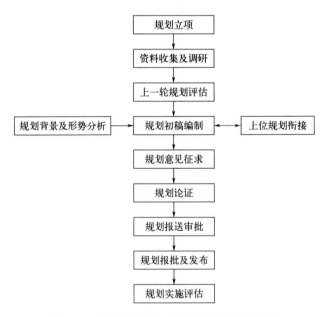

图 9-1　生态环境保护五年规划编制实施程序

（1）规划立项

贯彻执行上级有关政策和具体规定，结合本地区生态环境保护的现实需求，确立相应的规划编制任务，进行规划立项，同时组织编制团队。由于生态环境保护规划内容涉及多个部门，在规划编制与审核过程中应组建涵盖多个相关专业的团队，并由多部门专家联合审核。

（2）资料收集及调研

根据规划主体要求，制订具体的调研和资料收集计划，分工到人，列出时间表，系统收集有关环境、社会和经济方面的资料，并访谈行业专家和其他部门、上级主管部门等。

（3）上一轮规划评估

对上一轮五年环保规划执行及绩效进行评估，评估规划的完成情况、存在问题。将评估中发现的问题纳入新一轮规划中需解决的问题清单中。上一轮规划的实施评估是为新一轮规划的编制奠定基础。

（4）规划编制

规划编制是规划的核心。在对规划区域生态环境特征进行解析以及上一轮规划实施绩效评估的基础上，总结规划区存在的生态环境保护问题及面临的压力与挑战。研究国家政策、区域政策以及国家和地区社会经济发展趋势，确定生态环境保护规划的指导思想、发展目标、具体任务、支撑项目及政策措施。除此以外，还要与地方国民经济和社会发展总体规划、其他专项规划以及上一层级规划进行充分的衔接。经过讨论、反复修改，形成五年生态环境保护规划。一般国家、省级或地市级生态环境保护五年规划在编制之前，须开展生态环境保护领域相关专题研究，并将研究成果纳入规划中。

（5）规划意见征求

采取一定的交流与论证模式，组织政府、利益相关方、专家等进行交流讨论，吸收各类专家及利益相关方等的反馈意见，对规划方案进行修改、完善和优化。

（6）规划论证

规划在送审之前一般需进行专家论证。可由生态环境主管部门进行组织论证，由组织论证的单位提出论证报告。未经论证的规划不得报请批准并公布实施。

（7）规划报批及发布

五年生态环境保护规划由规划编制单位提出规划草案，经生态环境主管部门（或发展改革委）审核后，上报本级人民政府批准。经审核同意后，由各级政府签发并颁布。

（8）规划实施评估

自"十二五"以来，我国五年生态环境保护规划在规划实施的中期阶段组织评估，并将评估结果报请同级人民政府和有关部门，必要时报请同级人大，由人大对此进行监督。

9.2 生态环境保护规划编制

9.2.1 规划基础分析

（1）规划编制依据

五年生态环境保护规划作为国民经济和社会发展规划的专项规划，其编制要结合国家生态环境保护总体导向与趋势，阐明开展规划编制的时代背景、编制目的与总体思路。为此规划编制不仅要以国家政策法规为依据，还要以社会经济发展导向为依据。其中国家政策、法律法规、区域发展规划、主体功能区划、上位生态环境保护规划及其他专项规划等是开展五年环保规划的基本依据及主要信息来源，也是开展规划编制的重要基础。各类政府专项规划、文件及各类统计数据包括经济与社会统计数据、环境统计及生态环境质量数据等资料，也是规划编制的重要依据。

（2）规划基础分析

规划基础分析是规划编制的前提与基础，也决定了规划定位、规划目标、重点任务、重点项目以及发展路径。

一般规划编制的基础分析通常采用 SWOT 分析方法。SWOT 分析是对一个组织的优势（strength）、劣势（weakness）、机会（opportunity）和威胁（threat）进行分析。SWOT 分析实际上就是对特定区域的内外部条件进行综合和概括，进而归纳分析可能的优劣势、面临的机会与挑战。一般优劣势分析主要着眼于自身的实力，即对内部因素优势及短板进行分析；机会与威胁分析主要研究外部环境变化的影响。在进行 SWOT 方法分析时，应把所有的内外部因素集中到一起进行分析评估。

五年生态环境保护规划基础分析主要是建立在对上一轮规划实施评估及上一阶段生态环境保护工作概括总结的基础上，结合区域整体发展形势，分析新阶段生态环境保护工作的优势与劣势，同时剖析生态环境保护所面临的压力与挑战。

生态环境保护规划工作总结分析主要侧重于以下几方面内容。

① 生态环境质量：分析过去五年中区域生态环境质量的变化，包括水、大气、土壤、声等环境质量变化以及植被覆盖、生物多样性保护、生态系统完整性等。

② 污染治理：分析上一轮规划实施中建设任务完成情况、工程推进情况、治污减排目标达成情况。

③ 环境风险防范：从危险废物管理、突发性环境事故发生、新污染物防范等方面分析主要控制成效及管理状况。

④ 生态环境管理能力：从执法水平、监管能力、环境监测、环境宣传等方面分析总体发展水平。

通过对过去五年生态环境保护工作成效进行总结，分析生态环境保护存在的问题及短板，同时分析其问题的成因，为新一轮的保护与建设规划提供导向。另外，对整个社会经济发展趋势进行研判，分析生态环境保护所面临的各类外部机遇和挑战。

9.2.2　规划目标设定

规划目标既是生态环境保护规划的核心，也是纳入国民经济和社会发展规划的重要内容。规划目标的制定，主要依赖顶层政策与上级规划目标，以及规划编制背景、发展基础和已有环境资源禀赋。同时，国家政策、区域环境发展需求及生态环境问题解决的迫切性也是规划目标制定的依据。生态环境保护规划的目标分为总体目标与目标指标。

（1）总体目标

总体目标主要是根据国家生态环境保护政策要求及地方实际，提出新阶段生态环境保护的愿景。通过愿景定位，给当地政府的生态环境保护工作提出了宏伟蓝图和奋斗方向，也确立了未来的行动纲领与工作目标。

总体目标既规定了环境质量改善水平，也规定了生态建设的具体要求；既有具体环境整治目标定位，也有生态文明建设、管理治理能力提升的要求。不同阶段环境管理导向不同，总体目标的重点及工作目标存在差异。如"十一五"期间目标侧重于总量控制与环境质量改善；"十二五"则以总量控制、水环境改善、环境风险防控、环保基础设施完善、环境监管水平提升为重点；"十三五"则基于生态文明建设，从污染物总量控制、生态环境质量改善、环境风险防范、生态安全及环境治理体系构建等方面提出了愿景。因此，规划总体目标实际上是规定了下一阶段我国生态环境保护工作的重点。

（2）规划目标指标体系

规划目标指标是总体规划目标的具体分解。不同时期总体目标不同，规划目标指标体系也在不断改变。规划指标与指标类别和需要解决的核心问题紧密相关。我国早期生态环境保护规划（计划）目标指标主要是环境质量指标和总量控制指标，随着环境保护规划向生态环境保护规划转变，规划总体目标由污染控制、环境质量改善向生态建设、环境治理能力提升等方面转变，规划指标体系内容与数量也逐步发生改变。

国家层面规划主要是指导性规划，因此规划目标突出指导性指标，而地方生态环境保护规划则在此基础上进一步延伸，可以结合区域特点及生态环境特征进行多样化设定。根据规划目标类型选择特定的表征指标。

① 环境质量：空气环境质量优良天数（或优良率）、重污染天气数、$PM_{2.5}$ 平均浓度、地表水达到或优于Ⅲ类水体比例、地表水质量劣于Ⅴ类水体比例、水功能区水质达标率、近岸海域水质达标率、地下水质量极差比例、耕地安全利用率、污染地块安全利用率等。

② 生态建设：森林覆盖率、湿地保有量、草原综合植被盖度、生态环境状况指数（EI）、重要生态功能区面积占比、自然岸线保有率、水土流失治理面积、重点保护野生动植物保护率等。

③ 总量控制：化学需氧量、氨氮、二氧化硫、氮氧化物、挥发性有机物、总氮、总磷等污染物排放总量减少比例。

④ 环境治理：城镇污水集中处理率、农村生活污水处理率、危险固体废物安全处置率、畜禽养殖污染废弃物综合利用率、固定源排污许可证发放率等。

规划目标指标要尽可能选择与总体目标关联性强的指标，避免采用与规划主题弱相关或无关的指标。同时规划目标指标要有一定的代表性，并便于统计、比较和分解。此外，结合规划总体目标以及规划实施考核需求，可将部分指标设置成约束性指标，以推动该类指标目标完成。

（3）规划目标确定

规划目标设置要体现可达性和先进性。因此目标设置不能过高，要经过努力基本可以实现，即可达；也不能过低，要体现总体的进步，即先进性。

规划目标确定一般通过系统研究及综合预测分析，结合上位规划目标要求及区域环境质量改善的总体需求，采用经验判断法确定规划目标值。规划目标值确定的主要方法有对比分析法、系统工程模型等。

对比分析法分为纵向比较和横向比较。一般指通过不同国家、不同地区相关数据的纵向、横向分析与比较，揭示特定地区或研究对象的基本特征，进而确定其目标。在规划目标确定中，通常会通过分析上一个五年规划目标实现情况及国家政策等要求，研究确定下一阶段规划目标；同时，也会对本地区与环境特征相近、社会经济发展水平相近地区进行横向比较，以确定规划目标。

生态环境保护规划目标测算和制定，需要运用系统工程思想，综合考虑各方面的要素及资源环境支撑能力，同时也要尊重生态环境保护的基本规律。对于各个规划指标具体数值确定，采用定性或定量预测方法，结合区域社会经济发展及环境治理能力提升，预测各规划指标变化趋势，同时结合国家政策需求及上位规划指导性指标要求，选取合适的规划目标。

9.2.3 主要领域与任务

生态环境保护五年规划内容随着不同阶段环境保护面临的形势及国家环境保护策略的变化而变化。图 9-2 为我国"十一五""十二五""十三五"生态环境保护规划总体思路。

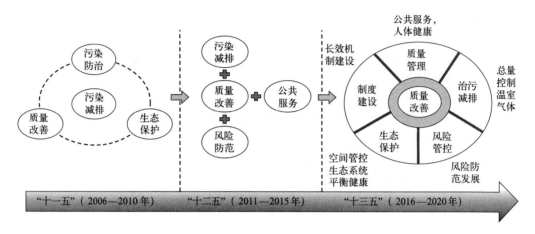

图 9-2 生态环境保护五年规划演变态势

针对我国主要污染物排放量超过环境容量、环境污染、深层次环境问题解决没有得到突破性进展的现实，"十一五"制定了以污染减排为核心，全面开展污染防治，推动环境质量改善和生态保护的总体思路。"十二五"期间根据环境保护面临的形势，我国仍然以解决常态污染为主，同时积极启动其他污染物的防治，因此"十二五"环境保护规划将削减总量、改善质量、防范风险作为着力点，即以提升环境质量为切入点，以削减总量为重要抓手，在实现环境形势趋好的同时，严格防范环境风险，保障环境安全。此外把逐步实现环境基本公共服务均等化作为一项基本任务，缩小区域、城乡差异，实现均衡发展。"十三五"期间我国经济社会发展不平衡、不协调、不可持续的问题仍然突出，多阶段、多领域、多类型生态环境问题交织，生态环境与人民群众需求和期待差距较大，由此确定了"十三五"国家环境保护的总体框架，即以环境质量改善为核心，继续实施治污减排、加强风险管控、强化生态保护、推进制度建设、落实质量管理。

"十四五"时期，我国经济结构、能源结构将持续改善，生态环境质量继续向好发展，但环境治理与生态建设的边际成本不断提升、生态产品供给严重不足、社会经济发展和生态环境保护的阶段性、区域性分异并存。因此，"十四五"生态环境保护规划的主线是"巩固、调整、充实、提高"，立足美丽中国建设远景目标，提出了环境治理、应对气候变化、环境风险防控、生态保护四个方面指标，明确了有序推动绿色低碳发展、深入打好污染防治攻坚战、持续强化生态保护监管、确保核与辐射安全、严密防控环境风险、加快构建现代环境治理体系六大重点任务。

纵观我国近二十年来生态环境保护规划总体思路，规划重点领域聚焦环境质量改善、生态系统健康、生态环境安全及管理能力健全等四方面（图 9-3）。

（1）环境质量改善

环境质量改善一直是"十五"以来生态环境保护规划的核心。环境质量改善主要是围绕

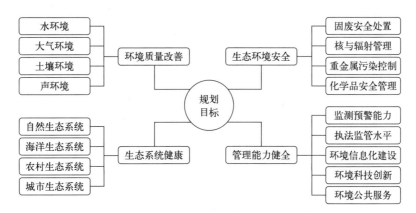

图 9-3 生态环境保护五年规划主要领域

着水环境、大气环境、土壤环境、声环境等环境要素开展,以污染物总量控制为抓手,以产业结构调整为基础,推进污染治理,解决生态环境面临的压力与挑战,实现生态环境质量不断改善。水环境质量改善围绕着饮用水水源保护、水污染物总量削减、江河湖库等水体水环境质量不断提升展开;大气环境质量改善主要是以大气污染物总量削减为核心,推动燃煤废气、工业废气、机动车尾气、城市扬尘、温室气体的控制,着力推进重点城市空气环境质量改善;土壤环境质量改善则是基于分类管理,对农用地、建设用地进行分类管控,对受污染土壤进行修复等;声环境改善主要是从合理布局、声源(工业噪声、交通噪声、施工噪声、社会噪声)控制、敏感区域防护等角度提出相应的对策措施。

(2)生态系统健康

打造和维护生态系统健康是五年生态环境保护规划的重点领域之一,通过推进生态系统功能提升,实现生态系统多样性、稳定性、持续性目标。该领域工作任务主要是围绕着自然生态系统、农村生态系统、海洋生态系统等不同类型的生态系统展开。自然生态系统保护包括生态功能区划、重要生态功能区保护、自然保护区建设、生物多样性维护等;农村生态系统建设针对我国农村所面临的环境问题,围绕农村人居环境建设、农业面源污染防治等进行;海洋生态系统保护则对入海河流污染物控制、海洋水环境质量改善、海洋资源保护、海洋生物多样性维护、海洋重要生态功能区划定等方面提出相应对策措施。

(3)环境风险防范

环境风险防范是"十二五"以来五年生态环境保护规划的重要内容之一,是为实现生态环境安全目标而设置的任务措施。环境风险防范任务包括环境风险过程管控、核与辐射安全管理、重金属污染态势遏制、固体废物安全处理处置、化学品环境风险防控等。其中,环境风险过程管控是从环境风险调查评估、环境风险管控措施、环境事故处置等方面提出相应对策措施;核与辐射安全管理是从核与核技术安全利用、安全监管及放射性污染防治等角度展开;重金属污染防治则围绕着重金属排放企业、行业和污染区域从源头控制、过程防治、末端治理等进行全过程综合防治;固体废物安全处理处置主要对危险废物、工业固体废物和生活垃圾的处理处置进行规范,并制定相应措施;化学品环境风险防控是对化学品安全监管、风险防控等方面提出相应的对策措施。

(4)管理能力健全

环境管理能力涉及方面较多,包括环境监测能力、环境监管能力、环境执法能力、环境科技创新能力等,但最终可以归结为环境治理体系完善及公共服务能力提升。针对环境管理能力提升，不同规划侧重点不一样，有些规划就按具体类型分别设置相应任务，如围绕着环境监测能力，一般从监测网络体系构建、监测装备提升、监测数据应用等角度去设置相应任务；针对环境监管，一方面从智能化环境管理平台构建去提升监管能力，另一方面与环境执法相结合，提升执法能力与水平。环境科技创新能力也是当前环境管理能力提升的重要内容，用科技支撑带动管理水平提升，同时也推进管理机制创新。党的十八大以来，环境公共服务能力、环境治理体系、环境治理能力已成为新时代环境能力建设的重要内容，因此规划中管理能力建设通常围绕着如何推进公共服务能力、构建完善的环境治理体系展开。

综合我国近几轮五年环境保护规划，主要领域基本涵盖了图9-3的内容。但不同时期规划的目标不同，总体思路不同，对规划重点领域的侧重也不同，导致其任务措施也不同。如"十一五"环境保护规划突出环境要素保护及能力建设；"十二五"规划则直接从规划思路的四个方面进行落实推进；"十三五"规划在标题上由"环境保护"拓展为"生态环境保护"，因此内容上也更加全面、细致，如将生态空间管控、供给侧结构性改革、科技创新、区域绿色协调发展等措施纳入源头控制，生态环境保护规划不单单就环境论环境，而是把产生环境问题的根源也作为调控对象进行调控；"十四五"规划围绕着美丽中国建设，建设任务进一步拓展，在常规污染防治、生态系统保护的基础上，将应对的气候变化、促进绿色低碳转型纳入生态环境保护规划中。新时期随着生态环境问题发展，生态环境保护规划总体思路与建设任务也会随之进一步变化。

9.2.4 规划实施保障

规划实施保障是保障规划实施的基本条件，一般包括组织领导、资源匹配、融资条件、技术支撑及公共服务等方面。不同规划其实施保障措施可能不同，但大部分规划基本从组织管理、政策保障、资金保障、公众参与、评估考核等方面去落实。

（1）组织管理

生态环境保护规划是一项系统工程，规划目标、任务及项目都需分解与落实，因此规划的组织管理是规划实施的前提与重要保障。国家五年环境保护规划的组织管理主要是做好目标与任务分解，明确地方责任；同时对推进中央与地方、各部门之间的协同提出相应组织机制。

（2）政策保障

政策保障既是规划任务之一，也是规划实施的重要保障。一般在规划任务中没有设置政策创新任务的，在规划组织实施中要提出相应的法律法规保障及政策引导建议，以保障相应规划目标的实现以及任务与工程的顺利实施。

（3）资金保障

规划项目落实需要大量资金保障。强化资金保障、拓展资金来源成为规划顺利实施的重要保障。为此，要明确资金投入和融资机制，包括建立政府投资稳定增长机制，加大对污染治理、环境风险管控、生态修复、环保基础设施建设和环境治理体系建立等重点工作的投入力度。完善多元化的环保投入机制，积极引导社会资本参与生态环境保护，积极创新各类环保投融资方式，大力推进污染治理市场化。

（4）公众参与

我国大部分规划实施是政府主导、公众参与的模式。通过公众参与，带动规划任务及目标实施。因此在规划实施保障措施中，要以宣传教育、信息公开等方式推进公众、社会团体、企业等参与规划的具体实施过程中。具体措施包括多渠道、多媒体宣传生态环境保护规划，定期公布规划实施信息，积极引导企业切实履行社会责任，强化全民法治意识和责任意识，发挥公众和新闻媒体等社会力量的监督作用，建立规划实施公众反馈和监督机制等。

（5）评估考核

规划实施评估考核机制是对规划确定的目标指标、主要任务、重大举措和重大工程落实情况进行及时评估总结。我国自"十一五"开始对五年生态环境保护规划进行中期评估及终期考核，并对评估考核结果进行通报，同时向社会公开。通过中期评估，对规划实施进行纠偏；通过终期考核，倒逼规划目标及任务的完成。

9.3 规划实施与评估

规划生命周期包括谋、断、行、督四个环节，系统研究、科学决策、认真执行、严格监督四者缺一不可。一直以来，由于缺乏全过程链条式管理，虽然规划研究编制、决策过程等比较重视，但规划实施、监督常常流于事务性应对。开展规划实施评估及考核，对推进环境保护全局发挥带动作用、落实规划目标任务、落实政府和各方责任具有重要的意义。"十一五"我国建立了总量减排的年度核查及国家环境保护规划中期评估和终期考核制度。"十二五"期间，环境保护规划的评估考核机制进一步发展完善，建立了环境保护规划年度考核、中期评估、终期考核的评估机制。这些评估考核机制大大推进了规划落地实施，使规划不再流于形式，真正起到指导引领作用。

9.3.1 评估目标与原则

开展五年生态环境保护规划实施评估（中期评估、终期考核），是落实国务院和地方环境保护任务部署和环境保护目标责任制的需要，也是有效实施规划的现实需要。由于综合性的环境保护规划涉及面广，一般需通过中期评估跟踪分析规划实施中的各类因素和问题，做好环境保护规划与社会经济发展相关规划的衔接协调、相互促进、同步实施。而终期考核，主要是评估规划实施绩效及存在问题，为新一轮规划编制提供依据。

无论是中期评估还是终期考核，规划实施评估都应坚持以下原则。

① 对照规划，全面评估。为全面掌握规划实施情况，规划目标、任务、重点工程与保障措施等规划内容均应纳入评估范围，为后期规划实施提供信息、技术与经验方面的支持。

② 环环相扣，分析因果。应用逻辑框架分析方法，将环境质量目标、总量控制目标、工程项目投资、主要任务、保障措施等规划内容进行分析提炼，探索形成具有因果关系的指标（条目）体系。

③ 突出重点，分类把握。对于约束性指标和考核指标，评估工作要强化上级政府对下级政府的审核评估；对于部门在履行规划过程中要承担的责任，直接影响到约束性指标完成情况的，也要强化审核评估；对于非约束性、非考核性指标，评估工作以自评估和各部门总结分析为主。

④ 求真务实，利于对比。保证评估标准的一致性、评估数据的真实性、评估结果的可比性，确保评估方法、数据、结果公平透明。

9.3.2 评估内容与方法

（1）评估思路与内容

对规划实施进行调查与评估，总结规划实施中的主要绩效与经验，同时对执行过程中存在的问题进行梳理，提出规划下一阶段（或新一轮）的工作重点与思路。对于中期评估，预测到规划期末，规划目标、任务及工程完成程度，重点对规划目标的可达性进行分析，明确下一步规划实施重点及调整建议。对于终期评估，分析本轮规划执行绩效，总结执行过程中存在的问题，提出下一轮规划思路及重点领域。

国家或地方五年环境保护规划评估范围十分广泛，按照以上思路对规划文本进行解析，主要框架内容如下。

① 主要目标指标。包括环境质量指标、污染物总量控制指标、污染防治指标及生态建设指标。对照规划目标梳理指标，收集现状数据，分析评估各指标的目标达成度。

② 重点领域任务。我国近几轮的五年环境保护规划重点领域主要集中在环境质量改善、污染防治、环境风险防范、生态保护（修复或建设）及环境管理能力提升。针对各个领域设置的重点任务，分析评估各任务完成推进现状。

③ 重点项目（工程）。环境保护重点项目（工程）一般是与重点任务相对应，涉及多个领域。规划实施评估要对各类工程的具体完成度进行评估。

④ 政策保障措施。政策保障措施是规划顺利实施的重要保障。规划实施评估中要对规划实施过程中的组织管理、政策体系、资金投入、公众参与等方面内容进行评估。

（2）评估技术方法

生态环境规划实施评估按对象大致可分为两类：实施绩效评估、实施过程评估。两类评估侧重点与方法略有不同。

规划实施绩效评估包括规划指标完成情况评估、规划重点行动和计划实施评估、规划重点工程效果评估、对社会经济影响评估等。重点是将实施结果与规划确定的目标及工程要求进行对照，从而确定规划目标实现程度以及计划、工程推进程度。通常假定规划目标、计划及工程设置是合理的。绩效评估重点关注可量化的指标。如果规划目标及工程是强制性的，则通过结果实现程度可以比较容易直接做出判断；如果规划目标、计划及项目是非强制性（指导性）的，评估则应尽可能地体现出引导性和鼓励性。除了关注既定规划目标及项目实现程度，还应关注计划及工程实施对社会经济的影响。

规划实施过程评估一般在评估实施绩效基础上，重点关注规划实施过程中实施主体与对象之间的作用机制。规划实施通常体现在法规、标准及相关政策制定与实施上，评估内容主要包括规划实施主体、对象行为机制、影响条件及结果敏感性等。通过"5W1H"（why，what，where，when，who，how）方法调查分析行为主体"为什么这么做""做了什么""在什么地方做的""什么时间做的""执行者是谁""如何做的"，以便优化实施过程，从而改善生态环境规划整体实施绩效。

在生态环境保护规划实施评估中，通常以某个要素为主线，按照逻辑框架分析原则，分别按照"环境质量-总量-任务与措施-工程和投资-保障政策"的逻辑关系开展评估，以便系统性分析评估数据。逻辑框架法是目前国际上广泛应用于规划的策划、分析、管理与评价的基本方法，该方法通过一张简单的框图来清晰地分析复杂系统的内涵及关系，为规划实施评估提供了一种层次分明、结构清晰、逻辑合理的分析框架。

在生态环境规划实施评估中，逻辑框架法把规划的关键要素组合起来，建立规划问题树和目标树，分析规划垂直和水平关系，构建规划项目逻辑框架，以分析其因果与逻辑关系，进而对规划目标及相应保证措施进行评价，发现存在问题，并提出解决方法。逻辑框架法已经在世界银行、联合国环境规划署、经济合作与发展组织、亚洲开发银行等国际组织开展的规划实施效果评估中得到广泛应用。生态环境规划项目实施评估逻辑框架见表 9-1。

表 9-1　环境规划评估逻辑框架

层次纲要	客观验证指标			原因分析		解决办法及经验教训
	原定指标	实现指标	差别与变化	内部原因	外部原因	
规划宏观目标	总量控制指标、达标率指标	具体指标实现程度等	原定指标和实现指标对比	内源污染及设施	外源污染影响	
规划直接目的	具体污染物控制指标量等	具体指标完成度等	原定指标和实现指标对比	设施存在问题	管理和设施	针对内外部原因进行改正
规划产出	污染控制设施完成情况等	设施完成情况等	原定指标和实现指标对比	资金投入	管理问题	
规划投入	投入资金、人员、管理和政策等方面	投入资金额度、政策制度等	原定指标和实现指标对比	设施投入	执行问题	

采用逻辑框架法在对规划实施成果验证指标及验证方法进行规范化的基础上，结合外部影响因素，系统评估从投入到产出、从产出到目的、从目的到目标的一系列垂直因果链条，以期从中发现规划实施过程中的障碍与薄弱环节，为规划后期贯彻与实施或规划修编提供经验借鉴与技术支持。

除逻辑框架法外，对比分析法也是生态环境规划实施效果评估中最基本和最重要的方法之一。通过建立生态环境规划实施评估指标体系，利用相关统计和监测数据，对比现有规划目标、任务和措施，考核规划目标实现和任务完成程度及措施执行力度和效果，为后续生态环境规划提供明确的方向性调整信息。对比分析法一般对评估对象做出定性价值判断结论，给出评价等级、写出评语等。对比分析法比较适合五年生态环境保护规划、大区域范围内生态环境规划等。

在生态环境规划实施评估实际应用中，完全采用定性方法一般不能满足实际需求，一些定量评估方法，如差距分析法（指标比对法）、数据包络分析法等也常被用来定量分析规划实施状况。但定量评估方法通常受数据及方法限制。因此在规划实施评估中，通常也会采用定性或定量相结合的方法进行。比较常用的有层次分析法（AHP）、模糊综合评价法、灰色综合评价法等。

9.3.3　评估报告及其应用

规划评估报告是基于大量直接或间接数据，综合规划设计、执行、完成等信息，充分总结规划的成功经验和失败教训，是生态环境保护规划评估工作的最终"成果"，是评估的重要组成部分。

（1）评估报告编写原则

评估报告应充分阐述评估目的，清楚界定评估范围和内容，建立评估原则、指标体系，确立数据收集方法和处理方法。对评估系统有一个全面具体介绍，使评估结果具有可比性。

① 把握总体与局部。国家级、省级规划是全局性、战略性安排，重视总体效果和战略导向，因此在评估规划实施进展时要从宏观性、战略性、综合性角度把握规划总体进展及效果，形成总体评估结论，同时开展各领域进展评估，作为总体评估结论的支撑。市级、县级规划则是指令性安排，即在国家级、省级总体战略导向下，结合当地实际提出具体任务与工程措施，因此规划评估中要侧重工程与任务推进进度及完成情况，以及目标可达性评估。

② 区分进展与效果。在规划实施评估中，不仅要评估各项工作进展，更重要的是要评估在此基础上所产生的多种效果，尤其是环境绩效。尽管在评估效果时有较大难度，但具有非常重要的现实意义，应在实践中探索创新。

③ 做好分析与预测。根据规划评估进展，采用逻辑分析和因果分析法，判断规划实施进程与目标的差距，分析影响规划实施效果的外部与内部原因，并初步预测到规划期末的实现情况。

（2）评估报告构成

一般说来，国家生态环境保护规划的评估报告主要包括以下几个部分。

① 规划编制的目标、要求。

② 对规划评估工作部署情况、本次评估组织安排、评估技术方法、数据来源等进行说明。

③ 按照评估技术方法对评估指标（评估领域）进行实施情况评估分析与问题小结。

④ 总结规划目标指标、重点工程、规划主要工作任务的实施成效，找出差距，识别问题与原因。

⑤ 对于中期评估，要预测规划关键指标到规划期末实施情况，分析外部、内部影响因素。

⑥ 针对各指标、领域提出的问题，提出到规划期末规划实施建议，或下一轮规划建议。

国家生态环境保护规划实施评估报告分为详本与简本。地方生态环境保护规划评估报告编制可参考国家生态环境保护规划评估报告内容及技术要求，呈现形式通常是简要的文本。

（3）评估结果应用

不同层级的规划实施评估报告形成后，一方面要向规划编制实施部门、上级监督部门、行业主管部门报告，另一方面要向规划实施的有关部门通报，这对于加快目标实现、促进规划实施是非常必要且有效的。此外，也要向社会进行公开，以接受公众监督。

根据规划年度考核、中期评估结果，采取信息公开、约谈、预警、通报、区域限批等形式，对评估考核中存在问题的部门和单位提出整改要求。如在评估总量减排目标完成情况中，对于减排措施落实不力的企业和地方，可以实行问责；对于规划实施资金问题，可以将资金安排与考核结果挂钩。而预警作为一个有效的反馈机制，是规划评估作用的重要体现，通过发现规划设计中的不足和执行中的问题和困难，寻找其根源和补救方法，达到及时纠偏的目的。

国家生态环境保护规划的评估考核具有时间连贯、工作连续的特点，专项规划的年度考核在每年进行，规划中期评估时间在规划实施两年或三年后开展；终期考核在规划期结束后开展。其中，中期评估分析规划实施情况，判断社会、经济形势变化情况，评估结果可用于五年规划下一个阶段工作提供指导；终期考核不仅对各层级规划执行情况进行考核，更是对规划区域环境保护工作成效及问题进行总结分析，提出下一个五年规划的重点方向。

思考题

1. 讨论生态环境保护规划在国家规划体系中的定位与作用。
2. 如何运用 SWOT 开展生态环境保护规划背景及基础分析？
3. 结合我国环境保护政策导向转变，分析不同阶段生态环境保护规划重点领域的变化。
4. 不同层级生态环境保护规划目标指标如何设置？
5. 规划实施评估主要环节与内容有哪些？

10

生态环境空间管控规划

构建科学合理的城市化格局、农业发展格局、生态安全格局已成为当前空间管控的战略任务。随着"多规合一"的推进，生态环境空间管控规划在国土空间规划体系中的前置引导性作用越发显著，成为优化国土空间开发格局，促进生产空间集约高效、生活空间宜居适度、生态空间山清水秀的重要手段。本章重点介绍环境功能区划、生态功能区划等空间区划技术，以及生态环境综合管控规划内容。

10.1 生态环境空间管控概述

《欧洲空间规划制度概要》（1997年）认为，空间规划主要是由公共部门使用的影响未来活动空间分布的方法，通过创造一个更合理的土地利用和功能关系的领土组织，平衡保护环境和发展两大需求，以达成社会和经济发展总目标。我国《生态文明体制改革总体方案》中提出构建"保障国家生态安全，改善环境质量，提高资源利用效率，推动形成人与自然和谐发展的现代化建设新格局"。重点强化生态空间分区管治，以实现优化生态空间布局，有效配置土地资源，提高政府生态空间分区管治水平和治理能力等目标。

10.1.1 目标与定位

国家空间规划以空间治理和空间结构优化为主要内容，是实施国土空间用途管制和生态保护修复的重要依据，其目的是为国家发展规划确定的重大战略任务落地实施提供空间保障，为其他规划提出的基础设施、城镇建设、资源能源、生态环保等活动提供指导和约束。

（1）生态环境空间规划目标

① 优化国土生态安全格局。按照人口、资源、环境相均衡，经济、社会、生态相统一原则，整体谋划国土空间开发，统筹人口分布、产业布局、国土利用、生态环境保护，合理安排生产空间、生活空间、生态空间，构建科学的城乡发展格局、产业发展格局和生态安全格局，保障国家和区域生态安全。

② 提升生态系统服务功能。明确区域生态环境要素保护重点，加大重要生态功能区域生态功能维护，增强生态系统稳定性，保障国家和区域生态安全，提高生态系统服务功能。

③ 保障资源环境开发安全。通过强化生态环境管控，规范资源开发秩序，落实"点上开发、面上保护"的战略，引导资源开发规模与布局、人口分布与产业布局和区域资源环境承载力相协调。

④ 推进生态环境精细化管理。完善生态环境"分区分类分级"体系，建立健全生态环境管理和国土空间开发保护制度，实现生态环境差异化管控及精细化管理，为国家生态环境安全提供基础性保障。

（2）生态环境空间管控规划定位

生态环境空间管控规划是以生态系统结构、过程和功能为基础，基于生态系统重要性、敏感性和脆弱性，建立生态环境空间管控和引导体系，从源头奠定区域发展格局的一系列生态环境空间管控制度。生态环境空间规划是国土空间规划的重要组成部分（图 10-1），是一项基础性的空间管控制度。在国土空间规划统筹影响下，生态环境空间管控体系有效影响、约束并有机融入国土空间规划编制的重要环节及重点管控内容，不断强化在协调发展与保护方面的作用，优化国土空间开发利用，维护区域生态环境。

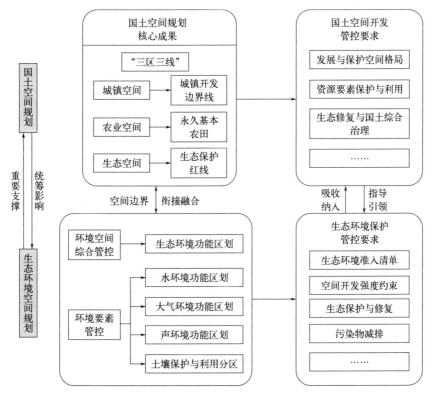

图 10-1　生态环境空间规划在国土空间规划体系中的定位

生态环境空间规划将"人与自然和谐"的生态文明理念融入国土空间区划，将生态环境空间成果纳入国土空间规划底图，作为"三区三线"等国土空间划分的重要依据；将生态环境边界与国土空间划分边界进行拟合，在国土空间规划目标中融合环境功能定位和目标。以"生态保护红线、环境质量底线、资源利用上线"作为空间规划的底线约束，通过资源环境条件前置引导和约束，在国土空间规划实施的全过程中落实环境管控要求，以空间规划倒逼发展转型。

10.1.2　生态环境空间规划体系

自 2000 年以来，生态环境空间管控规划制度体系经过不断探索和实践，已初见雏形，形成了环境单要素空间管控和生态空间综合管控相协调的生态环境空间管控规划体系（图10-2）。

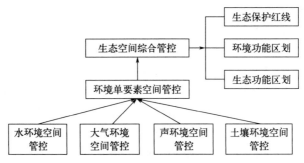

图 10-2 生态环境空间管控规划体系

10.1.2.1 环境单要素空间管控

环境单要素空间管控主要是从各环境要素保护与利用出发，建立相应的区划体系，提出对应的管控目标及准则。

（1）水环境空间管控

水环境空间管控最早形式是水环境功能区划，即从水环境保护角度出发，依据水域使用功能、水环境污染状况、水环境承受能力、社会经济发展等要求，划定的具有特定功能的水环境单元，设置水质目标并提出管控要求。随着水环境精细化管控要求的提升，从"十二五"开始，从流域角度建立"流域—区域—控制单元"的空间管控体系，基于水环境重要性、敏感性、脆弱性评价，制定水环境分级管控方案，是当前流域水环境空间管控的重要手段，也是流域水生态环境保护规划的重要内容。

（2）大气环境空间管控

大气环境空间管控是以大气环境功能区划为基础，同时对区域大气污染源头布局敏感性、污染聚集脆弱区及受体重要区进行识别，确定大气环境空间差异化管控方案。2017年开始实施的"三线一单"方案，将大气环境分为优先保护区、重点管控区和一般管控区。

（3）土壤环境空间管控

《中华人民共和国土壤污染防治法》提出了分类管理的原则与要求。随着全国土壤污染状况详查完成以及"土十条"发布实施，划定优先保护、安全利用、严格管控等土壤环境分区，制定土壤分类保护与安全利用分区管控方案，将成为各地土壤污染防治的重要抓手。

（4）声环境空间管控

声环境功能区划是基于不同区域对噪声的敏感度，提出不同的声环境质量控制要求。声环境功能区划是我国当前声环境管理和噪声污染控制的重要依据，也是促进城乡声环境质量改善的重要保障。

10.1.2.2 生态环境综合管控

（1）生态保护红线

生态保护红线是国家依法在重点生态功能区、生态环境敏感区和脆弱区等区域划定的严格管控区，是保障和维护国家生态安全的底线和生命线。生态保护红线是指在生态空间范围内具有特殊重要生态功能、必须强制性严格保护的区域，通常包括具有水源涵养、生物多样性维护、水土保持、防风固沙、海岸生态稳定等功能的重要生态功能区域，以及水土流失、土地沙化、石漠化、盐渍化等生态环境敏感脆弱区域，对维护生态安全格局、保障生态系统功能、支撑经济社会可持续发展具有重要作用，是构建生态安全格局的关键组分。生态保护红线作为国家战略，正式写入《中华人民共和国环境保护法》和《中华人民共和国国家安全法》。

（2）生态功能区划

生态功能区划是根据生态环境特征、生态环境敏感性和生态服务功能在不同地域的差异性和相似性，将区域空间划分为不同生态功能区的过程。目的是根据不同区域的生态系统类型、主导生态功能及对区域社会经济发展的贡献，引导区域资源的合理利用与开发，实现区域经济、社会、资源与生态环境的可持续发展。2008 年，我国发布了《全国生态功能区划》，2015 年进行了修编，最终确定了 3 大类、9 个类型和 242 个生态功能区，其中 63 个重要生态功能区面积占我国陆地国土面积的 49.4％。

（3）环境功能区划

环境功能区划是指根据区域自然环境、社会经济特征和区域间相互关系，把全国陆地范围分为 5 类环境功能区，包括以保障自然生态安全为主的自然生态保留区和生态功能保育区、以维护人群健康为主的食物环境安全保障区、聚居环境维护区和资源开发环境引导区，并明确了各类环境功能区的管控导则及实施保障措施。环境功能区划综合统筹考虑环境各要素，确定分区环境管理目标，建立配套管理政策体系，是环境管理走向精细化管理的一项制度，成为维护国家环境安全、引导国民经济健康持续发展的基本空间依据与基础制度保障。

10.2 环境要素功能区划

环境功能区是指对经济和社会发展起特定作用的地域或环境单元。由于每个区域的自然条件和开发利用方式不同，对环境的影响程度各异，环境管理目标及执行标准也不一样。结合环境功能开展分区，可为社会经济的合理布局、环境差异化管理、科学化决策及各类法律法规实施提供依据。

10.2.1 水环境功能区划

水环境功能区从水环境保护角度出发，根据与水质相关的使用功能进行划分，保证地表水标准实施和水环境综合治理。水环境功能区划分与水功能区划分的关系紧密。水功能区和水环境功能区从水体功能角度出发，根据水体主导功能划定范围，并确定相应的水质标准。其中水功能区更侧重于水体的使用功能，而水环境功能区则更多地考虑不同用水功能对水环境质量的要求。我国大部分省（自治区、直辖市）将两者结合在一起，根据水功能区划分再来确定水环境功能区。

10.2.1.1 水环境功能区类型

根据《地表水环境质量标准》（GB 3838—2002）、《地表水环境功能区类别代码（试行）》（HJ 522—2009）及水环境管理要求，将水环境功能区分为以下几类：自然保护区、保留区、饮用水水源保护区、渔业用水区、工业用水区、农业用水区、景观娱乐用水区、过渡区和混合区等。

① 自然保护区：为了保护自然环境和自然资源，促进国民经济持续发展，对有代表性

的自然生态系统、珍稀濒危动植物种群天然集中分布区、有特殊意义的自然遗迹等保护对象所在区域，由县级以上人民政府依法划出一定面积的陆地和水体，予以特殊保护和管理。自然保护区执行《地表水环境质量标准》Ⅰ类标准。

② 保留区：目前尚未开发或开发利用程度不高，为今后开发利用预留的水域；保留区内的水质应维持现状不受破坏。

③ 饮用水水源保护区：饮用水水源保护区是由当地人民政府依法划定的城镇饮用水集中式取水构筑物所在地表水域及其地下水补给水域、地下含水层的某一指定范围。饮用水水源保护区分为一级保护区、二级保护区和准保护区，分别执行《地表水环境质量标准》中的Ⅱ类、Ⅲ类、Ⅲ类标准。

④ 渔业用水区：指鱼、虾、蟹、贝类的产卵场、索饵场、越冬场、洄游通道和养殖鱼、虾、蟹、贝类、藻类等水生动植物的水域。渔业用水区分为珍贵鱼类保护区和一般鱼类用水区，珍贵鱼类保护区执行《地表水环境质量标准》中的Ⅱ类标准，一般鱼类用水区执行《地表水环境质量标准》中的Ⅲ类标准。

⑤ 工业用水区：指各工矿企业生产用水的集中取水点所在水域范围。工业用水区执行《地表水环境质量标准》中的Ⅳ类标准。

⑥ 农业用水区：是指灌溉农田、森林、草地的农用集中提水站所在水域的指定范围。农业用水区执行《地表水环境质量标准》中的Ⅴ类标准。

⑦ 景观娱乐用水区：是指具有保护水生生态的基本条件、供人们观赏娱乐、人体非直接接触的水域。景观娱乐用水区水质执行《地表水环境质量标准》中的Ⅲ～Ⅴ类标准。

⑧ 过渡区：水质功能相差较大（两个或两个以上水质类别）的地表水环境功能区之间划定的、使相邻水域管理目标顺畅衔接的过渡水质类别区域。执行相邻地表水环境功能区对应高低水质类别之间的中间类别水质标准。

⑨ 混合区：污水与清水逐渐混合、逐步稀释、逐步达到地表水环境功能区水质要求的水域。混合区不执行地表水质量标准，是位于排放口与水环境功能区之间的劣Ⅴ类水域。

10.2.1.2 水环境功能区划分原则与流程

水环境功能区划分需结合水资源保护及社会经济的发展需要，因地制宜开展，一般应遵循以下原则。

① 可持续发展原则。水环境功能区划要根据水资源可再生能力和水环境可承受能力，科学合理地开发利用水资源，并留有余地保护当代和后代赖以生存的水资源和生态环境，保障人体健康和环境结构与功能，促进社会经济和生态环境协调发展。

② 饮用水水源优先保护原则。在规定的各类功能区中，以饮用水水源地、具有生物学重要价值的敏感地区（如自然保护区、珍贵鱼虾产卵场等）为优先保护对象，在功能出现冲突时，应优先考虑这些功能保护。

③ 水质水量并重原则。水功能区的水质功能与水量密切相关，分区时应同时考虑水质和水量的要求，确保水资源的合理利用和保护。

④ 统筹兼顾、突出重点原则。以流域、水系为单元，统筹兼顾上下游、左右岸、干支流及近远期经济社会发展对水域功能的要求，注意上下游功能组合的合理性以及潜在功能要求。同时综合考虑流域生产力布局及排污口分布，使水功能区划与产业布局相适应。

⑤ 合理利用水环境容量原则。合理的功能分区可以最大限度地利用水体容量资源，降

低污染削减费用，引导城镇与产业优化合理布局，实现社会、经济与环境效益统一。

⑥ 经济技术可行、便于管理的原则。在水环境功能区类别确定时要充分考虑经济技术条件约束，研究功能目标是否可达，功能区划方案是否实用可行，是否有利于强化水质目标管理，是否有利于解决上下游、左右岸矛盾。

基于以上原则，水环境功能区划一般遵循"技术准备—定性判断—定量计算—综合决策"路线开展（图10-3）。

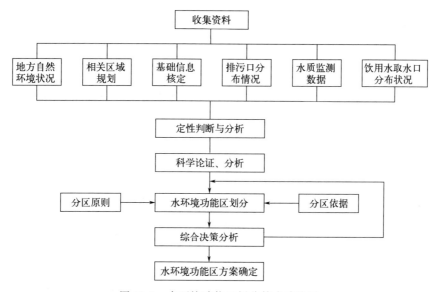

图 10-3 水环境功能区划分技术路线图

（1）搜集基础资料，调查评估阶段

搜集和汇总现有基础资料及数据，包括：区域自然环境资料，如气候、地质、地貌、植被条件等，与水环境功能密切相关的水系、水文、流量、流速和径流量等；区域社会经济发展资料，包括人口密度、城镇发展、产业布局现状及发展规划；污染源和水污染治理现状资料，如水污染源的数量、种类、排放量及排污口分布现状等；水环境现状资料，包括监测点位及断面分布、水环境质量现状及演变趋势、水体主要污染物等；水资源开发利用资料，包括饮用水水源分布、取水口位置、水厂位置、区域用水结构、生态需水量、各部门对水质要求等。

（2）定性判断与分析阶段

在资料调研与实地调查基础上，对水环境现状进行评价，预测污染源及污水量变化；分析水体现状使用功能、规划功能，确定影响使用功能的污染因子和污染时段；分析各类监测控制断面、点位的实测资料是否合理、是否可靠、是否具有代表性；将现状功能区中水质要求不符合标准（或达不到现状功能）的水域，依据污染因子列出相应的污染源；根据水体功能及规划功能提出相应水质控制目标。在此基础上，按照区划原则提出功能区划分初步方案。

（3）科学论证与可行性分析阶段

对水环境功能区划分初步方案进行可达性分析，包括技术经济评价和方案比选等。一般采用定性与定量相结合的方法，对各功能区达到各个环境目标的技术方案及投资进行可达性分析。对于水体功能明确，且无可替代方案选择的区域，如集中式饮用水水源保护区等，可不进行定量模拟确定。但涉及混合区、缓冲区、过渡区等，通常会采用定量水质模拟方式来确定功能区范围或分析功能区范围的合理性。

（4）综合决策阶段

对水环境功能区划分方案进行意见征求、专家论证。要充分协调好流域上下游之间、功能区与功能区之间、行政区与行政区之间的关系，确定切实可行的区划方案，同时拟定保障水环境功能区的分期水质目标。

10.2.2 环境空气质量功能区划

环境空气质量功能区划是指为了确定研究地区环境空气规划目标而对这些地区进行功能区划，是以城市环境功能分区为依据，根据自然环境概况、土地利用规划、规划区域气象特征和国家环境空气质量的要求，将规划城市按空气环境质量划分为不同的功能区，是大气环境管理的重要依据。

（1）环境空气质量功能区类型

根据《环境空气质量标准》（GB 3095—2012），环境空气质量功能区分为两类。

一类区为县级以上人民政府划定的自然保护区、风景名胜区和其他需要特殊保护的区域。其中，自然保护区是按照《自然保护区类型与级别划分原则》（GB/T 14529）依法划出一定面积予以特殊保护和管理的区域；风景名胜区是指具有观赏、文化或科学价值，自然景物、人文景物比较集中，环境优美，具有一定规模和范围，可供人们游览、休息或进行科学、文化活动的地区；需要特殊保护的地区是指因国家政治、军事和为国际交往服务需要，对环境空气质量有严格要求的区域。

二类区为居住区、商业交通居民混合区、文化区、工业区和农村地区。将 GB 3095—1996（已废止）标准中的三类区（特殊工业区）也纳入二类区。

（2）环境空气质量功能区划原则

环境空气质量功能区以保护生活环境和生态环境，保障人体健康以及动植物正常生存、生长和文物古迹为宗旨。划分环境空气功能区应遵循以下原则。

① 功能区划分应充分利用现行行政区界或自然分界线。

② 功能区划分宜粗不宜细。

③ 功能区划分时既要考虑到环境空气质量现状，同时又要兼顾城市发展规划。

④ 不能随意降低原已划定功能区的类别。

（3）环境空气质量功能区划方法

根据划分原则，环境空气质量功能区划分应在对区域地理、气象、污染源分布及社会经济发展等因素进行综合分析的基础上，按环境空气质量标准要求将区域环境空气质量划分为不同的功能区。其划分方法如下。

① 分析区域或城市发展规划，确定环境空气功能区划分的范围并准备工作底图。

② 调查区域现行环境空气质量功能区划，评估各功能区空气环境质量现状。

③ 根据调查和监测数据，以及环境空气功能区类别定义、划分原则等，进行综合分析，确定每个单元的功能类别。

④ 把区域类型相同的单元连成片，并绘制在底图上；同时，将环境空气质量标准中例行监测的污染物和特殊污染物的日平均值等值线绘制在底图上。

⑤ 根据环境空气质量管理和城市总体规划要求，依据被保护对象对环境空气质量的要

求，兼顾自然条件和社会经济发展，将功能区边界、类型进行反复审核，最后确定该区域环境空气质量功能区划分方案。

⑥ 绘制大气环境功能区划图。在规划区域地图上（1∶10 000 或 1∶50 000 的行政区划图），画出各类环境空气功能区的边界及范围，并附必要的说明。

在划分环境空气功能区过程中，应注意以下几点：① 一类、二类功能区不得小于 $4km^2$；② 一类区与二类区之间设置一定宽度的缓冲带，缓冲带宽度根据区划面积，污染源分布、大气扩散能力确定，一般情况下缓冲带宽度不小于 300m，缓冲带内环境空气质量应向要求高的区域靠拢；③ 位于缓冲带内的污染源，应根据其对环境空气质量要求高的功能区影响情况，确定该污染源执行排放标准的级别。

10.2.3 声环境功能区划

（1）声环境功能区类型

根据《声环境质量标准》（GB 3096—2008），声环境功能区分为以下 5 类。

0 类声环境功能区：指康复疗养区等特别需要安静的区域。

1 类声环境功能区：指以居民住宅、医疗卫生、文化教育、科研设计、行政办公为主要功能，需要保持安静的区域。

2 类声环境功能区：指以商业金融、集市贸易为主要功能，或者居住、商业、工业混杂，需要维护住宅安静的区域。

3 类声环境功能区：指以工业生产、仓储物流为主要功能，需要防止工业噪声对周围环境产生严重影响的区域。

4 类声环境功能区：指交通干线两侧一定距离之内，需要防止交通噪声对周围环境产生严重影响的区域，其中包括 4a 类和 4b 类两种类型。4a 类为高速公路、一级公路、二级公路、城市快速路、城市主干路、城市次干路、城市轨道交通（地面段）、内河航道两侧区域；4b 类为铁路干线两侧区域。

（2）声环境功能区划原则

区划以有效地控制噪声污染程度和范围，有利于提高声环境质量为宗旨。区划应遵循以下基本原则。

① 区划应以城市规划为指导，按区域规划用地的主导功能、用地现状确定，应覆盖整个城市规划区面积。

② 区划应便于城市环境噪声管理和促进噪声治理。

③ 单块的声环境功能区面积，原则上不小于 $0.5km^2$。山区等地形特殊的城市，可根据城市的地形特征确定适宜的区域面积。

④ 调整声环境功能区类别需进行充分的说明，严格控制 4 类声环境功能区范围。

⑤ 根据城市规模和用地变化情况，声环境区划可适时调整。

（3）声环境功能区划依据与方法

声环境功能区划主要依据《声环境质量标准》（GB 3096—2008）中对各类功能区的定义，同时要结合城市的性质、结构、规划及用地现状，城市区域环境噪声污染特点、噪声管理要求及城市行政区划、地形地貌等。

声环境功能区划一般实行"自下而上"的区划思路。在对区划基础资料进行搜集、分析的基础上，以基础分区单元（如行政单元、网格）为初步分析对象，根据每个基础单元的用地性质（现状或规划），结合声环境质量标准，初步确定各基础单元执行的声环境质量标准（类别），然后根据相似相邻原则，把功能类型相同的基础单元进行合并，充分利用交通干线（主干线及以上级别）、行政边界、河流、沟壑、绿地等地形地貌作为区划边界，形成分区的初步方案。在对初步方案进行管理可行性论证的基础上，征求各部门意见，最终确定城市声环境功能区划，并绘制区划图。

声环境功能区划一般按先功能单一区后混合区的划分次序进行划分，即区划宜首先对0、1、3类声环境功能区确认划分，余下区域划分为2类声环境功能区，在此基础上划分4类声环境功能区。

交通干线两侧区分为4a类声环境功能区和4b类声环境功能区。当临街建筑高于三层楼房以上（含三层）时，将临街建筑面向交通干线一侧至交通干线边界线的区域定为4a类声环境功能区。若临街建筑低于三层楼房，则将道路红线两侧一定距离划为4a类声环境功能区。距离的确定方法如下：若相邻区域为1类声环境功能区，距离为50m±5m；若相邻区域为2类声环境功能区，距离为35m±5m；若相邻区域为3类声环境功能区，距离为20m±5m。

此外，将铁路边界线外一定距离以内的区域划分为4b类声环境功能区，4b类声环境功能区划分方法同4a类声环境功能区。

10.3 生态功能区规划

10.3.1 生态功能区划概述

（1）生态功能区

生态功能是指生态系统及其生态过程所形成或所维持的人类赖以生存的自然环境条件与效用，包括水源涵养、洪水调蓄、防风固沙、水土保持、生物多样性维持等。生态功能区是指在一定地理范围内，依据自然环境特点和生态系统的需求，划出的一种与自然因素相对一致并具有特殊功能的区域。一个生态功能区同时具有多种生态功能，其中对维护区域生态安全，促进社会经济持续健康发展方面发挥主导作用的功能作为该区域的主导生态功能，而其他与主导生态功能相伴而存的生态功能作为辅助生态功能。

重要生态功能区，又称生态功能保护区，是指在涵养水源、保持水土、调蓄洪水、防风固沙、维系生物多样性等方面具有重要作用的区域。根据《全国生态环境保护纲要》的规定，生态功能保护区类型包括江河源头区、重要水源涵养区、水土保持的重点预防保护区和重点监督区、江河洪水调蓄区、防风固沙区和重要渔业水域等。建立生态功能保护区，保护区域重要生态功能，对防止和减轻自然灾害，协调流域及区域生态保护与经济社会发展，保障国家和地方生态安全具有重要意义。

（2）生态功能区划

生态功能区划是依据区域生态环境敏感性、生态服务功能重要性以及生态环境特征相似性和差异性而进行的地理空间分区。

为了满足宏观指导与分级管理的需要，我国生态功能区分为三个等级：从宏观上以自然气候、地理特点划分自然生态区；根据生态系统类型与生态服务功能类型划分生态亚区；根据生态服务功能重要性、生态环境敏感性与生态环境问题划分生态功能区。

10.3.2　生态功能区划方法

（1）区划原则

生态功能区划分以生态系统及其服务功能满足人类需求的有效性为区划标志，分区遵循以下原则。

① 突出主导功能与兼顾其他功能相结合原则。自然资源多样性和自然环境复杂性使不同区域具有不同的生态功能，甚至同一区域具有几种不同的生态服务功能。为此，生态功能区划应遵循突出主导功能与兼顾其他功能相结合的原则。在大的生态功能区内，其主导功能应该是明确的，各个生态小区生态功能应该服从于主导功能，但不是盲目求同。

② 区域相关性与系统完整性相结合原则。在分区过程中，既要综合考虑流域上下游生态关系及区域间生态功能互补作用，又要遵循景观生态单元、生态学系统或生态地域及其组合，以及维持这种组合生态过程的完整性。因此，分区结果不仅要考虑维护生态结构完整性，更要考虑生态系统过程完整性，同时保证分区是具有独特性且空间上完整的自然区域。

③ 等级尺度及上下层级继承原则。生态功能区划分要根据不同划分尺度确定相应的目标与指标。省级生态功能分区应从满足国家经济社会发展和生态保护工作宏观管理需要出发，进行中等尺度范围划分；市级和县级生态功能分区应与省级生态功能分区相衔接，在分区尺度上应更能满足市域和县域经济社会发展和生态保护工作微观管理的需要。此外，还要考虑上一层级分区结果对下一层级分区单元生态保护和建设方向的宏观指导作用和约束力。

（2）区划流程

生态功能区划分是在生态环境特征、生态功能重要性及敏感性评估的基础上，基于各单因子生态系统服务功能重要性及空间差异性，以生态系统服务功能为主导性分区，进而分析各功能区的辅助功能，最终形成生态功能分区。主要过程如下。

① 运用地理信息系统空间分析功能将各单项生态系统服务功能重要性评价结果（不重要、较重要、中等重要、极重要）在 GIS 平台上进行图层叠加，然后将各单项服务功能中等重要和极重要的区域边界勾画出来，作为重要生态服务功能区边界；各单项服务功能重要性等级交叉的区域，以重要性等级较高的生态服务功能为主导服务功能。

② 根据各单因子生态敏感性评价（不敏感、轻度敏感、中度敏感、高度敏感和极度敏感），进行生态系统敏感性辅助分区，其分区方法和过程与生态系统服务功能分区基本相同，划出重要敏感性区边界。

③ 依据上述生态系统服务功能重要性分区结果和生态敏感性分区结果，运用地理信息系统技术将主导性分区图和辅助性分区图进行再次叠加分析，得到以下三种综合分区结果及其对应的处理方法：

a. 生态服务功能级别达到中等重要和极重要的地区，以其主导生态服务功能覆盖区域为边界划分依据；

b. 生态服务功能级别为不重要和较重要的地区，若生态敏感性级别达到高度敏感和极度敏感，以重要生态敏感性覆盖区域作为边界划分的依据；

c. 其余地区（即生态系统服务功能重要性评价中等重要以下且生态敏感性高度敏感以下的地区）则结合当地自然与经济实际状况，或按照法律法规审批通过当地发展主导方向，选择相对最重要的生态系统服务功能的覆盖区域作为其边界划分。

④ 结合当地自然地理条件、生态环境状况、生态保护和管理的需要等，对上述综合分

区结果图进行合理的调整和完善，形成科学完整的分区图和分区成果。

（3）生态功能分区描述

生态功能区命名原则上由三个部分组成，即区位＋主导生态服务功能（或生态敏感性）＋功能管控名称，如"东部水源涵养土壤保持功能区""东部石漠化酸雨敏感性恢复区""东部人居保障功能区"等。生态功能分区后应对每个分区的区域特征描述，包括以下内容：

① 区域位置、自然地理条件和气候特征，典型的生态系统类型；

② 存在的或潜在的主要生态环境问题，引起生态环境问题的驱动力和原因；

③ 生态功能区的生态服务功能类型和重要性，包括单项评价结果和综合评价结果；

④ 生态功能区的生态敏感性及可能发生的主要生态问题，包括单项评价结果和综合评价结果；

⑤ 生态功能区的生态保护目标，生态保护主要措施，生态建设与发展方向。

10.3.3　生态功能区规划内容

生态功能区规划是通过分析区域生态环境特点和人类社会经济活动，以及二者相互作用的规律，依据生态学和生态经济学的基本原理，制定各类生态功能区保护目标，以及实现目标所要采取的措施。

（1）规划指导思想与原则

生态功能区规划以保障国家和区域生态安全为出发点，以改善生态环境质量为核心，以保障和维护生态功能为主线，统筹山水林田湖草沙一体化保护和修复，把生态保护和建设与地方社会经济发展有机结合起来，优先保护，限制开发，严格监管，促进生态功能区经济、社会和环境的协调发展。

生态功能区规划主要依据生态学和生态经济学规律，对各类生态功能区制定差异化规划保护目标及保护要求，为此应遵循以下基本原则。

① 坚持保护优先、预防为主、防治结合的原则。切实加强各类功能区内社会、经济活动的环境监管，防止生态功能退化。同时，遵循自然规律，采取适当的生物和工程措施，尽快恢复和重建退化的生态功能。

② 坚持经济发展与生态保护协调性原则。通过调整优化生态功能区内的产业结构，力求做到经济发展与生态保护的有机统一，使自然资源得以合理并充分的开发利用和保护，维持和提高生态系统生态产品供给能力，最终使整个生态环境处于良性循环之中，从而保证资源永续利用和经济可持续发展，增强区域社会经济发展对生态环境的支撑能力。

③ 坚持统筹规划、突出重点、分步实施的原则。规划要坚持山水林田湖草沙系统施治原则，同时要突出重点，抓住生态功能区的主导生态功能，重点解决制约主导生态功能发挥的各类限制性因素。同时，应当统筹兼顾，点面结合，分步实施。

（2）规划内容

根据我国生态功能区规划编制技术要求，生态功能区规划编制一般包括以下内容。

① 生态环境现状调查与评价。通过收集规划区域内自然环境、社会经济等信息，对区域内自然地理状况、社会环境状况、生态环境状况进行评价。在分析生态环境保护与建设成就的基础上，重点识别与分析区域生态环境退化状况，包括植被退化、土地退化、水生态失衡、生物多样性破坏及区域环境污染等状况。同时，对区域社会经济与生态环境协调关系进行评估，分析区域生态环境退化成因及区域生态环境承载力（发展潜力）。

② 生态功能分区。生态功能分区是根据生态环境特征、生态环境敏感性和生态服务功能在不同地域的差异性和相似性，将区域空间划分为不同生态功能区的过程，其目的是为提升区域主导生态功能、维护区域生态安全、推进资源合理利用、优化工农业生产布局、保育区域生态环境提供科学依据，也为分区分类落实精细化管控奠定基础。

③ 规划目标确定。根据各生态功能分区生态评价结果，确定各功能区主导生态功能及辅助生态功能。结合生态功能维护要求，制定各功能区差异化管理与建设目标。

④ 生态功能区保护与建设任务。在充分考虑区域生态环境与社会经济特征基础上，以各功能区建设目标为导向，通过采取有针对性的建设与管理措施，推动生态功能保护区内生态环境与社会经济协调发展。具体对策措施包括改变人类活动，如产业结构调整与布局优化、采取严格保护措施进行强制性保护、对受损生态系统进行生态修复与重建等。

10.4 生态环境分区管控规划

开展生态环境分区管控，是落实主体功能区战略、加强生态环境保护的具体实践，是提升环境服务功能、促进国土空间高效协调可持续开发的重要措施，为空间开发结构更加合理、区域发展更加协调提供环境支撑和基础保障。

10.4.1 生态环境分区管控概述

（1）生态环境分区管控概念

生态环境分区管控，是指以保障生态功能和改善环境质量为目标，实施分区域差异化精准管控的环境管理制度。其重要基础就是近年来实践探索的"三线一单"，即生态保护红线、环境质量底线、资源利用上线和生态环境准入清单。

生态环境分区管控是从单要素分区管理向多要素综合分区管理的迭代升级，是生态环境空间管控领域的重大探索，也是生态文明制度建设的重要实践创新，是一项基础性、前瞻性和长久性的工作。

建立全域覆盖的生态环境分区管控体系，严守生态保护红线、环境质量底线、资源利用上线，为发展"明底线""划边框"，科学指导各类开发保护建设活动，对于推动高质量发展，建设人与自然和谐共生的现代化具有重要意义。目前，我国已初步形成了一套全域覆盖、跨部门协同、多要素综合的生态环境分区管控体系，全国共划分四万余个生态环境管控单元，按照"一单元一策略"制定差异化、精细化的生态环境准入清单，为生态环境管理提供了新的政策工具。

（2）生态环境分区管控思路

生态环境分区管控以生态文明理念为指导，以改善环境质量为核心，以生态保护红线、环境质量底线、资源利用上线为基础，将行政区域划分为若干环境管控单元，在一张图上落实生态保护、环境质量、资源利用要求，按照环境管控单元编制环境准入负面清单，构建生态环境分区管控体系。总体框架思路如图 10-4 所示。

生态环境分区管控体系综合考虑了国土空间生态环境结构、过程及功能特点，系统评估分析生态、环境、资源的传输、影响和承载关系，衔接现有的和正在改革推进的各项制度政策，形成一套以改善环境质量为核心，将生态保护红线、环境质量底线、资源利用上线落实

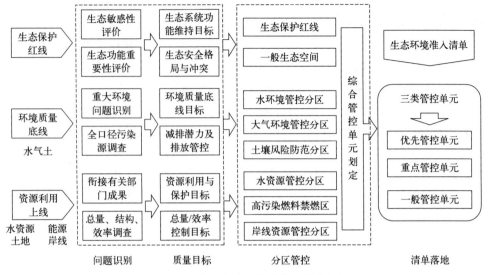

图 10-4　生态环境分区管控体系技术框架

到区域不同环境管控单元，并建立环境准入负面清单的环境综合分区管控体系。生态环境分区管控具有基础性、系统性、约束性、空间性、动态性等特点。

　　基础性要求从生态环境系统自身的结构、过程、功能、承载等角度出发，系统开展生态环境的基础性、摸底性评价，识别自然生态环境系统客观规律，形成生态环境保护空间格局、环境功能、资源承载的差异性要求，在系统评估生态环境客观规律基础上，充分衔接生态保护红线，大气、水、土壤污染防治，资源总量强度"双控"等相关工作与制度政策，形成生态环境系统保护与精细化管理的统一平台。生态环境综合管控强调环境质量底线维护要求，生态保护红线只能增加不能减少、环境质量只能变好不能变差、自然资源只能增值不能贬值、环境管控要求只能提高不能降低，是城市开发建设、产业布局、土地利用等活动所不得突破的底线性要求，同时强化空间差异化管控和动态更新。

　　（3）生态环境分区管控主要任务

　　① 以生态保护红线为核心，建立生态分级管控体系。生态保护红线是维护生态安全、确保生态系统服务功能稳定的重要生态空间。系统识别生态空间和重点生态功能区范围，根据生态保护要求，划定生态保护红线，制定生态保护要求，对影响主导生态服务功能的开发建设行为制定环境准入负面清单予以限制。

　　② 强化环境质量底线，建立不同单元管控要求。以维护区域环境功能为准则，根据环境要素特点及环境质量改善的管理要求，制定区域环境质量底线，建立不同区域和控制单元的管控要求，将数量型的目标要求转化为空间型的管控要求，建立精细化的环境质量管理体系，为不同区域产业准入、污染物排放控制和环境治理提供依据，压实各区域各单元环境保护与治理的主体责任。

　　③ 完善资源利用上线，保障生态安全与环境质量改善。从生态安全和环境质量改善的角度出发，完善资源能源开发总量和强度管控制度。强化能源及水资源利用总量与强度"双控"制度，以及耕地保护和建设用地控制制度。同时结合自然资源资产负债表评估，对自然资源减少、质量下降、资产贬值区域，加严资源开发管控。

　　④ 建立环境管控单元，实行差异化管控。根据生态保护红线、环境质量底线、资源利

用上线的分区管控要求，衔接乡镇和区县行政边界，综合划定环境管控单元。将生态、环境、资源的管控要求落实到环境管控单元，建立不同管控单元环境管控清单，实现分单元差异化、精细化管理。管控清单一般包括空间布局、污染物排放、资源开发利用等方面的管控要求。

10.4.2 生态环境分区管控内容

生态环境分区管控体系包括一套覆盖全域的生态、大气、水、土壤等生态环境要素及土地、水、能源等自然资源的生态环境综合分区体系，以及基于环境管控单元的环境管理准入清单。编制技术路线如图 10-5 所示。

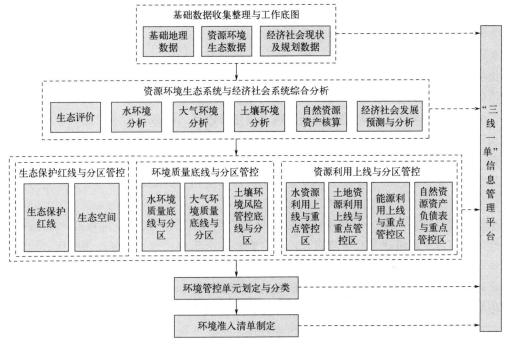

图 10-5 生态环境分区管控技术路线图

10.4.2.1 生态保护红线

生态保护红线的划定以构建国家生态安全格局为目标，在对资源环境承载能力和国土空间开发适宜性评价的基础上，按生态系统服务功能的重要性、生态环境敏感性，确定水源涵养、生物多样性维护、水土保持、防风固沙等生态功能极重要区域及极敏感区域，将其纳入生态保护红线，同时充分与主体功能区规划、生态功能区划、水功能区划及土地利用现状、城乡发展布局、国家应对气候变化规划等相衔接，与永久基本农田保护红线和城镇开发边界相协调，与经济社会发展需求和当前监管能力相适应，统筹划定生态保护红线。

生态保护红线范围划定采用定量评估与定性判定相结合的方法，将重要生态功能保护落实到国土空间，确保生态保护红线布局合理、落地准确、边界清晰。生态保护红线原则上按禁止开发区域的要求进行管理。严禁不符合主体功能定位的各类开发活动，严禁任意改变用途，确保生态功能不降低、面积不减少、性质不改变。

同时，综合考虑维护区域生态系统完整性、稳定性的要求，结合构建区域生态安全格局的需要，基于重要生态功能区、保护区和其他有必要实施保护的陆域、水域和海域，考虑农业空间和城镇空间，衔接土地利用和城镇开发边界，识别并明确生态空间。生态空间原则上按限制开发区域管理。

10.4.2.2 环境质量底线

环境质量底线的确定，要充分衔接相关规划的环境质量目标和达标期限要求，合理确定分区域分阶段的环境质量目标。评估污染源排放对环境质量的影响，落实总量控制要求，明确基于环境质量底线的污染物排放控制和重点区域环境管控要求。

（1）水环境质量底线

水环境质量底线是将国家确立的控制单元进一步细化，按照水环境质量分阶段改善、实现功能区达标和水生态功能修复提升的要求，结合水环境现状和改善潜力，对水环境质量目标、允许排放量控制和空间管控提出明确要求。

水环境现状分析。分析地表水、地下水、近岸海域（沿海城市）等水环境质量现状和近年变化趋势，识别主要污染因子、特征污染因子及水质维护关键制约因素。根据水文、水质及污染特征，以工业源、城镇生活源、面源、其他污染源等构成的全口径污染源排放清单为基础，分析各类污染源对水环境质量的影响，确定各流域、行政区的主要污染来源。

水环境控制单元划分。综合考虑自然地理特征、社会经济特征、水生态与水环境特征，按照以水定陆、水系完整、行政边界完整等原则，以重要控制节点为基础，根据区域污染源空间分布及排放去向，确定受纳水体及受影响控制断面相关的陆域空间，合并一定数量的汇水区，形成各控制节点的汇水区域（子流域）。

水环境质量目标确定。依据水环境功能区划，衔接国家、区域、流域及本地区相关规划、行动计划对水环境质量改善要求，确立一套覆盖全流域，落实到各控制断面、控制单元的分阶段水环境质量目标。

水环境质量改善潜力分析。以各控制单元水环境质量目标为约束，选择合适模型方法，测算化学需氧量、氨氮等主要污染物及存在超标风险的其他污染因子的环境容量。同时，综合考虑经济社会发展、产业结构调整、污染控制水平、环境管理水平等因素，构建不同控制情景，测算存量源污染削减潜力和新增源污染排放量，分析分区域分阶段水环境质量改善潜力。结合水环境容量，按照目标可达、经济技术可行原则，综合测算水污染物允许排放量。

水环境分类管控。基于水生态环境差异化管控要求，将各控制单元按照水质改善需求进行分类，分为优先保护单元、重点管控单元和一般管控单元。其中将饮用水水源保护区、湿地保护区、江河源头、珍稀濒危水生生物及重要水产种质资源的产卵场、索饵场、越冬场、洄游通道、河湖及其生态缓冲带等所属的控制单元作为水环境优先保护区，将人口与经济相对集聚、环境容量超载或水环境质量超标的控制单元作为重点管控单元，其他区域作为一般管控单元。

（2）大气环境质量底线

大气环境质量底线是按照大气环境分阶段改善和限期达标要求，根据区域大气环境和污染排放特点，考虑区域间污染传输影响，对大气环境质量改善潜力进行分析，对大气环境质量目标、允许排放量控制和空间管控提出明确要求。

大气环境现状分析。分析大气环境质量现状和近年变化趋势，识别主要污染因子、特征污染因子及影响大气环境质量改善的关键制约因素。依据城市大气环境特点选择合适的技术方法，定量估算不同排放源和污染物排放对城市环境空气中主要污染物浓度的贡献，确定大气污染物主要来源，筛选重点排放行业和排放源。同时分析区域间传输影响，估算周边区域不同污染源对目标城市环境空气中主要污染物浓度的贡献，识别大气污染联防联控的重点区域和重点控制行业。

大气环境质量目标确定。衔接国家、区域、省域和本地区对区域大气环境质量改善的要求，结合大气环境功能区划，合理制定分区域分阶段环境空气质量目标。

大气环境质量改善潜力分析。基于大气污染源排放清单，利用大气环境质量模型，考虑经济社会发展、产业结构调整、污染控制水平、环境管理水平等因素，以环境质量目标为约束，构建不同措施组合的控制情景，分析测算工业、生活、交通、港口船舶等存量源污染减排潜力和新增源污染排放量。评估不同控制情景下的大气环境质量改善潜力。

大气污染物允许排放量测算和校核。基于大气环境质量改善潜力和环境质量目标可达性，参考环境容量，综合考虑经济发展特点与目标、技术可行性等因素，并预留一定安全余量，测算区域主要大气污染物允许排放量，对重点工业园区污染排放给出管控要求。部分地区可根据实际情况，结合排污许可证管理要求，进一步核算主要行业大气污染物允许排放量。

大气环境管控分区。将环境空气一类功能区作为大气环境优先保护区；将环境空气二类功能区中的工业集聚区等高排放区域，上风向、扩散通道、环流通道等影响空气质量的布局敏感区域，静风或风速较小的弱扩散区域，城镇中心及集中居住、医疗、教育等受体敏感区域等作为大气环境重点管控区；将环境空气二类功能区中的其余区域作为一般管控区。

（3）土壤环境风险管控底线

土壤环境风险管控底线是根据土壤环境质量标准及土壤污染防治相关规划要求，对受污染耕地及污染地块安全利用目标、空间管控提出明确要求。

土壤环境分析。利用自然资源、农业农村、生态环境等部门的土壤环境监测调查数据，并结合全国土壤污染状况详查资料，参照国家有关标准规范，对农用地、建设用地和未利用地土壤污染状况进行分析评价，确定土壤污染潜在风险和严重风险区域。

土壤环境风险管控底线确定。根据土壤污染防治要求，确定不同区块土壤环境风险管控目标。

土壤污染风险管控分区。依据土壤环境分析结果，将农用地划分为优先保护类、安全利用类和严格管控类。将优先保护类农用地集中区作为农用地优先保护区，将农用地严格管控类和安全利用类区域作为农用地污染风险重点管控区。以重点行业生产经营活动和危险废物储存利用处置活动的地块为重点，筛选识别疑似污染地块。基于疑似污染地块环境初步调查结果，建立污染地块名录，确定污染地块风险等级，明确优先管理对象，将污染地块纳入建设用地污染风险重点管控区。其余区域纳入一般管控区。

10.4.2.3 资源利用上线

以改善环境质量、保障生态安全为目的，确定水资源开发、土地资源利用、能源消耗的总量、强度、效率等要求。基于自然资源资产"保值增值"的基本原则，编制自然资源资产负债表，确定自然资源的保护和开发利用要求。

（1）水资源利用上线

水资源利用需求分析。通过历史趋势分析、横向对比、指标分析等方法，分析近年来水资源供需状况。衔接既有水资源管理制度，梳理用水总量、地下水开采总量和最低水位线、万元国内生产总值用水量、万元工业增加值用水量、灌溉水有效利用系数等水资源开发利用管理要求，作为水资源利用上线管控要求。

生态需水量测算。基于水生态功能保障和水环境质量改善要求，对涉及重要生态服务功能、断流、重度污染、水利水电梯级开发等河段，测算生态需水量等指标，明确需要控制的水面面积、生态水位、河湖岸线等管控要求，纳入水资源利用上线。

重点管控区确定。根据生态需水量测算结果，将相关河段划为生态用水补给区，纳入水资源重点管控区，实施重点管控。根据地下水超采、地下水漏斗、海水入侵等状况，衔接各部门地下水开采相关空间管控要求，将地下水严重超采区、已发生严重地面沉降、海（咸）水入侵等地质环境问题的区域，以及泉水涵养区等需要特殊保护的区域划为地下水开采重点管控区。

（2）土地资源利用上线

土地资源利用要求分析。通过历史趋势分析、横向对比、指标分析等方法，分析城镇、工业等土地利用现状和规划，评估土地资源供需形势。衔接国土、规划、建设等部门对土地资源开发利用总量及强度的管控要求，作为土地资源利用上线管控要求。

重点管控区确定。考虑生态环境安全，将生态保护红线集中、重度污染农用地或污染地块集中的区域确定为土地资源重点管控区。

（3）能源利用上线

能源利用要求衔接。综合分析区域能源禀赋和能源供给能力，衔接国家、省（自治区、直辖市）、市能源利用相关政策与法规、能源开发利用规划、能源发展规划、节能减排规划，梳理能源利用总量、结构和利用效率要求，作为能源利用上线管控要求。

煤炭消费总量确定。已经下达或制定煤炭消费总量控制目标的城市，严格落实相关要求；尚未下达或制定煤炭消费总量控制目标的城市，以大气环境质量改善目标为约束，测算未来能源供需状况，采用污染排放贡献系数等方法，确定煤炭消费总量。

重点管控区确定。考虑大气环境质量改善要求，在人口密集、污染排放强度高的区域优先划定高污染燃料禁燃区，作为重点管控区。

（4）自然资源资产核算及管控

自然资源资产核算。调查规划区域内耕地、草地等土地资源面积数量和质量等级，天然林、人工林等林木资源面积数量和单位面积蓄积量，水库、湖泊等水资源总量、水质类别等自然资源资产期初、期末的实物量，核算自然资源资产数量和质量变动情况，编制自然资源资产负债表，构建各行政单元内自然资源资产数量增减和质量变化统计台账。

重点管控区确定。根据区域内耕地、草地、森林、水库、湖泊等自然资源核算结果，加强对数量减少、质量下降自然资源开发管控。将自然资源数量减少、质量下降的区域作为自然资源重点管控区。

10.4.2.4 综合管控分区及准入清单

将规划城镇建设区、乡镇街道、工业园区（集聚区）等边界与生态保护红线、生态空间、水环境管控分区、大气环境管控分区、土壤污染风险管控分区、资源利用上线管控分区等进行叠加。采用逐级聚类的方法，划定环境综合管控单元，实施分类管控。各地可根据自然环境的特征、人口密度、开发强度、生态环境管理基础能力等多种因素，合理确定环境管控单元的空间尺度。

分析各环境管控单元生态、水、大气、土壤等环境要素的区域功能及自然资源开发保护利用要求，将环境管控单元划分为优先保护、重点管控和一般管控三类。其中，优先保护单元包括生态保护红线、水环境优先保护区、大气环境优先保护区、农用地优先保护区等，以生态环境保护为主，禁止或限制大规模的工业发展、矿产等自然资源开发和城镇建设。重点管控单元包括生态保护红线外的其他生态空间、城镇和工业园区（集聚区），人口密集、资源开发强度大、污染物排放强度高的区域，根据单元内水、大气、土壤、生态等环境要素的质量目标和管控要求，以及自然资源管控要求，综合确定准入、治理清单。一般管控单元包括除优先保护类和重点管控类之外的其他区域，执行区域生态环境保护的基本要求。

根据生态保护红线、环境质量底线、资源利用上线的管控要求，从空间布局约束、污染物排放管控、环境风险防控、资源利用效率等方面出发，对各生态环境分区提出优化布局、调整结构、控制规模等调控策略及导向性的环境治理要求，分类明确禁止和限制的环境准入要求。

思考题

1. 生态环境空间管控规划体系是什么？
2. 生态功能区划的前期生态环境评估包含哪些内容？
3. 环境功能区划分在环境质量管理中的作用是什么？
4. 论述我国生态功能区划体系。
5. 如何落实差异化环境空间管控？

11

生态环境专项规划

环境、资源、健康被国际社会认为是可持续发展中最值得关注的问题。自"九五"开始，我国开展了以环境要素为核心的污染防治和生态修复，环境污染趋势得到遏制，生态环境质量逐步趋于良好，但生态环境保护结构性、根源性、趋势性压力仍处于高位。开展生态环境专项规划是提升生态环境质量的前提。本章重点介绍水生态环境保护规划、大气环境保护规划、土壤污染防治规划以及生态保护规划等相关内容。

11.1 水生态环境保护规划

水生态环境保护规划以水环境质量提升及水生态安全为导向，制定推动流域绿色发展、强化污染源治理、开展生态修复等方案。规划通过综合考虑与水生态系统结构与功能有关的自然、技术、社会、经济诸方面的关系，对人类活动在时空上进行合理的安排，达到预防水生态环境问题发生，促进水生态环境与经济、社会可持续发展的目的。

11.1.1 水生态环境保护规划概述

流域水生态环境保护规划是全国生态环境保护规划体系的重要组成部分。实践中有水污染防治规划、水环境综合整治规划、水质达标规划、水资源环境保护规划、水生态保护规划等形式。同时在一些综合性生态环境规划中，水生态环境保护规划往往也是重要内容之一。

（1）水生态环境保护规划原则

水生态环境保护规划以水环境质量改善、水生态功能恢复、水资源优化配置等为重点，坚持问题导向、目标导向，构建资源节约利用、污染严格控制、水体有序流动、生态良性循环的水生态环境保护体系，推动经济社会发展与水资源水环境承载能力相协调。规划遵循以下原则。

① 目标管理，系统施治原则。坚持山水林田湖草是一个生命共同体的科学理念，统筹水资源、水生态、水环境，系统推进工业、农业、生活、航运污染治理，河湖生态流量保障，生态系统保护修复和风险防控等任务。

② 治水为主，综合整治原则。水环境治理对象是一个综合体，必须用系统论的观点，对整个系统进行调控，综合考虑多种技术及管理手段，对整个系统进行综合治理、同步治理和协同治理。

③ 突出重点，统筹兼顾原则。以环境整治和生态建设为手段，重点解决当前水生态环

境质量改善中的突出问题，提出具体解决方案和应对措施。同时要考虑水生态系统整体性、系统性及其内在规律，对各领域、各区域、各生态要素保护和治理进行统筹安排、长远谋划。

④ 实事求是，因地制宜原则。客观分析当地水生态环境质量状况、生态环境保护工作基础和经济社会发展现状，结合各流域资源禀赋等不同特点，系统设计针对性任务措施。

（2）水生态环境保护规划技术路线

水生态环境保护规划通过谋划各类污染整治、生态建设等活动，以改善区域（流域）水环境质量，提升水生态环境功能，打造稳定、健康的水生态环境，支撑社会经济的可持续发展。规划技术路线如图 11-1 所示。

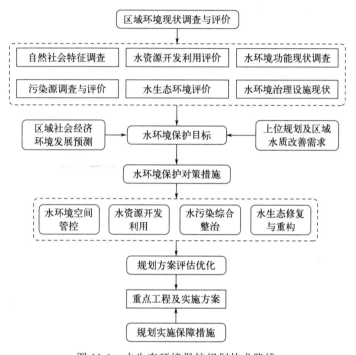

图 11-1　水生态环境保护规划技术路线

① 现状调查和评价。通过对规划区域社会经济发展现状，水污染源排放现状，水资源、水环境、水生态现状进行调查与评价，找出存在问题，提出规划需要重点解决的问题。

② 水生态环境预测与压力分析。在对水环境质量历史和生态现状调查研究基础上，预测未来社会经济发展对水资源、水环境的需求以及污染物排放对水环境容量的需求，分析可能存在的水资源、水环境压力以及水生态环境问题。

③ 水生态环境保护目标的设定。在对流域水生态环境现状进行综合评估的基础上，对接上位规划目标要求，结合区域整体环境发展趋势，设定流域（区域）水生态环境目标，包括总体目标、阶段目标及目标指标。

④ 水生态环境保护任务的确定。水生态环境保护任务是达到规划目标的具体途径。具体可以从水生态环境分区分类管控、水资源优化配置、水污染物总量控制与污染整治、水生态修复等方面去落实，在经过优化比对后，形成规划方案，并提出相应的支撑工程。

11.1.2 水环境污染防治规划

（1）水环境调查与问题诊断

开展流域（区域）范围内水生态环境问题调查，通过资料收集、现场调查，掌握规划区域水文水系状况、水环境质量及污染源时空分布特征，诊断存在的主要水环境问题。

① 水环境质量与使用功能要求差距分析。分析近几年来地表水环境质量的年际年内变化趋势及污染指标变化等，同时根据各河段流量信息分析流量与水质之间的对应关系。对照水体使用功能，分析各项污染指标与目标水质之间的差距，明确超标水体及其分布，诊断其水质主要影响因素。

② 污染物产排与水质改善需求差距分析。重点分析近几年来废水及其主要污染指标的产生与排放量变化、各工业行业废水达标治理水平、城镇污水处理设施完善程度，结合入河排污口监测数据及纳污能力，分析每个控制单元（汇水单元）总量削减压力及水质改善压力。

③ 现有的治理设施与治理需求差距分析。根据工业企业废水达标排放率、城镇污水管网设施完善率、城乡污水收集率、污水处理厂运行负荷、农村污水处理设施分布及服务人口等数据，诊断规划区域现有污染治理设施能否满足治理需求。

④ 产业结构合理性分析。结合社会经济与污染源调查数据，分析污染行业的贡献率，从水环境保护角度分析规划区域产业结构的合理性。

⑤ 环境风险分析。收集规划区域相关资料，分析区域内饮用水安全保障、环境事故发生率、跨界水体污染事故发生率等，诊断主要的水环境风险。

对区域内各类水环境问题进行排序，总结出规划区域主要水环境问题，为规划方案的制定提供导向。

（2）水环境控制单元划分

水环境"分区、分类、分级、分期"管控不仅是当前流域水环境管理的主流思想，也是实现流域水环境精细化管理的重要内容。因此，深化"流域（区域）-控制区-控制单元"的多级分区分类管理体系是落实流域水质目标、开展流域精细化管理的前提和基础。

水环境控制单元划分主要考虑自然地理特征、社会经济特征、水生态与水环境特征等进行划定。因此，要充分考虑水系空间分布、汇水区边界、乡镇级行政区划、水生态功能分区等，按照以水定陆、水系完整、行政边界完整等原则进行划分。

控制单元划分一般采用 ArcMap 中的多层面空间叠置分析方法，对具有多边形属性的各级行政区界、水环境功能区划、汇水单元等进行空间叠置，建立流域-水环境功能区-行政区-水文响应单元的对应关系，形成新的图层。按照功能单一、水质均一、目标可控、管理可操作等原则，对叠置后形成的新单元通过合并（融合）、截取等方法进行修正，对部分边界按照可操作、可统计等原则进行微调。最终形成具有"关键控制节点-控制河段-对应陆域"关系的水环境控制单元。

此外，对于树状河流的单个河段和湖库，根据地形图、汇水区、入河（湖）支流等因素，基于行政边界划分下一级控制单元的陆域范围。对于三角洲河网，根据等高线、河网水系汊点等因素，基于行政边界划分控制单元的陆域范围，与河网水域连成一个封闭的控制单元。

流域水环境控制单元划定后要建立相应的环境数据库，用于统计、汇总、计算环境允许排放量，为流域水质目标管理、允许排放量分配奠定基础。

（3）水污染物总量控制

污染物总量控制措施作为遏制环境恶化、改善环境质量的重要手段，在世界范围内得到了广泛应用。在众多流域水污染物总量控制实践中，美国的 TMDL（total maximum daily loads，最大日负荷总量）计划作为一种重要的流域总量控制政策措施，在美国及其他国家得到了广泛应用。TMDL 计划主要包括受损水体识别、优先等级确定、制订 TMDL 计划、实施控制措施、评估控制措施五大实施过程（图 11-2）。首先，地方政府根据地方性法规条文对所辖区域内所有水体现状水质进行评价，以环境利益最大化为原则，确定需实施计划的水体；其次，通过特征描述、水体纳污量（TM-DL）估算与分配，撰写 TMDL 计划报告；随后，根据总量分配结果，结合国家污染物排放削减体系（NP-DES）与流域规划分别对点源与非点源实施有效管理；最终，在一定期限内对水体进行监测与评估，在保证措施有效性的同时，重新识别受损水体，对新识别污染水体开展新一轮 TMDL 计划制订。

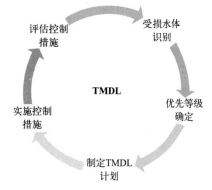

图 11-2 TMDL 计划实施过程

2016 年，国务院发布《"十三五"生态环境保护规划》，要建立环境质量改善和污染物总量控制的双重体系，以环境容量为核心进行总量控制成为流域水环境管控的重要措施。流域容量总量控制规划包括控制范围确定、污染负荷核算、环境容量估算、总量控制目标、污染物总量分配、污染削减措施制定六个过程（图 11-3）。其中，环境容量估算与污染物总量分配作为容量总量控制的核心工作，一直是我国容量总量控制的研究重点。

图 11-3 容量总量控制实施过程

（4）水污染防治方案

水污染防治方案以水质达标与改善为核心，通常从以下几方面来设置任务。

① 推进经济结构转型升级。围绕水质达标要求，从产业结构调整、空间布局优化、推进循环经济发展等方面提出调控方案。产业结构调整可结合当地落后产能淘汰方案，制订详细的分年度落后产能淘汰计划及整改要求，同时要根据控制单元的水质目标和主体功能区规划要求，充分考虑当地的水资源、水环境承载能力，提出环境准入条件，推进产业结构调整及空间布局优化。此外，结合水质达标要求和当地具体情况，提出工业水循环利用和再生水利用方案，全面推行清洁生产，提出清洁生产审核企业清单。

② 强化污染源头控制。针对各类污染源，提出以下控源减排措施：促进工业企业污染深度治理，贯彻全面稳定达标排放和"提标升级"工业减排；开展城镇污水处理设施建设与改造、配套管网建设并推进污水厂污泥处理，提高城镇生活污染治理水平和污水再生的利用

率；推进农村农业污染整治，强化畜禽养殖污染整治，实行测土配方施肥，开展农田排水和地表径流净化工程；加快农村环境综合整治，提高农业生活污水处理水平，建立农村污水处理设施的运维机制。

③ 推进节水型社会建设。以保障生态流量为根本出发点，以水资源"双控"为上线，提出提升用水效率、开展生态调度、推进再生水循环利用等对策措施。特别是针对取用水超过总量控制指标的控制单元，要提出更严格的用水要求。加强城镇节水，推进海绵城市建设，大力发展节水农业。加强江河湖库水量调度管理，提出闸坝联合调度、生态补水等措施，重点保障枯水期生态基流。根据城镇污水排放和处理情况、城镇再生水生产和使用现状、水资源开发利用状况及用水需求分析结果，设计区域再生水循环利用体系，明确区域再生水处理设施建设规模。

④ 加大水生态保护与修复力度。可从湿地恢复与建设、河湖生态建设、水生生物完整性恢复等方面设置相应任务。针对湿地面积萎缩、重要物种生境受损等问题，采取不同的保护与修复措施，如湿地封育保护、退耕还湿、湿地生态补水、生物栖息地恢复与重建等；河湖生态恢复则按照自然恢复为主的方针，划分水源涵养区、水生态缓冲带等生态空间，因地制宜提出管控要求与建设任务；针对水生态系统严重受损等问题，明确河湖生态缓冲带恢复、水生植被恢复等规模化生态保护恢复任务。

⑤ 强化流域水环境管理。结合区域环保监管能力现状和水环境监管需求，从人员、设施、财政保障等多方面提出监管能力建设计划，明确环境监测及监察能力建设要求，如饮用水水源水质全指标监测、重点污染源在线监控系统建设、水生生物监测、地下水环境监测、化学物质监测及环境风险防控技术支撑能力提升。此外，结合水质目标要求和环境允许排放量计算结果，制定污染物排放总量控制方案，强化环境质量目标管理，推进排污权交易、生态补偿等机制创新。

11.1.3　水生态保护与修复规划

（1）水生态调查与评价

水生态调查与评价是指对水体不同尺度生态系统的组成要素性质及状态进行调查与评估，是水生态保护与修复规划的基础。水生态调查包括流域水文特征、河湖生境状况、水环境质量以及生物群落特征等相关信息的调查。

① 流域水文特征调查。通过收集水文、气候、地形地貌等资料，了解研究区域水位、水量、流速、流向的变化，降水量、蒸发量以及历史水情变化。同时调查研究区域水电站、闸坝等水利工程分布情况和规模以及流域水资源开发利用状况。

② 河湖生境调查。主要对河流岸边带及水域特征进行调查，包括：河道周边主要土地利用类型；沿岸土壤流失、沿岸侵蚀状况；河岸两侧和湖库带50米范围内植被特征、覆盖度、多样性、优势植被类型及物种；区域大型采砂、河道疏浚等情况。生境调查通常采用遥感解译和近距离观察相结合的方式进行，部分指标可通过打分方式实现。

③ 水环境质量调查。主要调查常规水质指标，包括基本水质参数、常规沉积物和底层环境特征。一般通过收集历史数据或现场实测获取。

④ 水生生物群落调查。主要调查浮游植物、浮游动物、底栖生物、大型水生维管束植物、鱼类等。通过采样、计数、分类、生物量统计等调查分析方法了解水体中水生生物类别及丰度。

水生态评估一般根据《中国重点流域水生态系统健康评价》和《流域水生态环境质量监测与评价技术指南》，选取水体理化性质、水生生物群落和栖息地生境等三类指标对流域水生态质量进行评估，再对流域水生态健康状况进行分级。

① 水体理化性质评价通常根据不同功能分区水质类别标准限值，进行单因子评价并进行分级。

② 水生生物群落评估一般选用一种或几种评价方法对水生生物进行评价。常见的水生生物评价方法有 BMWP 指数、Hilsenhoff 指数（HBI）、生物学污染指数（BPI）、Shannon-Wiener 多样性指数、硅藻指数（CDI）、生物完整性指数（IBI）等。

③ 栖息地生境评价参照《流域水生态环境质量监测与评价技术指南》中的方法，分别对河流和湖库的生境情况进行打分测评，生境总分由 10 项生境参数累加计算 H，最后以分级评分标准中的相应得分作为栖息地生境指标得分。

利用综合指数法进行水生态质量综合评估，通过对水化学指标、水生生物指标和生境指标加权求和，构建水生态环境质量综合评价指数（WEQI）：

$$\mathrm{WEQI} = \sum_{i=1}^{n} x_i w_i \tag{11-1}$$

式中　x_i——评价指标分值，包括水化学指标、水生生物指标和生境指标；

w_i——权重，一般将上述指标分别赋值为 0.4、0.4、0.2（具体可根据实际进行调整）。

根据水生态环境质量综合评价指数（WEQI）分值大小，将水生态环境质量状况等级分为优秀、良好、中等、较差和很差。

（2）水生态空间管控

水生态空间是指为水生态过程提供场所、维持水生态系统健康稳定、保障水生态安全的各类空间。依据其自然生态特征分为以水体为主的河流、湖泊等水域空间，以水陆交错为主的岸线空间，以及与保护水资源相关的涉水陆域空间。

考虑水生态空间的资源、环境、生态属性特征，将流域内的水库、湖泊、蓄滞洪区等点状空间，水域和岸线带状空间，涉水的陆域面状空间，按照生态功能重要性，划分为禁止开发区（水生态保护红线区）、限制开发区和水安全保障引导区。

① 水生态保护红线区。按照水生态功能重要性和环境敏感脆弱性，水生态保护红线区可分为水域及岸线保护红线区、洪水蓄滞红线区、饮用水水源保护红线区、水源涵养保护红线区等。

水域及岸线保护红线区是指对维护水体生态功能、保障河势稳定和湖泊形态稳定、维持水生生物多样性、促进河湖健康具有重要作用的河流（湖库）的水域和相关岸边带。一般将国家和省（自治区、直辖市）级人民政府批准划定的各类自然保护区涉及的河流（湖库）或因岸线开发利用对防洪安全、河势稳定、水生态保护等有重要影响的岸线区纳入水域及岸线保护红线区。

洪水蓄滞红线区是指对流域性洪水具有重要行洪、削减洪峰和蓄纳洪水作用的区域。使用较为频繁且具有重要水生态服务功能的河流、水库、湖泊、湿地以及国家重要蓄滞洪区中的核心区域等划定洪水蓄滞红线区。

饮用水水源保护红线区指已划定的地表水和地下水饮用水水源一、二级保护区。

水源涵养保护红线区是指对流域来水具有重要水源涵养与补给等生态功能，其植被具有特殊保护价值的区域。水源涵养保护红线区包括江河源头区、重要地表水水源补给区域和地下名泉补给保护范围等。

② 水生态空间限制开发区。水生态空间限制开发区可分为水域及岸线限制开发区、洪水蓄滞限制开发区、饮用水水源保护限制开发区、水土保持限制开发区等。

一般将人类活动对生态功能影响较大的水域、水功能区中的缓冲区和保留区划定为水域限制开发区。将河流的河势相对稳定，岸线开发利用程度已较高，各类岸线利用建设项目已较多，进一步开发利用对防洪、供水、航运及河流生态安全可能产生影响的河道岸线划为岸线限制开发区，或将人类活动对河流的河势稳定可能产生风险的岸线空间，经科学评估后划为岸线限制开发区。

对一些大江大河及其重要支流的洪水蓄滞区，结合科学评估，视其在其他空间中的保护功能需要划定限制开发区域；对于具有防洪功能的水库、湖泊，一般将 20 年一遇防洪高水位至水库（湖泊）正常蓄水位之间的带状区域也划定为洪水蓄滞限制开发区域。

从饮用水水源保护区水质保护功能需求出发，将集中式饮用水水源地的准保护区以内水域和陆域范围划定为饮用水水源保护限制开发区。

根据水土保持功能脆弱性评价、水源涵养与补给等生态功能评价，划定水土保持和水源涵养限制开发区。

除按上述类型划定水生态管控空间外，一些水生态保护与修复规划对重要水域实行特别保护，划定重要河湖岸线保护区、河湖生态缓冲带等生态空间，对此类生态空间实施特殊管制，严格控制岸线开发建设，禁止非法侵占河湖水域，并开展河湖岸线生态化改造与生态缓冲带修复。

（3）水生态保护与修复方案

水生态保护与修复方案一般围绕着水生态结构完整、功能完善、系统安全等目标进行设置。

① 水系完整性构建。根据规划区河湖水系格局、水资源条件、生态环境特点和经济社会发展要求，结合河湖水系演变规律，统筹考虑河流连通的需求和可能性，合理有序地开发河湖连通，制定河湖连通总体保护方案。此外，为加强河湖地貌形态保护与修复，在保障河流行洪功能、提高河道湖库稳定性的前提下，从生态保护角度合理划定岸线并优化堤防布置，维持和恢复河流主河槽、河漫滩和过渡带、湖滨带等自然特征，保持一定的河漫滩宽度和植被空间，保护生境多样性和生物栖息地功能。通过加强河湖管理与保护，恢复河湖水域面积，保护与修复河湖湿地区域内洼地、高岗等高低起伏的自然地貌特点，推进生态型岸坡防护建设与改造。

② 水生态用水保障。根据湖泊湿地生态目标和需水特点，确定河流生态基流和适宜的生态水位（水位过程），分区分类确定河湖生态流量保障目标，建立健全生态用水保障机制，制定重要河湖生态流量保障方案，加强重要河湖主要控制断面生态流量监测评价和预警。

③ 水生态系统修复。运用水陆交错带挺水植物协同净化等技术，分区、分段治理增强水体自净能力、提高水生生物多样性，形成结构与功能完整的水生态系统，科学合理拟定水体生物生态修复项目，促进规划区水环境质量提升、水生态健康系统建设。具体措施包括：水源涵养地建设、水土流失综合防治；系统性恢复河流、湖泊、山水园林之间的生态关系，建立区域湿地保护体系；将多种生态修复技术与环境优化相结合，强化水体水质净化功能等。

④ 重要区域生态保护与修复。针对具有珍稀、濒危、特有物种保护需求的河源区，明

确需保护的栖息地和关键生境，提出需特殊保护和保留的河段范围及保护方案；针对具有重要生物保护价值的河口区，综合考虑重要生物栖息地与生物多样性保护要求，实行特殊保护；围绕着区域供水、防洪（潮）、排涝、航运、养殖、滩涂开发等社会服务功能需求，提出污染物入河量控制要求及点面源防治建议；针对重要湿地，以恢复湿地生态系统的生态特性和基本功能为目标，重点维护其涵养水源、调蓄洪水、净化水质及保护生物多样性等功能。

11.2 大气环境保护规划

大气环境保护规划指为协调某一区域经济社会发展和大气环境保护之间的关系，在分析环境空气质量变化趋势，预测区域社会经济对大气环境影响的基础上，为保证人类健康设定大气环境目标，制定解决该区域大气环境问题、达到大气环境系统功能最优化的环境方案。

11.2.1 大气环境保护规划工作内容

大气环境保护规划主要步骤为识别大气污染问题，明确大气环境质量与污染控制目标，估算容许排放量和计划削减量，筛选相应的对策方案，进行技术经济优化分析。

（1）问题诊断与识别

通过对规划区产业结构、能源结构、各类大气污染源、大气环境质量进行调查与评估，诊断区域主要大气环境问题及污染特征。

（2）大气环境发展趋势预测

根据区域产业发展、能源发展、城镇发展等各类规划，预测区域各类大气污染物排放趋势。运用大气环境质量模型或相关统计模型，预测区域大气环境质量变化趋势，判断未来大气环境质量达标的主要压力。

（3）规划目标确定

根据环境空气质量达标的要求，估算区域允许排放量和计划削减量，确定总量控制目标以及质量目标。

（4）大气污染控制规划方案制定与优化

分析污染物排放与大气环境质量的关系，制定主要污染源合理布局、污染物削减控制、区域大气环境净化等措施，并对各类规划措施进行技术经济可行性分析。从政策、资金、技术等方面提出规划实施的保障措施。

11.2.2 大气环境保护规划支撑技术

大气环境保护规划目标是减少大气污染对人体健康和生态等各类因素的影响。规划基于"控制污染源"到"减少大气污染环境影响"的映射关系来选择规划方案。该过程涉及几种关键技术，包括大气污染物排放清单编制技术、大气污染物总量控制技术、情景方案模拟技术、方案成本效益分析技术。下面重点介绍大气污染物排放清单编制技术以及大气污染物总量控制技术。

11.2.2.1 大气污染物排放清单编制技术

大气污染物排放清单指各种排放源在一定时间跨度和空间尺度内向大气排放的各类污染

物量的集合。准确、精细、动态更新大气污染物排放源清单是识别污染物来源、制定污染控制策略的基础环节,是大气环境规划与管理的重要数据支撑。

人为源排放清单一直是大气污染防治规划的重点内容。一般一套完整的大气污染物排放清单应当覆盖化石燃料固定燃烧、工艺过程、移动源、溶剂使用、扬尘、生物质燃烧和农业等各类排放源,包含二氧化硫(SO_2)、氮氧化物(NO_x)、一氧化碳(CO)、挥发性有机物($VOCs$)、氨(NH_3)、一次颗粒物($PM_{2.5}$ 和 PM_{10})和臭氧(O_3)等大气污染物,并具备动态更新机制。

目前排放清单的编制方法分为自上而下和自下而上两种。自上而下的编制方法是通过引用相关部门统计数据进行清单编制,自下而上的编制方法是通过调查或实际测试得到排放因子,结合排放源活动数据估算得到排放清单,通常有在线监测法、污染源调查法和排放因子法等。其中排放因子法是目前计算排放清单的主要方法,该方法将污染源按种类、经济部门、技术特征等分为若干类型,分别统计每一类污染源的活动水平,并结合对应的排放因子,计算出污染物排放量。

采用排放因子法构建的排放清单,往往只给出某地区的大气污染物排放总量,但要将排放清单输入大气环境质量预测模式中,不仅需要获得不同排放源各类污染物的排放量,还需得到具有时间、空间和化学物种分布的网格化排放清单,以满足空气质量模式的要求。因此,时间分配、空间分配和化学物种分配的方法,也是建立排放清单的重要内容。

时间分配是将以年为单位的排放清单分配到较精细的时间尺度(如小时、天),以满足空气质量模式对时间分辨率的要求。常用的方法是先根据月变化系数将排放量分配到月,然后根据日变化系数分配到天,最后根据时变化系数分配到小时。时间变化系数主要通过调研确定。对于工业行业,可从统计数据中获取分月的主要产品产量,据此确定时间分配系数。对于一些季节性较强的排放源,如民用燃煤、机动车、农业源,近年来部分研究通过对人类活动规律(如供暖时间)、道路实时路况、农作物耕种和施肥规律、卫星火点频率分布等参数的研究,提高了这些源排放的时间分配精度。

空间分配是将以行政区为单位的排放清单分配到模拟网格中,以满足空气质量模式对空间分辨率的要求。常用的方法是根据相关参数(如城市、农村人口,一产、二产、三产的 GDP,路网等)的空间分布,将行政区内的排放量按比例分配到模拟网格中。

11.2.2.2 大气污染物总量控制技术

大气污染物总量控制根据区域空气环境质量目标,确定管理区域或空间在一定时间内可容纳的污染物总量,采取措施使得所有污染源排入这一地域或空间内的污染物总量不超过可容纳的污染物总量。大气污染物总量控制是我国近年来落实国家改善大气环境质量目标、有效配置公共资源、强化政策宏观调控的重要措施与手段。

大气污染总量控制实施的一般方法,首先应取得在空间和时间上具有代表性、能准确反映该地区大气环境质量的监测数据,并根据监测数据确定总量控制区域及其范围;其次是选择适合该地区的大气污染扩散模式,在对污染源调查的基础上建立适合该区域大气污染物排放量与大气环境质量间的定量响应关系;按区域大气环境容量和大气环境质量目标要求计算出污染物允许排放量和削减量,并按照一定的总量分配原则将这一控制负荷分配到源,从而达到总量控制的目的。

常用的大气污染物总量控制方法及模型主要有以下几种类型。

（1）*A-P* 值法

A-P 值法的核心依据是《制定地方大气污染物排放标准的技术方法》（GB/T 3840—1991），其中明确了通过总量控制系数（*A* 值）和点源排放系数（*P* 值）计算区域大气环境容量及污染源允许排放量。即用 *A* 值法计算区域中允许排放总量，用修正的 *P* 值法分配到每个污染源。*A* 值法采用箱式模型计算大气污染物允许排放总量。考虑干、湿沉降及化学衰变后，设置不同功能区污染物平均浓度限值，根据控制区总面积或不同功能区的面积以及 *A* 值，得到控制区域允许污染物排放总量。

将 *A* 值法与 *P* 值法有机结合，既能规定区域允许排放总量，又能在该总量限制下将污染负荷分配到各个污染源。这种方法计算简单，结果可操作性强，有利于管理，比较实用，但方法粗糙，误差较大，主要应用于大点源，适用于不需要或不能做详细的总量控制与规划的情况，通常作为一种基础允许排放量。

（2）基于多源模拟的平权分配法

基于多源模拟的平权分配法是以多源扩散模型为基础，对特定控制区内的各污染源污染物排放输送进行模拟和测定，得出各污染源对控制点污染物浓度的贡献率。若控制点处的污染物浓度超标，则根据各源贡献率进行削减，使控制点处的污染物浓度满足相应环境标准限值的要求。根据源排放削减依据的方法不同，又可分为等比例削减、浓度贡献加权削减及传递系数加权削减等不同类别。

基于多源模拟模型的平权分配法开展总量控制时，控制点必须是能标志整个控制区大气污染物浓度是否能达到环境目标值的一些点位，这些点的浓度达标情况应能反映整个控制区的大气环境质量状况。此外多源模拟模型法考虑研究区域内每一个源及其扩散过程对每一个控制点浓度的影响，对照控制点浓度来确定各源的允许排放率，是一种细致、具体的方法，计算结果精确，但要求污染源和气象资料详尽，工作量较大。

（3）最优化方法

所谓最优化方法，是将环境因素和经济因素进行系统考虑，并整合多种研究方法，尽可能低成本、高效率完成区域大气污染物总量控制。通常将大气污染控制对策的环境效益和经济费用有机结合起来，运用系统工程的理论和原则，制定出大气环境质量达标而污染物排放总量最大、治理费用较小的总量控制方案。在进行具体分析时，可从区域环境信息出发，通过城市多源模拟模型完成大气污染物扩散过程的动态模拟和演示，还可以通过数学模型获取目标函数最大（或最小）的最优解。

优化法考虑了总量分配过程中经济技术可行性问题，在理论上更加科学合理。但在具体实施中，各种经济技术指标错综复杂，某些模拟条件难以实现，因此很难求得真正意义上的最优解。

11.2.3　大气环境保护规划方案

近年大气环境保护规划目标聚焦空气质量改善和主要污染物减排。在重点举措方面，侧重于加强 $PM_{2.5}$ 与 O_3 协同控制，积极推进产业、能源、运输、用地四大结构调整优化，加强区域联防联控和重污染天气应对，进一步提升环境监测和执法监管能力，推进大气环境管理体系和治理能力现代化。以下列举部分大气污染控制规划任务措施。

（1）调整优化产业结构，推动产业绿色发展

按照环境质量底线、资源利用上线编制环境准入清单，明确禁止和限制发展的行业、生

产工艺和产业目录，完善高耗能、高污染和资源型行业准入条件及退出机制；根据产业政策、产业布局规划以及土地、环保、质量、安全、能耗等要求，严控"两高"行业产能，加大落后产能淘汰和过剩产能压减力度，全面整治"散乱污"企业及集群；大力培育绿色产业规模，发展节能环保产业，培育发展新动能，推进绿色低碳循环产业体系建设。

（2）加快调整能源结构，构建清洁低碳高效能源体系

大力发展清洁能源和新能源，按照"宜气则气、宜电则电"的原则，积极引导用能企业实施清洁能源替代；有序发展水电，安全高效发展核电，优化风能、太阳能开发布局，因地制宜发展生物质能、地热能等；实施煤炭消费总量控制，严把耗煤新项目准入关，实施煤炭减量替代；加强能源消费总量和能源消费强度双控，开展燃煤锅炉综合整治，大力开发、推广节能高效技术和产品，实现重点用能行业、设备节能标准全覆盖，提高能源利用效率。

（3）开展专项综合整治，全面推进工业废气治理

以石化、化工、工业涂装、合成革、纺织印染、橡胶和塑料制品、包装印刷、钢铁、水泥、玻璃等10个行业为重点，全面推进挥发性有机物治理和工业废气清洁排放改造。推进各类园区循环化改造、规范发展和提质增效。开展开发区、工业园区等集中整治，限期进行达标改造，积极推广集中供热；大力推进企业清洁生产，强化工业企业无组织排放管控。

（4）推进绿色交通建设，积极调整运输结构

加快运输结构升级，推进城市公交等各类车辆使用新能源或清洁能源汽车，采取经济补偿、限制使用、严格超标排放监管等方式淘汰老旧车辆，推广使用电、天然气等新能源或清洁能源船舶；加快油品质量升级，强化移动源污染防治。

（5）优化调整用地结构，推进面源污染治理

实施防风固沙绿化工程，推进露天矿山分类综合整治，推广保护性耕作、林间覆盖等方式，抑制季节性裸地农田扬尘；严格施工扬尘监管，加强扬尘综合治理；坚持疏堵结合，加大政策支持力度，全面加强秸秆综合利用，切实加强秸秆禁烧管控；减少化肥农药使用量，增加有机肥使用量，提高畜禽粪污综合利用率，减少氨挥发排放；建设城市绿道绿廊，实施"退耕还林还草"，大力提高城市建成区绿化覆盖率，开展森林城市建设。

（6）实施重大专项行动，大幅降低污染物排放

以减少重污染天气为着力点，聚焦重点领域，明确攻坚目标和任务措施，开展重点区域、重点行业秋冬季攻坚行动；统筹油、路、车治理，实施清洁柴油车（机）、清洁运输和清洁油品行动，建立天地车人一体化的全方位监控体系，打好柴油货车污染治理攻坚战；开展工业炉窑治理专项行动，严格实施行业规范和各类工业炉窑的环保、能耗等标准；加大不达标工业炉窑淘汰力度，鼓励工业炉窑使用电、天然气等清洁能源或由周边热电厂供热；实施挥发性有机物专项整治，促进源头减少产生量、过程减少泄漏量、末端减少排放量，大力推进石化、化工、工业涂装、包装印刷、合成革、制鞋、化纤、纺织印染、橡胶和塑料制品等行业以及油品储运销等面源领域治理。

（7）推动区域联防联控，创新大气环境管理机制

建立完善区域大气污染防治协作机制，加强重污染天气应急联动，夯实应急减排措施；升级完善大气复合污染立体监测网络，加强移动源排放监管能力建设，完善大气执法监管体系，深入开展环保督察；发挥市场机制作用，积极推行激励与约束并举的节能减排新机制，推进排污权交易、碳交易、用能权交易等制度创新。

11.3 土壤污染防治与修复规划

《中华人民共和国土壤污染防治法》首次以立法形式确定了编制土壤污染防治规划的要求，即县级以上人民政府应当将土壤污染防治工作纳入国民经济和社会发展规划、环境保护规划。设区的市级以上地方人民政府须编制土壤污染防治规划。立足我国土壤污染防治的实际需求，开展土壤污染防治与修复规划，是打赢净土保卫战的基本保证。

11.3.1 土壤污染防治规划概述

土壤污染防治规划是指在经济社会发展和生态环境保护形势分析基础上，系统设计一定时期内土壤污染防治的总体思路、目标指标和主要任务。具体是指在一定规划时间内在特定规划区域，为平衡和协调土壤环境与社会经济之间的关系，以改善土壤环境质量、保障农产品安全、建设良好人居环境为目标，对土壤环境治理和修复、土壤环境风险防控、土壤环境保护等所作出的统筹安排，以期达到土壤环境系统功能的最优化。

（1）土壤污染防治规划原则

① 保护优先，源头管治。坚持保护优先和源头控制相结合，对未污染耕地土壤实施优先保护，划为永久基本农田，实行严格保护；加强对尾矿库、工业园区、垃圾处理设施等重点污染源的环境监管，从源头上减少新增污染。

② 风险管控，问题导向。以保障农产品质量安全和人居环境安全为底线，以农用地和建设用地为重点，针对不同土壤污染程度、土地用途等，实施分类风险管控与治理修复，提高防治成效。

③ 分区分类，重点突破。对土壤污染状况进行系统分析，划定土壤污染重点管控区、一般管控区、优先保护区，按照分区域、分类别、分时段确定土壤污染防治目标与对策，对集中连片受污染耕地、污染源集中分布等重点区域实施受污染土壤治理与修复项目，以点带面，重点突破。

④ 管研结合，协调推进。加强土壤环境监管能力建设，完善环境监测网络和土壤数据平台管理，提升科技支撑能力，强化工程监管，完善治理与修复标准体系，推进修复技术产业化，提升土壤污染治理与修复综合能力。

（2）土壤污染防治规划流程及内容

我国土壤污染防治规划包括土壤环境调查与评价、土壤污染防治规划目标确定、土壤污染防治方案以及相应的支撑工程及保障体系。技术路线如图11-4所示。

① 区域土壤环境污染调查与评价。通过数据收集及现场调查，收集规划所需的技术材料，包括自然环境概况、社会经济发展现状、土壤环境质量监测、污染源及其空间分布等数据，开展土壤环境质量评价，识别土壤污染特征及空间分布，明确规划区主要土壤环境问题。

② 土壤污染防治形势研判。根据社会经济发展、规划区土壤污染现状，分析规划期内土壤污染防治面临的形势和压力，为确定区域土壤污染防治目标提供思路。

③ 土壤污染防治规划目标确定。根据规划区域土壤环境质量现状、存在问题以及面临的压力与挑战，从土壤生态环境质量、风险管控水平、污染物控制、土壤环境管理等方面提出相应的目标，包括总体目标和具体指标。总体目标是对规划区域土壤污染防治应达到的效

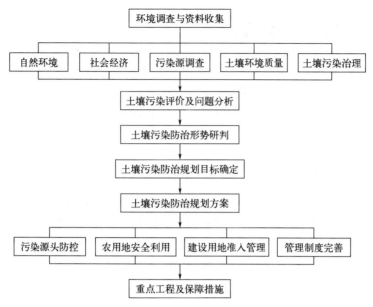

图 11-4　土壤污染防治规划技术路线

果进行定性描述，具体目标是由一系列定量指标进行表征。

④ 土壤污染防治重点任务。包括土壤保护与污染源头防控、农用地安全利用与修复、建设用地风险防范与用地准入、土壤污染重点区域风险综合防控与修复治理、土壤污染防治能力建设等。

⑤ 重点工程与规划实施保障。根据土壤污染防治重点任务，从土壤污染调查评估、源头防控、农用地安全利用、建设用地风险管控及修复、土壤污染能力建设等方面设计土壤污染防治重点工程。通过制订项目年度实施计划、资金投入保障机制及责任分工，推动规划实施。

11.3.2　土壤污染防治分区分类管控

根据不同土地利用类型和土壤污染程度，将空间区域划分为土壤环境保护区、土壤污染重点监控区和风险管控区，实行农用地分类管理和建设用地准入管理。

（1）农用地土壤分区分类

按土壤污染程度等将农用地土壤环境质量划分为优先保护类、安全利用类和严格管控类三类：其中优先保护类农用地指未污染和轻微污染的农用地；将轻度和中度污染的农用地纳入安全利用类；将重度污染的农用地纳入严格管控类。

农用地土壤环境质量类别划分基于全国农用地土壤污染状况详查结果，充分考虑农产品质量协同监测结果，对农用地土壤环境质量进行评价，初步划分土壤环境质量类别。对受污染程度相似的耕地，综合考虑耕地的物理边界、地块边界或权属边界等因素，对方案进行优化调整、边界整合，形成最终成果。具体工作流程如下。

① 资料收集。收集工矿企业污染排放、农业生产投入、固体废物处理等各类土壤污染源信息，土壤环境质量及农产品质量数据，研究区域人口、农业生产、工业布局、经济发展水平等社会经济资料，以及行政区域、土地利用现状、土壤类型、地形地貌、河流水系、道路交通等各类矢量图件。

② 确定重点关注区。对基础资料和数据进行分析和评估，确定土壤点位超标区、土壤重点污染源影响区、土壤污染问题突出区等重点关注区域。其中土壤重点污染源影响区指土壤污染重点行业企业通过大气、水等污染扩散途径，对土壤环境造成影响；土壤污染问题突出区指受污染耕地，包括信访投诉较多的受污染耕地、有监测调查发现受污染的耕地、历史上因事故而污染的耕地、工业固体废物长期堆放而污染的耕地等。对于重点关注区域外的耕地，原则上可直接划为优先保护类耕地，对重点关注区域内的耕地，进一步根据土壤详查单元进行土壤环境质量评估及类别判断结果。原则上受同一污染源影响且污染程度相似的，应划为同一评价单元。

③ 评价单元点位土壤环境质量评价。根据《土壤环境质量　农用地土壤污染风险管控标准（试行）》，对评价点位土壤的各项污染物逐一评价。土壤污染物评价结果可分为三类：低于或等于筛选值的为优先保护类，介于筛选值和管制值之间的为安全利用类，等于或高于管制值的为严格管控类。

④ 确定评价单元类别。当评价单元内点位类别一致时，各点位类别则为该评价单元类别；当评价单元内存在不同类别点位时，某类别点位数量占比超过80%，其他点位不连续分布，则该点位按照优势点位类别计，如存在2个或以上非优势类别点位连续分布，则按地物边界兼顾土壤类型，划分出连续的非优势点位对应的评价单元；对孤立的严格管控类点位，根据影像信息或实地踏勘情况划分出对应的严格管控类范围，无法判断边界，则按最靠近地物边界划出合理的较小面积范围；当评价单元内存在不连续分布的优先保护类和安全利用类点位，且无优势点位时，可将该评价单元划为安全利用类。

⑤ 评价单元土壤环境质量类别修正。对初步划定为安全利用类或严格管控类的评价单元，根据农产品质量状况辅助判定其耕地土壤环境质量类别。对于土壤污染程度划分为安全利用类且农产品不超标的评价单元，划为优先保护类；对于土壤污染程度划分为安全利用类且农产品轻微超标或土壤污染程度划分为严格管控类且农产品不超标的评价单元，划为安全利用类；对于土壤污染程度划分为安全利用类且农产品严重超标或土壤污染程度划分为严格管控类且农产品超标的评价单元，划为严格管控类。

⑥ 评价单元优化调整。县（市、区）或乡镇要对行政区域内类别一致的相邻单元进行归并、整合。当同一单元跨乡镇行政边界时，为落实属地责任应按照行政边界对单元进行拆分。最终形成成果报告及分类清单。

（2）建设用地风险分类

筛选涉及有色金属冶炼、石油加工、化工、焦化、电镀、制革等行业生产经营活动和危险废物贮存、利用、处置活动的地块，识别疑似污染地块。经布点采样监测结果表明存在土壤污染情况的建设用地地块，已纳入土壤污染重点监管企业名录的建设用地地块，已纳入污染地块管理名录中的污染地块，及日常监督、监管过程中发现的明显已造成土壤污染的建设用地地块，都纳入建设用地重点管控区。其余区域纳入一般管控区。

（3）土壤环境分区管控

根据工作实际，划分农用地土壤优先保护区、农用地土壤污染风险重点管控区、建设用地土壤污染风险重点管控区和一般管控区域，结合地方土壤环境管理相关政策，分别提出农用地分类管理、建设用地准入管理等土壤环境分区管控要求。土壤环境风险管控具体要求应以《中华人民共和国土壤污染防治法》、《农用地土壤环境管理办法（试行）》、《工矿用地土壤环境管理办法（试行）》、地方相关法律法规要求及相关环境保护规划等为基准，在此基础上制定符合地方实际情况的具体管控要求。

11.3.3　土壤污染防治与修复规划方案

规划方案的制定要按照"科学治污、精准治污、依法治污"原则，针对土壤污染防治的重点领域、关键环节和突出问题，提出具有针对性的对策措施。土壤污染防治与修复规划方案一般从防范土壤污染风险、修复受污染土壤、提升土壤质量等方面制定具体举措。

（1）土壤污染源头综合防治

根据区域土壤污染现状及趋势分析，识别区域土壤污染主要来源，分别从工业源、农业源、生活源等方面，设计土壤污染防控具体措施。

① 工矿企业土壤污染防治。推动产业绿色转型发展，优化产业空间布局，推进涉重金属企业向工业园区、涉重园区集聚。严格总量削减替代管理，实施涉重金属项目精准减排。持续开展涉重金属行业企业的扬尘、废气无组织排放，废水处理设施、雨污分流改造，危险废物暂存等环节治理，减少土壤污染风险。提升危险废物处理能力建设，强化含有色金属冶炼废渣、含汞废物等重金属危险废物的存储、转移运输、处理处置过程的全过程监控。

② 农业污染源控制。根据污染物解析结果，识别农业污染源管控重点，从保障生态安全、保持土壤生产功能角度出发，对各类农业生产活动进行优化，提出防止农药、化肥、农膜等农业投入品使用造成土壤污染和农产品污染物含量超标的具体措施。

③ 生活污染控制。针对生活垃圾，从加快城乡生活垃圾处理设施、垃圾中转站等设施建设，建立与生活垃圾前端分类收集、后端分类处理能力相匹配的转运体系及监管机制等方面提出防控措施；针对污水污泥处置，从污水集中收集处理能力提升，防治污水渗漏，推进污泥、建筑垃圾、医疗废物、污泥等固体废物处理能力等方面提出污染控制措施。

（2）农用地土壤分类管理

充分考虑区域农业产业发展、耕地类型、污染程度等，对不同类型农用地开展分类管理。

① 优先保护类耕地。围绕永久基本农田土壤环境保护、耕地占补数量和质量平衡、高标准农田建设等方面提出相应的建设措施与任务要求。

② 安全利用类耕地。采取农艺调控、替代种植、种植结构调整等措施。此外，通过采取生物修复等措施，逐步降低土壤中污染物浓度，进而改善耕地土壤环境质量。

③ 严格管控类耕地。通过粮食禁止种植区划定、种植结构调整等措施，实现严格管控。在此基础上，对具备一定条件的严格管控类耕地，通过采取化学修复、生物修复、物理修复等修复技术，逐步降低土壤中污染物浓度。

（3）建设用地土壤污染风险管控和修复

以保障人居环境安全为重点，实施建设用地准入管理。根据建设用地土壤污染程度、问题解决的紧迫程度等，提出重点区域治理与修复对策。

① 强化污染地块风险管控。严格执行建设用地土壤污染风险管控和修复制度，针对重点行业关停并转、破产或搬迁企业的原址用地，以及用途变更为住宅、商业服务、公共管理与公共服务等敏感用途的地块，整合疑似污染地块、污染地块和用途变更为敏感用途的地块，统一纳入建设用地土壤污染风险管控和修复名录管理，并编制建设用地污染地块环境风险管控方案。

② 推进污染地块治理修复。以污染地块名录中治理与修复类地块为基础，结合典型土壤类型、污染类型、污染地块行业特点、技术经济条件等，制定建设用地污染地块风险管控年度计划，明确污染地块治理修复责任，编制污染地块治理与修复工程方案，逐步推进污染地块治理与修复项目。

（4）土壤污染环境监控能力建设

① 完善土壤污染监测体系。根据土壤环境保护、污染防治需求，提出完善和优化土壤环境监测网络建设方案。衔接土壤环境监测国家网建设、农田土壤环境预警监测点、国控土壤环境监测点，建立覆盖规划区域内各类别耕地土壤环境状况的监测网络；针对重点监管企业、污水集中处理设施、固体废物处置设施等周边，合理布设土壤或地下水监测点位，有效预警和研判企业内部土壤污染扩散趋势。

② 土壤环境监管能力建设。依托现有土壤环境信息化管理系统，从整合和打通污染源、国土空间规划、土壤污染状况详查、土壤环境质量监测、企业用地自行检测等数据信息，增设大数据分析、空间矢量信息叠合、辅助决策、考核评价等模块，提出本地区土壤环境信息化监管能力建设目标和任务。

③ 土壤环境执法能力建设。围绕耕地土壤环境保护、污染地块安全利用的需求，提出土壤环境执法能力建设任务。

11.4 生态保护规划

自然生态保护是落实国家生态文明战略、夯实区域生态安全的重要手段。2018 年机构改革赋予生态环境主管部门统筹全地域生态环境保护管理监督的职能，生态环境规划应覆盖所有生态环境保护的内容，覆盖陆地和海洋，覆盖山水林田湖草，覆盖城乡，覆盖所有的排污主体和排污过程，因此生态保护规划在整个生态环境规划体系中的地位也日渐突出。

11.4.1 生态保护规划概述

生态保护规划通过合理规划人类社会经济活动，建立人与自然和谐的资源利用和开发方式，维护和提升生态系统服务功能。与污染防治规划相比，生态保护规划是一种侧重于生态系统保护与修复，强调生态系统服务功能和价值恢复的生态环境规划。生态保护规划的实质就是以可持续发展理论为基础，运用生态经济学和系统工程的原理与方法，对某一区域社会、经济和生态环境复合系统进行结构改善和功能强化的战略部署。

生态保护规划一般包括以下几个步骤和内容。

（1）生态环境现状调查与评价

生态环境现状调查通过收集区域内自然、社会、人口、经济等方面资料，以及在国土调查等相关研究成果的基础上，全面分析规划区域内山、水、林、田、湖、草等各项生态资源规模及空间分布、自然保护地类型及空间分布，全面评估规划区域自然地理格局、人口经济分布、水土等资源空间匹配关系。涉及沿江滨海环湖区域的，应分析河湖岸线、海岸带保护和开发利用情况，识别陆域生态廊道、水域生态廊道的空间分布及规模，评价区域生态安全格局。

根据自然地理格局和自然资源禀赋，针对规划区域内主要生态系统功能开展生态系统服务重要性评价，如水源涵养、固碳释氧、水质净化、土壤保持、雨洪调节、生物多样性保护等，确定不同区域生态系统服务重要性等级。针对区域生态敏感性特征，如水土流失、水环境敏感性、生境退化敏感性等，开展生态敏感性评价与等级划分。根据区域气候条件、地形地貌、土壤、植被丰度和生产力等因素，对不同类型生态系统的生态系统恢复力进行定性定量评价。综合生态系统服务功能重要性评价、敏感性评价、恢复力评价结果，形成规划区域生态现状底图。

（2）问题诊断及趋势研判

根据区域山林破坏、土地损毁、水土污染、江海岸线过度开发、耕地利用低效等现状分析资源开发利用问题及各类问题的关联性；围绕着生态系统质量，从生态系统面积减少、功能退化、恢复力降低、生境破碎化、生物多样性降低等方面，诊断生态系统质量受损问题；分析生态系统服务重要性高、生态敏感性高、生态系统恢复力差的区域与生态保护红线、永久基本农田、城镇开发边界、生态空间管控区域的关系，诊断生态空间冲突问题。

根据调查评价和问题诊断结果，结合区域国土空间规划，对中长期生态安全趋势进行研判，如气候变化对水平衡、水安全和生物栖息地、生物多样性的影响，人口流动、城乡布局、基础设施建设可能带来的生态风险，以及碳中和对生态修复的需求等。

（3）生态功能分区

生态功能区划是根据区域生态系统的结构特点及功能，基于各生态系统服务功能及敏感性的相似性和差异性，采用如地理相关法、空间叠置法、主导因素法、空间聚类法等多种分区方法，将其划分为不同的生态功能单元，研究各单元的特点、结构、环境负荷及承载力、生态服务功能，基于不同的生态管理目标，制定差异性对策措施实行分类管控。

（4）规划目标确定

根据区域突出的生态问题，结合上位专项规划或区域总体规划，设定生态保护及修复领域任务性目标。重点从山水林田湖草一体化保护修复着手，围绕着国土空间开发格局优化、生态系统质量和稳定性提升，分别提出不同规划阶段生态保护与修复目标。根据规划目标，合理设立生态保护与修复指标体系，如生态质量类指标，包括自然保护区面积占陆地国土面积的比例、生物多样性保护（国家重点物种及特有物种有效保护率）、森林覆盖率、草原综合植被盖度、重要生态系统保育保护率、河流生态流量满足度、水源涵养量、水土保持率、防风固沙量、生态廊道连通性、人均公共绿地面积等；修复治理类指标，包括自然恢复治理面积、水土流失治理面积、生态岸线恢复长度、野生动物重要栖息地面积增长率等。

（5）规划方案制定

生态保护规划方案的制定要体现尊重自然、顺应自然、保护优先等原则。规划方案内容主要包括生态空间格局优化、生态系统保护、生态治理与修复等。其中生态空间格局优化主要从重要生态空间维护、生态廊道和生态网络构建等方面设置相应方案，并对不同的生态空间实行差异化管控。生态系统保护围绕着山水林田湖草等各类生态系统及其服务功能，针对水土流失、土地沙化、海岸侵蚀、湿地丧失、自然岸线受损、矿山生态破坏、生物多样性降低等各类生态退化破坏问题，按照生态系统恢复力程度，采取保育保护、自然恢复和辅助修复、生态重塑等措施，提升生态系统质量和稳定性，维护和提升生态功能，保障生态安全。生态治理与修复主要对受损生态系统或生态空间进行自然恢复与辅助修复，如农业空间生态修复、城镇空间生态修复、湿地空间生态修复等。

11.4.2 自然保护区保护规划

自然保护区是指对有代表性的自然生态系统、珍稀濒危野生动植物物种的天然集中分布区、有特殊意义的自然遗迹等保护对象所在的陆地、陆地水体或者海域，依法划出一定面积予以特殊保护和管理的区域。我国自然保护区划分基于主要保护对象，在一定程度上也考虑到管理目标，分为自然生态系统（森林生态、草原与草甸、荒漠生态、内陆湿地和水域、海洋和海岸）、野生生物（动物、植物）、自然遗迹（地质遗迹、古生物遗迹）等三大类九种类型。

自然保护区保护规划是推进大自然保护区规范化建设的基础。与其他生态保护规划类似，自然保护区保护规划内容也包括现状评价、功能（保护）分区、规划目标、方案制定等规划环节。下面重点介绍自然保护区的现状评价、功能分区及生态保护对策。

11.4.2.1 自然保护区现状调查与评价

自然保护区规划的现状调查是在综合科学考察基础上进行的补充调查，主要内容有：①自然条件，包括地质地貌、水文、气候、土壤、植被等；②自然资源，包括土地、森林、草原、湿地、生物、景观、水体等自然资源；③生物多样性，包括动植物名录、种群特征与分布，重点保护动植物名录、种群特征、分布与栖息地或原生地状况，当地特有动植物名录、种群特征、分布与栖息地或原生地状况等；④环境状况，包括环境质量状况，环境污染源的种类、分布与排放量，环境污染治理状况等；⑤经营管理，包括保护区的管理体制，组织机构、人员编制与结构，事业费来源与支出，生产经营与自养能力，以及保护、科研、宣教、监测状况等；⑥基础设施，包括周边社区和保护区范围内的保护、管理、科研监测、旅游等基础设施建设状况；⑦社会经济，包括周边社区与保护区内部的人口、村镇、土地利用、产业结构、经济收入、生活习俗，以及交通、通信、电力、给排水、生活能源等配套基础设施状况。

自然保护区评价是对自然保护区现有的自然状况、保护潜力以及管理有效性进行的综合性研究，具体包括对保护区动植物物种、群落和生态环境评价，以及对保护区设置合理性、管理有效性、保护区影响因素、保护区对区域经济社会影响等进行评价。通过自然保护区生态评价及管理评价，可以识别出保护区现存的主要问题，为科学合理进行保护区建设和管理提供依据。

自然保护区的生态质量评价是对生态系统本身质量的综合性评价。重点是对保护区内的动植物物种、群落和生境进行评价。但受生物多样性及栖息地方面数据不完善影响，通常对保护区生态系统本底掌握不足，难以了解保护区是否有效地实现生物多样性保护目标。因此在数据有限的条件下，一般采用一些代表性指标对不同类型的自然保护区生态现状进行简要评价，如采用植被覆盖度和净初级生产量（NPP）来分析生境状况，采用土地利用与土地覆被反映人类扰动强度等。

自然保护区的管理有效性评价是规划过程的重要组成部分，主要评价与单个保护区及保护区系统相关的规划与设计结果、管理体制及过程的充分性与合理性、保护区目标的达成度。1997年世界自然保护联盟世界保护区委员会（WCPA）提出了保护区管理有效性的六要素评价框架，即背景要素、规划要素、投入要素、过程要素、结果要素、效果要素。2017年环境保护部发布了《自然保护区管理评估规范》（HJ 913—2017），确立了自然保护区管理评估内容，具体包括自然保护区的管理基础、管理措施、管理保障、管理成效及负面影响。

11.4.2.2　自然保护区功能分区

自然保护区的功能区划是保护区规划与设计的核心。自然保护区通常划分为核心区（绝对保护区）、缓冲区（过渡区）和实验区三个区域。

（1）核心区

核心区指自然保护区内保存完好的自然生态系统、珍稀濒危野生动植物和自然遗迹的集中分布区域，包括典型自然生态系统、珍稀濒危物种、农作物野生近缘种或自然遗迹等主要保护对象集中分布的区域；典型地带性植被和完整的垂直植被带分布区域；主要保护植物原生地；主要保护动物繁殖区、关键水源地、取食地和食源地等区域。

自然保护区内可以划出一个或几个核心区。自然生态系统类自然保护区的核心区面积应能维持生态系统的完整性和稳定性。野生生物类自然保护区的核心区面积应根据主要保护对象的生物生态学特性和生境要求确定，至少一片核心区的面积应满足其最小可存活种群的生存空间需要。一般核心区面积占自然保护区总面积的比例不低于30%。

（2）缓冲区

缓冲区指核心区外围划定的用于减缓外界对核心区干扰的区域。缓冲区的空间位置和范围应根据外界干扰源的类型和强度确定。缓冲区的宽度应足以消除外界主要干扰因素对核心区的影响。如果核心区边界有悬崖、峭壁、河流等较好的自然隔离，或存在永久性人工隔离带，可不划定缓冲区。核心区外围是以下这些情形，也可以不划定缓冲区：另一个自然保护区的核心区或缓冲区、森林公园的生态保育区、湿地公园的湿地保育区、地质公园的特级保护区、风景名胜区的生态保护区、天然林保护工程的禁伐区、一级国家级公益林、海洋特别保护区的重点保护区。

（3）实验区

实验区指自然保护区自然保护与资源可持续利用有效结合的区域，可开展传统生产、科学实验、宣传教育、生态旅游、管理服务等相关工作。在划定核心区、缓冲区和生物廊道后，可将自然保护区的其他区域划为实验区。

根据自然保护区有效管理和当地社区发展需求，一般将以下区域划为实验区：自然保护区原住居民基本生产生活所占区域；具有较好的科学研究条件，便于开展科学实验的区域；具有比较丰富的生物多样性和良好的生态环境，适宜开展生态环境教育和生态文化宣传等活动的区域；拥有较好自然旅游资源，便于开展生态旅游活动的区域；具有较好的区位条件，能满足自然保护区管护人员办公、管理及生活等方面需要的区域。实验区面积占自然保护区总面积的比例一般不应高于50%。

除以上三大类型区域外，自然保护区也可以根据实际需要划定季节性核心区、生物廊道、外围保护地带等功能区。季节性核心区主要是针对保护对象以迁徙或洄游性野生动物为主的自然保护区。季节性核心区一般包括自然保护区内迁徙鸟类繁殖、取食的关键区域；迁徙或迁移兽类、爬行类、两栖类的关键繁殖区域；洄游性水生动物的关键繁殖区域。季节性核心区在野生动物集中分布时段按核心区管理，在其他时段按实验区管理。生物廊道是指连接隔离的生境斑块并适宜生物生存、扩散与基因交流等活动的生态走廊。生物廊道根据主要保护对象的种类、数量、分布、迁徙或洄游规律，以及生境适宜性和阻隔因子等情况进行划定，参照缓冲区进行管理。自然保护区的外围保护地带指在自然保护区外划定的、主要对自然保护区建设与管理起增强、协调、补充作用的保护地带。

11.4.2.3　自然保护区保护规划编制

自然保护区规划方案应基于生态保护学的理论与方法，以保护区域内原有的景观和生态系统为重点，重点考虑以下几方面。

① 自然保护与生态恢复。对危及自然保护和主要保护对象生存、成长、繁衍的一切因素，如火灾、污染、病虫害、人为活动等，提出封禁、观测、阻隔、检疫等预防与积极治理措施。对正在退化或已遭到破坏的生态系统应根据各自生态系统的特点或退化与破坏程度，提出恢复、修复或重建措施。生态恢复应以自然力为主、辅以必要的人工措施。种群恢复发展应在保护好现有资源条件下，采取自然恢复与人工诱导恢复相结合原则进行，改善栖息地条件，扩大栖息地范围。

② 保持物种多样性。保护区严禁引入外来物种。采取有效措施保存动物、植物、微生物物种及其群体的天然基因库。对于珍稀、濒危、独有的物种基因，应根据国家有关物种保护规划制定可行的就地、迁地或其他保存措施。就地保护以栖息地保护和种群保护为重点，规划封山封沟、禁猎禁采等严格保护的区域和封禁时段。条件恶劣地区适当为野生动物提供饮水、食源和隐蔽条件，建立野生动物野外救护设施等。对部分保护对象可采取迁地保护措施，采集培育保护区内珍稀濒危与特有树种苗木，繁育珍稀动物种群，为实现被破坏生态环境重建、濒危物种种群复壮及物种资源开发提供种源与技术途径。此外要积极改善栖息地条件，积极增殖物种资源，扩大野外种群数量。

③ 珍稀动植物保护。通过森林禁伐与珍稀树种保护，促进森林自然更新，结合局部人工造林，逐步恢复自然保护区内森林植被；严禁在保护区内采挖药材与花卉植物，以恢复保护区自然风貌。通过生态保护，优化野生动物生存环境。加强对珍稀动物生存现状的调研，采取生态保护对策，促进种群繁衍，防止物种灭绝。对于趋于灭绝的物种按照国家有关物种保护规划有计划地采取拯救措施。

④ 生态旅游优化。以积极保护为前提，适度开展科普、环保、探险、自然游憩等生态旅游项目。自然保护区生态旅游只能在实验区进行，必须有严格的环境容量限制，不破坏和影响生态环境，不影响和干扰保护对象和科学实验活动。旅游区域和服务区域必须适度集中。旅游区域内不进行大规模的修建和整饬，旅游设施以自然和传统为主，旅游景点开发不破坏原有自然风貌。

⑤ 科学研究及生态监测。依托和吸引外界科研力量，积极对外拓展，加强与国内外科研、教学机构的合作，显著提高自然保护区科技协作能力。强化对保护区内生物多样性监测、自然资源监测、关键物种观测和生态环境监测等。监测项目应根据自然保护区类型、资源分布状况、环境特点、监测对象及保护管理要求确定。

11.4.3　生物多样性保护规划

生物多样性是人类赖以生存和发展的基础，是地球生命共同体的血脉和根基，为人类提供了丰富多样的生产生活必需品、健康安全的生态环境和独特别致的景观文化。中国是世界上生物多样性最丰富的国家之一，生物多样性保护已取得长足成效，但仍面临生物多样性丧失、生态系统退化等一系列挑战。为进一步提高生物多样性保护水平，推进生物多样性资源的有续利用，探索人与自然和谐共生之路，促进经济发展与生态保护协调统一，国家要求制定新时期国家生物多样性保护战略与行动计划，编制生物多样性保护重大工程十年规划。

11.4.3.1　规划指导思想

根据国家相关政策文件，生物多样性保护规划要坚持生态优先、绿色发展，以有效应对生物多样性面临的挑战、全面提升生物多样性保护水平为目标，扎实推进生物多样性保护重大工程，持续加大监督和执法力度，进一步提高保护能力和管理水平，确保重要生态系统、生物物种和生物遗传资源得到全面保护，将生物多样性保护理念融入生态文明建设全过程，积极参与全球生物多样性治理，共建万物和谐的美丽家园。

11.4.3.2　规划编制流程

生物多样性保护规划是根据生物多样性的属性特征，对一个地区生物多样性进行优先保护区域识别和保护地网络规划设计，并确定有效的保护管理策略与行动。生物多样性保护规划编制须关注以下几方面问题，即保护什么、保护多少、是否有保护空缺、在哪里保护、怎样保护。

（1）信息资料收集

生物多样性保护规划中需要收集的数据主要包括：各种类型的保护地分布及保护状态；物种、群落分布及状态等资料；生态系统类型及分布；自然环境特征数据，包括土地利用、土壤、地质、海拔、水文、植被等；社会经济现状，包括人口分布、经济水平、可能威胁生物多样性保护的活动和干扰信息等。

规划所需的数据信息可以从政府部门、相关组织协会、科研机构获取。如果缺乏，可以通过一些实地调查进行选择性补充。

（2）保护对象识别

生物多样性具有从基因、物种、生态系统到景观的多个组织层次，一般采用粗筛和细筛来识别规划区域主要保护对象，最大限度捕获区域内生物多样性信息。其中粗筛是将区域内具有代表性的生态系统作为保护对象，从而保护栖息在各个生态系统中的大部分物种；细筛是将粗筛中可能遗漏的、重要的或种群数量正在下降的物种作为保护对象，这些物种往往是珍稀、濒危和特有物种。

选择生态系统作为保护对象可考虑以下几种类型：生态区的优势生态系统类型、反映特殊气候地理与土壤特征的非地带性生态系统类型、局部特有的生态系统类型、物种丰富度高的生态系统类型、特殊生境、具有特殊意义的生态服务功能区等。物种保护对象识别通常按国家Ⅰ级、Ⅱ级重点保护野生物种，IUCN物种濒危等级，CITES（濒危野生动植物种国际贸易公约）附录等级等进行，区域特有性、受威胁程度高、经济价值高、科研研究价值高的优先保护。

（3）生态完整性及生存力评估

完整的生态系统可以支持和维持生物要素和生态过程，可以承受自然和人为的干扰并且自我恢复。通过生态完整性评估，识别出具有可持续生存潜力的种群、群落和生态系统组成的生物多样性重要区域。生态完整性评估重点评估群落和生态系统的本底物种构成、自然变化范围内的生态过程和自然干扰。使用空间信息和其他可用数据建立合适的参数，评估空间单元的相对状态和景观环境。常用于陆地和淡水群落/生态系统的数据层参数包括敏感物种数量、自然植被比例、道路密度、人口密度、破碎化程度和群落/生态系统大小。

种群生存力分析（PVA）是通过模型来模拟种群灭绝可能性的一种定量评估方法。通常用维持生存力所需的最小种群大小来表征。此外，分析复合种群动态、独立大种群与许多相互交流的小种群的景观环境也很重要。种群生存力分析可以采用一些生境适宜度模型进行评估。

（4）生物多样性威胁分析

威胁分析主要目的是通过对保护对象/生物多样性要素及其分布的各类威胁进行强度和影响范围分析，找出关键威胁因子的直接根源，为生物多样性保护策略制定提供依据。一般采用专家评估法，确定最严重的当前和未来威胁，识别这些威胁可获得的信息来源和形式并找到信息空缺。此外，确定生态区内保护对象、保护对象分布和空间规划单元所受威胁的类型、相对严重程度、影响范围和时间期限；分析生物多样性重点区域受威胁的相对强度，同时利用未来威胁评估模型评估各类威胁潜在的影响范围和强度。

（5）保护目标设定

保护目标是针对每个保护对象在某一特定区域内所设定的保护程度，既包括物种和生态系统的数量，又包括它们在一个生态区内的分布状况。生物多样性保护对象的保护目标设定包含丰度、分布和设计。丰度是维持保护对象生存所必需的分布点的数量或面积比例，用于体现冗余度。分布是指保护对象在生态区内分布点的空间排列，用于体现代表性。设计目标反映保护对象的生存环境及某些关键生态过程，如长距离的连通性等。

（6）保护网络构建及方案设计

生物多样性保护规划目的是列出一组有生物多样性保护价值的区域，以及保护这些区域生物多样性的有效方案。目前，国际上多采用最大熵模型（MaxEnt模型）来系统识别生物多样性保护网络。MaxEnt模型综合考虑生物多样性价值与生境适宜性，利用物种的分布与环境数据，采用特定算法评估物种的生态位，并投射到景观中，可以直观呈现物种出现的概率、生境适宜度或物种丰富度等，生成高效的保护地网络方案。

在确定保护网络后，需要一系列保护方案与行动进行支持。保护行动优先次序的确定是方案优化筛选的重要环节。为此，一般通过分析保护现状、保护价值（或生物多样性价值）、威胁因子、可行性及影响程度等来确定方案的优先次序。

11.4.3.3　规划方案内容

2021年我国发布了《生物多样性保护》白皮书，2024年发布了《中国生物多样性保护战略与行动计划（2023—2030年）》，在国家层面明确了生物多样性保护目标、任务和措施，为全国生物多样性保护进行了顶层设计。在地方层面也纷纷制定了生物多样性保护目标、任务和措施，作为生物多样性保护工作中的重要行动指南。根据我国当前生物多样性保护目标及保护实践，生物多样性保护规划任务主要集中在生物多样性本底资源调查，生物多样性保护体系建设，生态系统、物种及遗传多样性保护，生物资源可持续开发利用，科技支撑与能力建设，等等。

① 生物多样性监测体系建设。统筹衔接各类资源调查监测工作，推进生物多样性保护优先区域典型生态系统、重点生物物种及重要生物遗传资源调查。充分依托现有各级各类监测站点和监测样地（线），构建生态定位站点等监测网络。建立反映生态环境质量的指示物种清单，开展长期监测。完善生物多样性保护与监测信息云平台，应用云计算、物联网等信

息化手段，充分整合利用各级各类生物物种、遗传资源数据库和信息系统，在保障生物遗传资源信息安全的前提下实现数据共享。

② 优化生物多样性保护空间格局。坚持就地保护为主、迁地保护为辅的原则，优化就地保护体系，完善迁地保护体系。因地制宜科学构建促进物种迁徙和基因交流的生态廊道，着力解决自然景观破碎化、保护区域孤岛化、生态连通性降低等突出问题。合理布局建设物种保护空间体系，推进保护空间规范化建设，重点加强珍稀濒危植物、旗舰物种和指示物种保护管理，对其栖息生境实施不同保护措施。优化建设动植物园、濒危植物扩繁和迁地保护中心、野生动物收容救护中心和保育救助站、种质资源库（场、区、圃）、微生物菌种保藏中心等各级各类抢救性迁地保护设施，填补重要区域和重要物种保护空缺，完善生物资源迁地保存繁育体系。科学构建珍稀濒危动植物、旗舰物种和指示物种的迁地保护群落，对于栖息地环境遭到严重破坏的重点物种，加强其替代生境研究和示范建设，推进特殊物种人工繁育和野化放归工作。

③ 加强生物安全管理。持续加强对外来物种入侵的防范和应对，完善外来入侵物种防控制度，建立外来入侵物种防控部际协调机制，推动联防联控。严格规范生物技术及其产品的安全管理，积极推动生物技术有序健康发展。开展转基因生物安全检测与评价，防范转基因生物环境释放可能对生物多样性保护及可持续利用产生的不利影响。加强对生物遗传资源保护、获取、利用和惠益分享的管理和监督，保障生物遗传资源安全。开展重要生物遗传资源调查和保护成效评估，查明生物遗传资源本底，查清重要生物遗传资源分布、保护及利用现状。

④ 促进生物资源可持续开发与利用。加强对生物资源的开发、整理、检测、筛选和性状评价，筛选优良生物种质基因，推进相关生物技术在农业、林业、生物医药和环保等领域的应用。有效保护农作物种质资源和畜禽种质资源，建立健全生物遗传资源库。引导规范利用生物资源，发展野生生物资源人工繁育培育利用、生物质转化利用、农作物和森林草原病虫害绿色防控等绿色产业。制定自然保护地控制区经营性项目特许经营管理办法，在适当区域开展自然教育、生态旅游和康养等活动，构建高品质、多样化生态产品体系。

⑤ 改善生态环境质量。以恢复退化生态系统、增强生态系统稳定性和提升生态系统质量为目标，持续开展山水林田湖草生态保护修复工程，包括天然林保护修复、防护林体系建设、退耕退牧还林还草、河湖湿地保护与修复、红树林与滨海湿地保护等一系列生态保护与修复工程，有效改善和恢复重点区域野生动植物生境。以蓝天、碧水、净土保卫战为抓手，持续推进污染防治力度，改善生态环境质量，优化物种生境，恢复各类生态系统功能，有效缓解了生物多样性丧失压力。

⑥ 强化生物多样性保护能力建设。建立健全生物多样性保护恢复成效、生态系统服务功能、物种资源经济价值等评估标准体系。建立重要保护物种栖息地生态破坏定期遥感监测机制，将危害国家重点保护野生动植物及其栖息地行为和整治情况纳入中央生态环境保护督察、"绿盾"自然保护地强化监督等专项行动。定期组织开展专项执法行动，清理取缔各种非法利用和破坏生物资源及其生态、生境的行为。健全联合执法机制，严厉打击非法猎捕、采集、运输、交易野生动植物及其制品等违法犯罪行为，形成严打严防严管严控的高压态势。强化生物多样性保护基础研究，开展生物多样性本底调查与编目，完成高等植物、脊椎动物等类群的受威胁现状评估，发布濒危物种名录。

思考题

1. 针对当前我国流域水生态环境存在问题，讨论流域保护的重点。
2. 简述流域分区分类防控思路及方法。
3. 如何开展大气污染总量控制？
4. 土壤污染防治的指导思想与原则是什么？
5. 生态保护规划编制基本流程与内容是什么？
6. 如何开展生物多样性保护规划？

12

区域生态建设规划

　　区域生态建设规划是以人与自然和谐共生为导向，统筹区域社会经济发展与生态环境保护的综合性发展规划，是我国实施生态文明发展战略、实现可持续发展目标的重要途径。本章针对城市和农村两类区域，分别介绍了生态城市与美丽乡村建设规划的主要内容。

12.1　生态建设规划概述

　　长期以来，我国粗放型发展模式导致区域资源约束趋紧、环境污染严重和生态系统退化。促进人与自然和谐共生已成为人们的共识。区域生态建设规划是在深入解析人与自然相互关系的基础上，合理规划人类社会经济活动，构建合理的资源利用与开发方式、绿色循环的经济发展模式及绿色低碳生活方式，以促进区域生态系统与社会经济可持续发展。

12.1.1　概念与类型

　　生态规划源于人们对人类活动与土地、水、矿产等自然资源协调保护的关注。因此早期区域生态规划多集中在土地空间结构布局、城市发展布局等方面，如著名的城市规划师霍华德提出在城市规划与建设中寻求与自然协调的"田园城市"模式；美国区域规划协会成员麦凯提出生态规划是为了优化人类活动、改善生活条件，在一定区域范围内对各类物质基础进行重新配置；现代生态规划奠基人麦克哈格提出了"设计结合自然"的生态规划框架，利用生态学理论制定符合生态学要求的土地利用规划。

　　随着生态学理论不断发展及其在社会经济各个领域的广泛渗入，特别是复合生态系统理论不断完善，生态规划不仅仅限于土地利用规划、空间结构布局等方面，而是逐步扩展到经济、人口、资源、环境等诸多方面。20 世纪 80 年代，苏联生态学家 Yanitsky 提出从时间-空间层次、社会-功能层次、文化-历史层次来开展生态城市建设。联合国教科文组织"人与生物圈计划"（MAB）报告提出了生态保护策略、生态基础设施、居民生活标准、文化历史保护、将自然融入城市等五项生态城市规划内容。我国著名生态学家王如松认为生态规划就是通过生态辨识和系统规划，运用生态学原理、方法和系统科学手段去辨识、模拟、设计生态系统内部各种生态关系，探讨改善系统生态功能、促进人与环境持续协调发展的可行调控政策；欧阳志云认为生态规划是从区域发展角度，运用生态学原理及相关学科知识，通过生态适宜性分析，寻求与自然协调、资源潜力相适应的资源开发方式与社会经济发展途径。

　　综上所述，区域生态建设规划是以生态学原理为指导，在辨识、模拟和设计生态系统内部各种生态关系基础上，确定资源开发利用和保护的生态适宜性，探讨改善复合生态系统结构和功能的生态对策，制定生态保护、建设与修复方案，促进人与自然协调、持续发展的规划过程与制度安排，其本质是一种人与环境关系的复合生态系统规划。

与传统环境污染防治规划相比，区域生态规划侧重于协调人类活动与自然关系，通过调整和优化人类生产生活行为，保护与修复生态系统结构与功能，促进生态系统服务功能和价值恢复。因此该类规划是对某一区域社会经济和生态环境复合系统进行结构改善和功能强化的中长期战略部署，是在恢复和保护良好生态环境、保护与合理利用各类自然资源前提下，促进区域国民经济和社会健康、持续、稳定与协调发展。

由于学术界对生态与环境概念理解差异以及部门体制分割等原因，目前区域生态规划按照规划空间尺度、规划对象、学科方向、规划性质、规划目的等分为多种类型。如按地理空间可分为区域生态规划、景观生态规划、生物圈保护建设规划；按生态系统类型分为海洋生态规划、淡水生态规划、草原生态规划、森林生态规划、城市生态规划、农村生态规划等；按空间目标可分为生态城市建设规划、生态乡镇建设规划、生态示范区建设规划等。在我国现有规划实践中，区域生态建设规划主要指综合性的区域生态环境发展与建设规划，如生态城市建设规划、生态示范区建设规划（生态省、生态市、生态县、生态镇）、生态文明建设规划、美丽乡村建设规划等。

12.1.2　规划主要内容

与其他类型规划相似，生态建设规划也包含了调查评估、预测分析、目标确定、方案制定及优化等工作内容。根据我国生态示范区建设规划编制技术要求，区域生态建设规划一般包括以下几方面。

（1）生态环境现状调查

收集区域内自然环境、社会经济发展等信息，通过初步统计分析和现场核实，建立规划资料数据库，为分析与评估规划区的生态过程、生态潜力、生态特征及制约因素奠定基础。生态环境调查一般从政府有关部门收集生态资源调查与统计资料，如土地利用、自然资源利用、自然保护区、生态功能区划、生物多样性保护、生态环境质量等相关统计调查资料。此外，通过现场走访、遥感调查等手段对收集的各类资料进行补充与核实。

（2）生态分析与评价

生态分析与评价主要运用生态系统及景观生态学理论与方法，对规划区域生态系统结构、功能与过程进行分析评价，了解规划区域自然-社会-经济发展的潜力、优势劣势和制约因素。生态分析与评价包括生态过程分析、生态潜力分析、生态格局分析、生态敏感性分析、生态适宜度评估等，具体开展内容要结合规划定位与目标。

（3）规划目标确定

区域生态建设规划目标的确定与规划类型相关。一般创建型规划，如生态市及生态县建设规划、生态文明示范区建设规划等，其规划目标通常是为实现创建生态模式而确定创建时段及相应指标；而一般性生态建设规划，规划目标是为解决区域生态环境问题、完善生态系统结构与功能而设置的目标体系，包括表征生态系统结构与功能的指标、生态经济发展目标及生态管理目标。

（4）生态环境功能区划

根据区域生态系统结构特征、生态承载能力、生态服务功能，对其进行空间聚类，将区域分为不同生态功能的特征单元，为区域生态管理、资源合理配置提供空间格局优化框架。生态环境功能区划是生态空间规划、产业布局规划、土地利用规划等规划的基础。一般根据分区目的不同，在进行区划时可采用不同的技术方法，主要有地理相关法、空间叠置法、主导因素法、景观制图法和定量分析法。

（5）规划方案制定

区域生态建设规划方案制定要体现尊重自然、顺应自然、保护优先等生态原则。根据区域生态环境特征、生态环境问题，结合区域发展要求和规划目标，应用生态学原理提出系统的规划方案。对于生态创建型规划，规划方案要结合现状与目标之间的差距，提出实现这些目标的任务与措施。一般生态保护方案内容主要有生态系统保护、生态治理修复、资源合理开发利用、生态经济发展等。

（6）规划决策分析

区域生态建设规划最终目的是提出区域发展方案与途径。规划决策分析就是对各类规划方案进行风险评价、损益分析，论证其可行性，同时对各类规划方案进行比对，筛选出最优方案。

12.2 生态城市建设规划

12.2.1 生态城市建设框架

（1）生态城市建设准则

生态城市是一种综合考虑环境、经济和社会因素的城市发展概念。它旨在通过可持续的方式，促进区域发展良性循环，实现城市环境、经济和社会的和谐发展。生态城市建设是摆脱区域发展困境的根本途径，是人类发展的生态价值取向的必然结果，其核心是可持续发展，依靠良好的生态环境取得经济发展优势，依靠经济发展为生态环境建设提供保障和支持。

为有效指导生态市、生态县、生态示范区等建设规划，2003年，我国发布了《生态县、生态市、生态省建设指标（试行）》，提出了生态城市建设总体要求：生态环境良好并不断趋向更高水平的平衡，环境污染基本消除，自然资源得到有效保护和合理利用；稳定可靠的生态安全保障体系基本形成；环境保护法律、法规、制度得到有效的贯彻执行；以循环经济为特色的社会经济加速发展；人与自然和谐共处，生态文化有长足发展；城市、乡村环境整洁优美，人民生活水平全面提高。

生态文明理念的提出，进一步丰富了生态城市建设内涵，即把生态文明融入城市经济建设、政治建设、文化建设、社会建设等"五位一体"总体布局。根据国家生态文明建设战略重点，生态城市建设准则可以概括为"一高二低三大共赢"。

"一高"首先指经济高品质增长，其次指物质产品极大丰富，社会财富不断增加。

"二低"指自然资源的低消耗和环境污染的低排放，即经济活动对自然资源的消耗不断降低，生产、生活废物的产生量和排放量不断降低。

"三大共赢"其一指生态、生活与生产的共赢，即生态优美、生活富裕与生产发展三大目标要具有时间和空间的同步性；其二指政府利益、企业利益、公众利益的共赢；其三指社会效益、经济效益、环境效益的共赢。

　　为此，生态城市建设需要统筹好经济与生态协调发展、城乡联动发展、政府企业公众合作发展、行为制度意识和谐发展、区域内外持续发展等五大关系，推进生态环境良好、自然资源得到有效保护、稳定可靠的生态安全保障体系基本形成、环保政策法规制度得到有效贯彻执行、以循环经济为特色的社会经济加速发展、人与自然和谐共处的生态文化长足发展、城乡人居环境整洁优美、人民生活水平全面提高等目标全面实现。

　　（2）生态城市建设框架

　　城市生态建设是一项长期的、复杂的、系统的工程，涉及经济、环境、人居、文化、制度等多个方面。生态城市是一种生态良性循环的区域形态，是具备高度生态文明的自然经济社会复合系统。总结现有的生态城市建设实践经验，生态城市建设体系应该是以资源环境为基础、以经济发展为动力、以人居环境为核心、以生态文化为灵魂、以制度建设为保障的"五位一体"综合建设体系，具体如图12-1所示。

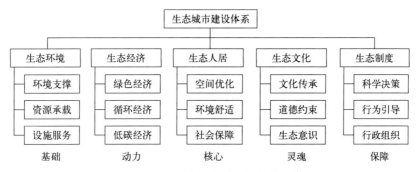

图12-1　生态城市建设框架体系

　　生态环境是城市系统运行的物质基础。人类取之于自然、用之于自然，资源环境是城市复合系统的基础。只有拥有良好的生态环境，才能为人类社会活动提供更优质的自然资源，才能实现社会发展的良性转变，才能提高城市的综合竞争实力。同时，城市基础设施服务能力作为资源环境承载能力的重要辅助手段，为城市社会健康有序发展提供重要支撑。

　　生态经济是城市系统运行的基本动力。生态经济是生态与经济结合，要求经济活动向环境友好型、资源节约型方向发展。通过实行节约、替代、循环利用和减少污染的先进适用技术和发展模式，形成绿色经济、循环经济和低碳经济等不同的生态经济发展模式，促进城市经济健康、有序、稳定发展。

　　生态人居是城市系统建设的核心内容。人居环境核心是"人"，具体理解为人的居住生活环境，它将居住、生活、休憩、交通、管理、公共服务、文化等各个复杂的要求在时间和空间中结合起来。生态城市建设是为了给人们提供一个永续发展的健康安逸生活生产环境。因此，空间优化布局、社会秩序有序、社会保障体系完善、生活环境舒适等是生态城市建设的重要内容，也是构建美丽幸福中国的核心思想。

　　生态文化是生态城市建设的精神维度。生态文化是人与自然和谐共生的文化。人是社会活动体，要想实现发展方式的转变，除转变人类利用与改造自然方式外，还要从思想观念上改变人类的价值观，才能从根本上实现人与自然和谐共处。

　　生态制度是生态城市建设的重要保障。生态城市建设必须有一套完善的有利于保护生态环境、节约资源能源的政策制度和法规体系，用于规范社会成员的行为，确保整个城市社会走生产发展、生活富裕、生态良好的文明发展道路。科学的综合决策体制，高效的行政组织能力，稳健的对公众、组织、企业等行为的引导能力是高水平城市管理能力的综合体现，也是推进城市生态文明建设稳定发展的前提和保障。

12.2.2 生态城市建设规划内容

生态城市是由经济、社会、自然构成的复合生态系统。其中，自然子系统是基础，经济子系统是条件，社会子系统是目标。只有使经济发达、社会繁荣、生态保护三者保持高度和谐，才能保证生态系统的结构健全、功能稳定。根据生态城市建设框架体系以及生态文明战略实施要求，生态城市建设规划主要内容如下。

12.2.2.1 生态城市建设基础分析

在概述区域自然、经济、社会状况与特征的基础上，采用 SWOT 分析法对城市生态文明建设面临的机遇与挑战、问题与优势进行全面分析。一方面结合城市生态建设基础，从生态空间布局、生态环境质量、资源能源开发利用、生态制度建设、生态文化培育等方面分析城市生态文明建设优势及存在的问题；另一方面结合经济社会发展形势，梳理国家重大战略、重大决策带来的机遇和挑战。此外，对城市资源能源开发利用趋势、生态环境质量变化趋势、生态环境基础设施需求等方面进行预测分析，从国土空间开发利用、碳达峰与碳中和、产业结构调整、能源结构调整、运输结构调整等方面综合分析未来面临的压力。

12.2.2.2 规划目标指标

规划目标须统筹考虑城市发展与生态建设阶段任务和长远定位，分阶段提出规划目标；定性与定量相结合，能够体现规划实施效果，并与区域相关发展目标相协调。

一般生态城市建设总体目标要以完善区域整体功能、产业转型升级、环境优化提升为重点，通过生态文明"五位一体"综合体系建设，形成最大限度节约资源能源和保护生态环境的产业结构、增长方式和消费模式，城市功能不断优化和提升，城市人居环境不断优化，生态文明观念在全社会牢固树立，最终走上生产发展、生态良好、生活幸福之路。

规划指标可结合生态城市内涵及国家生态城市创建、生态文明示范区建设等相关指标来设置指标体系，也可结合区域实际设置特色指标。目前，生态城市、生态文明城市建设在我国正处于广泛开展阶段，各地在充分理解生态文明相关理论和生态城市内涵特征的基础上，借鉴国内外生态城市建设经验，结合国家生态文明指标体系及地方特色，提出各自生态城市建设指标体系。

12.2.2.3 规划任务与措施

结合习近平生态文明思想、生态城市概念与建设准则、生态城市"五位一体"建设框架体系，在优化国土空间格局基础上，对生态空间体系、生态经济体系、资源环境体系、生态人居体系、生态文化体系及生态制度体系提出建设任务和要求。

（1）生态空间体系建设

合理构建空间格局不仅是统筹区域协调发展的基础，同时也是生态城市建设的基础。围绕城市生态空间山清水秀、生活空间宜居舒适、生产空间集约高效的要求，以加快构建新发展格局为重点，在城市生态空间格局优化已有目标任务及阶段成效基础上，进一步明确建设总体思路、目标指标与任务措施。包括但不限于：守住自然生态安全边界，明确生态保护红线，基本农田、城市开发边界等，强化以国家公园为主体的自然保护地体系建设，构建

"环、廊联网，斑、楔镶嵌，多区衬绿"的生态格局，严格自然生态空间用途管制。推进城镇化布局、产业发展布局和生态安全格局不断优化，构建绿色发展格局，打造集约化的产业空间、舒适宜居的生活空间；加强城市河湖岸线保护与修复，深入推进区多规合一等。

（2）生态经济体系建设

以经济发展为动力，促进传统链式经济向循环经济、产品经济向功能经济、效率经济向效用经济、自然经济向生态经济转型，创建一个高效的且具有活力的可持续生态产业体系。规划要根据城市产业结构及布局，结合生态功能区划产业准入要求，推进粗放型产业体系向复合型、特色型、知识型、高效型转型，提高知识、科技等要素在经济增长中的贡献率，加强区域间的横向联合，建设具有竞争力的可持续产业体系。为此围绕产业生态化、生态产业化要求，明确产业发展总体思路、目标指标与任务措施。包括但不限于：明确资源环境承载力，制定区域产业发展准入清单和负面清单，明确产业结构优化和调整方向等；推动产业链纵向延伸、横向发展、侧向带动，控制与提升单位 GDP 能耗、水耗、用地效益以及降低碳排放强度；推进企业达标排放、清洁生产水平提升，加强园区循环化改造、生态种养模式推广、资源节约与循环利用、废弃物综合利用等，打造绿色低碳循环产业体系；持续践行"绿水青山就是金山银山"理念，发展生态工业、生态农业、生态服务业，推动生态产品价值实现，推进形成绿色发展新动能等。

（3）资源环境体系建设

围绕提供更多优质生态产品满足人民群众对美好生活的需求，以生态系统良性循环和生态环境风险有效防范为重点，在城市生态环境保护已有目标任务及阶段成效的基础上，进一步明确建设总体思路、目标指标与任务措施。包括但不限于以下内容。

① 深化环境污染治理。突出精准治污、科学治污、依法治污，全面推进"三水统筹"，强化环境空气质量改善，深化土壤污染风险管控和修复，加强近岸海域综合治理，加强噪声污染防治等。

② 强化生态保护力度，修复自然生态环境。以自然山水等要素为框架，构筑多层次、多功能、立体化、复合型、网络型的生态结构体系，展现城市独特的生态景观。保护和修复自然资源，合理开发和利用自然资源，保护与恢复生物多样性，提升生态系统质量和稳定性，促使生态资产持续增长与正向积累，为当代、后代的生存和发展创造有利条件。

③ 积极应对气候变化。全面落实国家战略要求，对标国家碳达峰、碳中和目标愿景，推动制定碳排放达峰行动方案，落实控制温室气体排放措施。加强森林、农田、草原、湿地、海洋等碳汇建设，履行国际环境公约。加强适应气候变化工作，做好消耗臭氧层物质淘汰和氢氟碳化物等削减工作。

④ 有效防范生态环境风险。建立健全突发生态环境事件应急管理机制，加强危险废物和固体废物利用处置、核与辐射管理、环境风险防范与应急、自然生态灾害防治、极端气候事件预警等。

（4）生态人居体系建设

围绕生活方式生态化、绿色化、低碳化转变的要求，以加快环境基础设施建设、建设优美人居环境、培育绿色低碳消费与绿色低碳生活方式等为重点，在区域生活方式生态化转变已有目标任务及阶段成效基础上，进一步明确建设总体思路、目标指标与任务措施。包括但不限于以下内容。

① 加强城市基础设施建设，提升城市基础设施承载能力，突破基础设施的瓶颈，有效

发挥基础设施的服务功能,实现城市物流、能流、人流、信息流等各种生态流的通畅。包括:深化城乡污水垃圾环境治理设施一体化建设,强化城镇集中式与农村分散式饮用水水源地保护,提升城市供排水体系建设水平;推进城市交通、能源、信息等基础设施建设,打造高效便捷的城市运行体系;构建环网相嵌的城乡生态绿地体系,营造自然优美的生态景观等。

② 确立城市生长管理理念,建立一个具有优良生态环境、应变弹性较大的都市区空间结构,推进城市有机更新,推广低碳城市、海绵城市、"无废城市"等建设,强化城市功能培育,打造现代舒适的都市家园。

③ 建立完善的社会保障体系、社区服务体系,培育绿色低碳生活方式。倡导简约适度、绿色低碳的生活方式,践行绿色消费,推进绿色采购、绿色办公、节能节水、生活垃圾分类等,建设以人为本、人地和谐的社会体系。

(5)生态文化体系建设

围绕提升全民生态文明意识的要求,加快构建以生态价值观念为准则的生态文化体系,在区域生态文化培育已有目标任务及阶段成效的基础上,进一步明确建设总体思路、目标指标与任务措施。包括但不限于以下内容。

① 生态文化传承与创新。充分挖掘、全面整合体现人与自然和谐共生的历史文化资源,弘扬、提升城市文化和人文精神,凸显城市生态文化底蕴,培育现代生态文化品牌,建设生态文化载体等,推进生态文化发展。

② 生态文明意识培育与提高。加大生态环境保护知识普及与教育,举办形式多样的生态文明宣传活动,完善生态文明教育体系等,加强生态文明宣教。积极引导公众参与,开展绿色生活创建行动,深入推进公众、企业、社会组织参与生态文明建设等。

(6)生态制度体系建设

围绕推进生态文明建设治理体系和治理能力现代化,以健全生态文明体制机制为重点,在现有生态制度建设基础上,进一步明确生态城市能力体系建设总体思路、目标指标与任务措施,促进传统城市管理向可持续生态管理转变。包括但不限于以下内容。

① 完善生态文明"四梁八柱"制度体系。持续完善生态环境保护和治理制度,建立"源头严防、过程严管、损害赔偿、责任追究"的全过程生态环境监管体系,完善生态环境执法和责任追究制度;构建制度化、规范化环境保护督察整改机制,创新监管执法手段;逐步提升生态文明建设工作占党政实绩考核比例,完善党政主要领导干部自然资源资产离任审计评价办法;深入探索自然资源资产产权制度和生态补偿制度等。

② 推进生态文明建设体制机制创新。加快实现治理主体多元化、机构设置协同化、监管体系系统化、管理过程精细化、监管操作规范化、管理载体智慧化、价值实现市场化等。

③ 建立健全现代环境治理体系。全面落实构建政府主导、企业主体、社会组织和公众共同参与的现代环境治理体系,根据实际情况,建立健全环境治理的领导责任体系、企业责任体系、全面行动体系、监管体系、市场体系、信用体系、法律法规政策体系。

12.3 美丽乡村建设规划

乡村是具有自然、社会、经济特征的地域综合体,兼具生产、生活、生态、文化等多重功能,与城镇互促互进、共生共存,共同构成人类活动的主要空间。然而,过去多年我国忽视乡村环境保护，也间接导致了城乡发展不平衡，农村发展不充分的局面。改善乡村生态环境是提高人民福祉的一个途径，也是促进乡村生态文明建设和可持续发展的重要前提。自2008年第一次全国农村环境保护会议召开以来，农村环境整治、乡村生态建设等各类规划、行动开始出台，指导着乡村生态环境健康有序发展。

12.3.1　乡村环境治理与美丽乡村建设

（1）乡村振兴与乡村环境治理

自改革开放以来，我国城镇化、农业现代化建设进程不断加快，农村面貌发生了翻天覆地的变化，社会经济取得了长足发展，与此同时农村劳动力持续流失，农业生产水平相对低下，农村基础设施和公共服务较为滞后，产业结构落后等问题逐渐凸显。这些问题严重制约了农村经济发展和农民收入提高，也给发展带来了压力。

我国人民日益增长的美好生活需要和不平衡不充分的发展之间的矛盾在乡村最为突出，而我国仍处于并将长期处于社会主义初级阶段的特征很大程度上取决于乡村。为此，2017年国家提出了乡村振兴战略，要求按照产业兴旺、生态宜居、乡风文明、治理有效、生活富裕的总目标推动乡村振兴。其中产业兴旺是实现乡村振兴的基石，生态宜居是提高乡村发展质量的保证，乡风文明是乡村建设的灵魂，治理有效是乡村善治的核心，生活富裕是乡村振兴的目标。

乡村振兴不仅是经济的振兴，也是生态的振兴、社会的振兴。作为国家环境治理体系的有机组成，乡村环境治理是乡村治理的重要内容，是全面推动生态振兴、实现乡村宜居、助力乡村振兴的重要抓手。新时代农民对农村生态环境的要求已经不再只停留在干净卫生这个层面，而是需要一个高质量的生态环境。乡村振兴战略就是要着力构建一个农民与自然环境和谐共处的局面，生态振兴成为乡村振兴的重要支撑。

（2）美丽乡村建设

为加快社会主义新农村建设，努力实现生产发展、生活富裕、生态良好的目标，2003年浙江省开展了以农村人居环境整治为核心的"千村示范、万村整治"工程。在此基础上，2008年浙江省安吉县正式提出"中国美丽乡村"计划，出台了《安吉县建设"中国美丽乡村"行动纲要》。围绕着"村村优美、家家创业、处处和谐、人人幸福"的新农村建设目标，实施"环境提升""产业提升""素质提升""服务提升"四大工程，计划打造生态环境优美、村容村貌整洁、产业特色鲜明、社区服务健全、乡土文化繁荣、农民生活幸福的中国美丽乡村。为推进农村生态文明建设，2013年中央一号文件《中共中央　国务院关于加快发展现代农业进一步增强农村发展活力的若干意见》提出，加强农村生态建设、环境保护和综合整治，努力建设美丽乡村。

美丽乡村建设是乡村振兴的重要载体。《美丽乡村建设指南》（GB/T 32000—2015）中将"美丽乡村"定义为"经济、政治、文化、社会和生态文明协调发展，规划科学、生产发展、生活宽裕、乡风文明、村容整洁、管理民主，宜居、宜业的可持续发展乡村"。"美丽乡村"既需要景色秀丽、环境整洁、生态良好的外在美，也需要经济繁荣、乡风文明、社会和谐、地方文化鲜明的内在美，即环境美、产业美、生活美、人文美。因此，2024年发布的《美丽宜居乡村建设指南》（GB/T 32000—2024）将"美丽乡村"改为"美丽宜居乡村"，指出"美丽宜居乡村"是指"经济、政治、文化、社会和生态文明协调发展，产业兴旺、生态宜居、乡风文明、治理有效、生活富裕的可持续发展乡村"。美丽乡村建设具体内容如下。

　　① 塑造美丽外形（生态宜居）。推进乡村生态环境的持续改善，建设幸福美丽家园是美丽乡村建设的首要任务。良好的生态环境是乡村的独特优势与宝贵财富。美丽乡村建设致力于通过乡村人居环境整治与生态修复，使乡村绿水青山之美景得到重塑，乡村的生机与活力得以重现。

　　② 振兴美丽经济（产业兴旺）。产业兴旺是实现美丽乡村的根本保证，也是重要特征之一。产业兴旺不仅能改善农民收入，提高农民生活水平，而且有助于促进农村社会的长治久安。没有产业兴旺，美丽乡村建设就是无源之水、无本之木。美丽乡村建设要将产业发展作为工作重点，立足科技农业，注重产业调整，促进生产发展，实现农村"产业美"，为促进乡村繁荣、农民富裕提供坚实保障。

　　③ 创建美丽家园（民生和谐）。美丽乡村建设的核心是为人们创造一个宜居宜业宜游的生产生活生态空间。但由于长期建设投入滞后，城乡之间在基础设施建设、公共服务均等化等方面存在差距。建设美丽乡村，就是要着重加强农村基础设施建设，从生产、生活、文体等角度出发，加快补齐农村基础设施的短板。同时要从教育、医疗、养老等方面健全农村公共服务体系、社会保障体系，推进公共资源均衡配置，推进城乡基本公共服务均等化。

　　④ 彰显美丽风尚（乡风文明）。文化是国家软实力的体现，是民族凝聚力和创造力的重要源泉，同时是美丽乡村建设之"魂"，是乡村的魅力所在。美丽乡村的文化建设以传承发展中华优秀传统文化为核心，突出发扬乡村本土优秀文化，营造良好的乡村文化氛围，培育文明向上的社会风尚，建设人文美、文化美的乡村。

　　⑤ 健全美丽体制（治理有效）。乡村振兴离不开乡村的有效治理。建设美丽乡村过程中要加强农村基层组织建设，建立健全政府负责、社会协同、公众参与、法治保障、科技支撑的现代乡村社会治理体制。以自治增活力、以法治强保障、以德治扬正气，打造充满活力、和谐有序的善治乡村，不断增强广大农民的获得感、安全感、幸福感。

12.3.2　乡村环境治理规划

　　乡村环境治理是美丽乡村建设的重要内容，结合当前乡村环境治理主要内容，美丽乡村环境治理规划涉及以下领域。

　　（1）农村饮用水水源地保护

　　农村饮用水安全保障一直是乡村基础设施建设重点。依据全国农村饮水安全现状调查和农村饮用水水源基础环境调查及评估结果，结合《饮用水水源保护区污染防治管理规定》，我国农村饮用水水源地保护以水源地水质改善提升、水源地风险防范及水源地规范化建设为主要任务。规划主要任务如下。

　　① 开展饮用水水源保护区或保护范围划定工作。通过对水源地周边环境状况调查与评估，依据《饮用水水源保护区划分技术规范》，科学划定农村集中式饮用水水源保护区和分散式饮用水水源保护范围，提出不同区域环境保护及建设管理要求。

　　② 开展饮用水水源地周边环境整治。根据水源地周边环境状况调查与评估，以水源地水质改善提升为出发点，依法取缔农村集中式饮用水水源保护区内的排污口，对水源地周边的生活污染、工矿污染、农业面源污染进行综合整治，消除影响水源水质的各类污染隐患。

　　③ 推进饮用水水源地生态保护与修复。逐步推进水源涵养林建设，加强河湖生态缓冲带的建设与管理，提升水源涵养功能及水质净化能力。

　　④ 加大水源地环境监管力度。根据划定的保护区和保护范围，在水源地周边设立警示

标志，建设防护带或隔离带；开展农村饮用水水源水质监测，建立水源水质信息发布机制；制定突发性环境事件应急预案，强化污染事故预防、预警和应急处理。

（2）农村生活污水和垃圾处理

改善农村人居环境，建设美丽宜居乡村，是实施乡村振兴战略的一项重要任务。农村生活污水和垃圾处理作为农村人居环境整治的重点，主要规划任务包括以下几个方面。

① 分区分类推进治理。重点开展水源保护区和城乡接合部、乡镇政府驻地、中心村、旅游风景区等人口居住集中区域农村生活污水整治，推动城镇污水管网向周边村庄延伸覆盖。

② 因地制宜采用污水处理技术。根据农村不同区位条件、村庄人口聚集程度、污水产生规模，因地制宜采用污染治理与资源利用相结合、工程措施与生态环境保护措施相结合、集中与分散相结合的建设模式和处理工艺。

③ 加强农村黑臭水体治理。以房前屋后河塘沟渠为重点，采取控源截污、清淤疏浚、生态修复、水体净化等措施的综合治理，逐步消除农村黑臭水体。

④ 健全生活垃圾收运处置体系。根据当地实际，统筹县、乡、村三级设施建设和服务，完善农村生活垃圾收集、转运、处置设施和模式，因地制宜采用小型化、分散化的无害化处理方式，降低收集、转运、处置设施建设和运行成本，构建稳定运行的长效机制，加强日常监督，不断提高运行管理水平。

⑤ 推进农村生活垃圾分类减量与利用。积极探索符合农村特点和农民习惯、简便易行的分类处理模式，减少垃圾出村处理量。统筹考虑生活垃圾和农业生产废弃物利用、处理，协同推进农村有机生活垃圾、厕所粪污、农业生产有机废弃物资源化处理利用。广泛推进农村可回收垃圾资源化利用、易腐垃圾和煤渣灰土就地就近消纳、有毒有害垃圾单独收集贮存和处置、其他垃圾无害化处理模式。

（3）畜禽养殖污染防治

结合区域畜牧业生产现状及发展趋势，从畜牧业融合发展、合理布局、污染防治、环境监管能力建设及污染防治技术推广等角度开展畜禽养殖污染防治。

① 构建种养结合循环模式实施污染源头管控。通过构建种养结合、农牧循环的可持续发展模式，建立废弃物循环利用体系，从源头上深化畜禽养殖资源化和无害化处理，统筹处理好产业发展与生态环境关系，不断提升畜禽养殖与环境承载能力匹配度。

② 按照分区分类管理优化畜牧业合理布局。依法划定畜禽养殖禁养区，严格落实禁养区管理；建立规模化畜禽养殖场环境准入退出制度，实行畜禽养殖污染生态化治理和工业化处理分类管控。

③ 推进畜禽养殖污染精准治理。深化规模化畜禽养殖场污染治理，高标准建设粪污资源化利用设施，开展污水达标处理或生态消纳，强化污染物减排；按照疏堵结合、种养平衡、资源化利用原则，加强其他畜禽散养户污染治理管控，落实基层网格化管理。

④ 加强畜禽养殖业环境监管。加强源头控制，严格项目审批及"三同时"制度，严格畜禽养殖业环境监督执法，利用信息技术，提升管理"智慧化"水平。

⑤ 推广应用畜禽养殖污染防治技术。开展畜禽养殖废弃物综合利用和高效治理技术研发，结合当地特色，大力推广应用绿色养殖技术、绿色饲料，经济高效的粪污资源化利用技术模式。

（4）农业面源污染防治

根据我国农业产业结构及布局、区域水污染防治要求，按照农业投入品减量化、生产清洁化、废弃物资源化、产业模式生态化、管理长效化等原则开展农业面源污染防治。

① 实施化肥农药减量增效行动。实施精准施肥，分区域、分作物制定化肥施用限量标准和减量方案，依法落实化肥使用总量控制，推动有机肥替代化肥和测土配方施肥。推广应用高效低风险农药，淘汰高毒农药，推进农作物病虫害绿色防控及统防统治。

② 发展有机农业，构建种养结合、农牧循环发展机制，从源头上控制面源污染。推进秸秆资源化利用，建立健全秸秆资源台账。强化农膜全链条监管，健全回收利用体系，探索农膜回收区域补偿机制。

③ 因地制宜选择生态沟渠、植被过滤带、人工湿地、前置库等生态环境保护措施，开展面源污染防治工程建设。对重点地区进行试点示范，形成农业面源污染综合防治模式。

④ 构建面源污染防治长效管理机制。加强绩效考核，健全面源污染防治成效与扶持资金挂钩机制。加快培育新型治理主体，构建农业面源污染防治多元协同治理体系。制定经济激励政策，引导和鼓励农民使用生物农药和高效低毒低残留农药，开展病虫草害综合防治。

(5) 农村工矿污染防治

乡镇工业发展水平低以及污染转移，导致部分农村环境受到不同程度污染。结合国家重金属污染防治、土壤污染防治及各地工业企业污染防治规划，开展农村地区工矿污染防治。

① 推进工业绿色低碳转型。一方面要结合农村环境承载力及生态环境管控分区严格项目准入，合理调整工业产业布局，禁止在基本农田保护区、饮用水水源保护区等敏感区域建设高污染工业企业和园区，严防不符合国家产业政策的重污染行业向农村转移；另一方面要推进一二三产业融合，优化产业结构，打造绿色低碳产业体系。

② 加强工矿企业污染治理与监管。以污染防治攻坚战为抓手，加大农村地区工矿业环境监管，引导企业适当集中，对污染源实行集中控制，全面取缔"十五小"和"新五小"企业，开展小型企业和家庭作坊环境整治，加强农村地区工矿废弃物收集和处置。

③ 加强工业企业环境风险防治。采取"面线点"结合的方式，深化农村地区重点行业和重点企业有毒有害物质污染治理，落实污染隐患排查、工矿用地土壤和地下水自行监测、设施设备拆除和污染防治等法定义务，持续推进重点行业重点企业清洁生产改造和污染物减排，将环境风险防范纳入生产经营的全过程。

思考题

1. 生态建设规划原则与类型有哪些？

2. 生态城市内涵及建设框架是什么？

3. 基于生态安全的城市规划核心是什么？

4. 讨论美丽乡村建设与乡村振兴的关系。

5. 美丽乡村建设主要包含哪些任务？

参考文献

[1] James E. Anderson. Public Policy-making：An Introduction ［M］. Fifth Edition. Boston：Houghton Mifflin Harcourt，2003.

[2] Swami A，Jain R. Scikit-Learn：Machine Learning in Python ［J］. Journal of Machine Learning Research，2012，12（10）：2825-2830.

[3] 汤姆·泰坦伯格. 环境经济学与政策 ［M］.5 版. 高岚，李怡，谢忆，等，译. 北京：人民邮电出版社，2011.

[4] 包存宽，何佳，徐美玲，等. 我国环境规划体系框架设计 ［J］. 城乡规划，2013（2）：21-26.

[5] 卞有生. 生态示范区、生态县、生态市、生态省建设规划编制导则 ［J］. 环境保护，2003，（10）：22-26.

[6] 曹利军. 可持续发展评价理论与方法 ［M］. 北京：科学出版社，1999.

[7] 大自然保护协会. 生物多样性保护规划编制方法与应用 ［M］. 北京：科学出版社，2022.

[8] 杜栋，庞庆华，吴炎. 现代综合评价方法与案例精选 ［M］.2 版. 北京：清华大学出版社，2008.

[9] 傅国伟. 环境工程手册：环境规划卷 ［M］. 北京：高等教育出版社，2003

[10] 高桂林，刘向宁，李姗姗. 环境法：原理与案例 ［M］. 北京：知识产权出版社，2012

[11] 高晓路，廖柳文，吴丹贤，等.“十四五”生态环境分区管治的战略方向 ［J］. 环境保护，2019，47（10）：27-32.

[12] 郭怀成. 环境规划方法与应用 ［M］. 北京：化学工业出版社，2006.

[13] 环境保护部. 国家环境保护“十一五”规划. 北京：中国环境科学出版社，2008.

[14] 环境统计教材编写委员会. 环境统计分析与应用 ［M］. 北京：中国环境出版社，2016.

[15] 黄贤金，周艳. 资源环境承载力研究方法综述 ［J］. 中国环境管理，2018，10（6）：36-42，54.

[16] 嵇灵烨. 基于环境容量的总量控制方法比较研究：以东苕溪流域为例 ［D］. 杭州：浙江大学，2018.

[17] 江河. 国土空间生态环境分区管治理论与技术方法研究 ［M］. 北京：中国建筑工业出版社，2019.

[18] 蒋洪强，刘年磊，胡溪，等. 我国生态环境空间管控制度研究与实践进展 ［J］. 环境保护，2019，47（13）：32-36.

[19] 金瑞林. 环境法学 ［M］.3 版. 北京：北京大学出版社，2013.

[20] 李金昌. 生态价值论 ［M］. 重庆：重庆大学出版社，1999.

[21] 李天昕. 环境规划与管理实务 ［M］. 北京：冶金工业出版社，2014.

[22] 刘康，李团胜. 生态规划：理论、方法与应用 ［M］. 北京：化学工业出版社，2004.

[23] 刘立忠. 环境规划与管理 ［M］. 北京：化学工业出版社，2022.

[24] 刘峥延，毛显强，江河.“十四五”时期生态环境保护重点方向和任务研究 ［J］. 中国环境管理，2019，11（3）：40-45.

[25] 罗海珑. 乡村振兴战略下的浙江美丽乡村规划建设策略研究 ［D］. 杭州：浙江大学，2020.

[26] 吕永波. 系统工程 ［M］. 修订版. 北京：清华大学出版社，2006.

[27] 苗东升. 系统科学精要 ［M］.4 版. 北京：中国人民大学出版社，2016.

[28] 彭华岗. 环境、社会及治理（ESG）［M］. 北京：经济管理出版社，2023.

[29] 钱翌，张培栋. 环境经济学 ［M］. 北京：化学工业出版社，2015.

[30] 尚金城. 环境规划与管理 ［M］.2 版. 北京：科学出版社，2009.

[31] 申玉铭. 论人地关系的演变与人地系统优化研究 ［J］. 人文地理，1998（4）：34-38.

[32] 王飞儿. 生态城市理论及其可持续发展研究 ［D］. 杭州：浙江大学，2004.

[33] 王飞儿. 生态环境规划技术与方法 ［M］. 北京：中国环境出版集团，2023.

[34] 王金南，董战峰，蒋洪强，等. 中国环境保护战略政策 70 年历史变迁与改革方向 ［J］. 环境科学研究，2019，32（10）：1636-1644.

[35] 王金南，蒋洪强，等. 环境规划学 ［M］. 北京：中国环境出版社，2014.

[36] 王金南，万军，王倩，等. 改革开放 40 年与中国生态环境规划发展 ［J］. 中国环境管理，2018，10（6）：5-18.

[37] 王金南，许开鹏，王晶晶，等. 环境功能区划关键技术与应用研究 ［M］. 北京：中国环境出版社，2016.

[38] 王金南，秦昌波，薛强，等. 生态文明视角下的美丽中国建设研究：回顾与展望 ［J］. 中国环境科学，2025，45（2）：1139-1147.

[39] 王金南，许开鹏，陆军，等. 国家环境功能区划制度的战略定位与体系框架. 环境保护 ［J］，2013，41（22）：35-37.

[40] 王如松，杨建新. 从褐色工业到绿色文明：产业生态学 ［M］. 上海：上海科学技术出版社，2002.

[41] 王夏晖，刘瑞平，何军，等. 土壤污染防治规划技术方法与实践 ［M］. 北京：中国环境出版社，2021.

[42] 韦鹤平，徐明德. 环境系统工程 ［M］. 北京：化学工业出版社，2009.

[43] 吴舜泽，徐毅，王倩. 环境规划：回顾与展望 ［M］. 北京：中国环境科学出版社，2009.

［44］ 吴舜泽，洪亚雄，王金南，等．国家环境保护"十二五"规划基本思路研究报告［M］．北京：中国环境科学出版社，2011.

［45］ 吴舜泽，周劲松，万军，等．国家环境保护规划实施评估与考核关键技术［M］．北京：化学工业出版社，2015.

［46］ 熊善高，万军，于雷，等．我国环境空间规划制度的研究进展［J］．环境保护科学，2016，42（3）：1-7.

［47］ 许国根，赵后随，黄智勇．最优化方法及其 MATLAB 实现［M］．北京：北京航空航天大学出版社，2018.

［48］ 许振成，彭晓春，贺涛，等．现代环境规划理论与实践［M］．北京：化学工业出版社．2012.

［49］ 薛文博，王金南，杨金田，等．国内外空气质量模型研究进展［J］．环境与可持续发展，2013，38（3）：14-20.

［50］ 杨源杰，黄道．人工神经网络算法研究及应用［J］．华东理工大学学报（自然科学版），2002，28（5）：551-554.

［51］ 袁增伟，毕军．产业生态学［M］．北京：科学出版社，2010.

［52］ 张承中．环境规划与管理［M］．北京：高等教育出版社，2007.

［53］ 张凯，崔兆杰．清洁生产理论与方法［M］．北京：科学出版社，2005.

［54］ 张恺，骆春会，陈旭锋，等．中国不同尺度大气污染物排放清单编制工作综述［J］．中国环境监测，2019，35（3）：59-68.

［55］ 赵东升，郭彩赟，郑度，等．生态承载力研究进展［J］．生态学报，2019，39（2）：399-410.

［56］ 赵英，郭亮．环境决策支持系统［M］．哈尔滨：哈尔滨工业大学出版社，2022.

［57］ 保罗·霍肯．商业生态学：可持续发展的宣言［M］．夏善晨，余继英，方堃，译．上海：上海译文出版社，2007.

［58］ 张远，江源．中国重点流域水生态系统健康评价［M］．北京：科学出版社，2019.

［59］ 中国环境监测总站，中国环境科学研究院．流域水生态环境质量监测与评价技术指南［M］．北京：中国环境出版集团，2017.